U0374985

涵义与指称的逻辑哲学研究

曹青春　著

上海大学出版社
·上海·

图书在版编目(CIP)数据

涵义与指称的逻辑哲学研究/曹青春著. —上海：上海大学出版社,2021.1(2021.10 重印)
ISBN 978－7－5671－4113－1

Ⅰ.①涵… Ⅱ.①曹… Ⅲ.①逻辑哲学-研究 Ⅳ.①B81－05

中国版本图书馆 CIP 数据核字(2020)第 259463 号

责任编辑 农雪玲
封面设计 缪炎栩
技术编辑 金 鑫 钱宇坤

涵义与指称的逻辑哲学研究

曹青春 著

上海大学出版社出版发行
(上海市上大路 99 号 邮政编码 200444)
(http://www.shupress.cn 发行热线 021－66135112)
出版人 戴骏豪

*

南京展望文化发展有限公司排版
江苏凤凰数码印务有限公司印刷 各地新华书店经销
开本 710mm×1000mm 1/16 印张 13.5 字数 207 千
2021 年 1 月第 1 版 2021 年 10月第 2 次印刷
ISBN 978－7－5671－4113－1/B·121 定价 48.00 元

目　　录

导言 …… 1

第一章　弗雷格涵义与指称理论及其价值 …… 21
第一节　弗雷格的涵义与指称理论 …… 21
一、涵义与指称理论产生的原因 …… 21
二、涵义与指称理论的基本内容 …… 25
第二节　弗雷格涵义与指称理论的价值 …… 32
一、弗雷格涵义与指称理论的重要性 …… 32
二、弗雷格涵义与指称理论的影响 …… 35

第二章　弗雷格涵义与指称理论面临的困境 …… 39
第一节　弗雷格的困惑 …… 39
一、外延逻辑的困境 …… 39
二、概念文字的不足 …… 45
三、概念文字扩张的困难 …… 48
第二节　罗素悖论 …… 54
一、罗素与弗雷格 …… 54
二、罗素悖论 …… 58
三、弗雷格的涵义与指称理论不能消解罗素悖论 …… 62

第三节　奎因对弗雷格涵义和指称理论的质疑 …… 68
一、奎因拒绝承认内涵实体 …… 69
二、奎因的同一性标准 …… 71
三、奎因的观点 …… 73

第三章　克莱门特对弗雷格涵义与指称理论的逻辑阐释 …… 75
第一节　作为逻辑语言的概念文字 …… 75
一、概念文字的能力 …… 75
二、量词和哥特式字母 …… 78
三、罗马字母：表达一般性的符号 …… 84
第二节　值域和句法规则 …… 88
一、函数的值域 …… 88
二、概念文字的句法规则 …… 90
第三节　对弗雷格形式系统的扩张 …… 98
一、克莱门特的改进 …… 98
二、扩张的目的：解决悖论难题 …… 107

第四章　偏离弗雷格：丘奇的涵义与指称理论 …… 110
第一节　丘奇的涵义与指称理论 …… 110
一、内涵逻辑的方法 …… 111
二、可择系统（0）、（1）、（2） …… 115
三、λ-演算和简单类型论 …… 117
四、丘奇的公理化系统 …… 122
第二节　局限性 …… 124
一、问题和局限 …… 124
二、简要的评论 …… 128

第五章　回到弗雷格：克莱门特的涵义与指称理论 …… 133
第一节　克莱门特的涵义与指称理论 …… 133

一、非形式的讨论 …… 133
二、扩张语言的新常项 …… 136
三、扩张语言的句法规则 …… 140
四、公理和推理规则 …… 147
五、包含命题态度和量入的推理 …… 157
第二节 局限性 …… 163
一、悖论和困难 …… 163
二、简要的评论 …… 182

第六章 继承和发展弗雷格：涵义与指称理论的出路 …… 184
第一节 基于非弗雷格理论的涵义与指称的逻辑 …… 184
第二节 情景和语境：弗雷格逻辑给我们的启示 …… 186
第三节 他山之石：印度逻辑的借鉴意义 …… 191
第四节 结语 …… 194

参考文献 …… 201

后记 …… 207

导　　言

弗雷格（Gottlob Frege）是德国数学家、逻辑学家和哲学家，被公认为是现代数理逻辑、分析哲学、语言哲学的开创人。弗雷格早期的主要著作是1879年出版的《概念文字：一种模仿算术语言构造的纯思维的形式语言》（以下简称为《概念文字》），此书被公认为是关于现代数理逻辑的第一部经典著作。《概念文字》一书的主要任务是构造一种纯形式的语言，其直接目的是为算术及可划归为算术的数学分支提供严格的逻辑基础，也就是说，用逻辑概念来重新定义所有的算术基本概念，并证明所有合格的算术推理都遵循逻辑推理的规则。弗雷格力图用纯逻辑的方式推导出关于数的基本概念。他的这项工作有双重意义：一是为算术提供更精确的逻辑概念；二是扩大了逻辑的范围，表现为把算术的基本概念归结为纯粹的逻辑概念，相当于把算术作为一个分支纳入了逻辑。

特别值得关注的是弗雷格1884年出版的《算术基础》，弗雷格的核心思想在这本书中阐述得最明确、最完善。书中对数这个概念作了一种逻辑—数学研究。弗雷格表达了以下论题：反对康德认为算术真理为先天综合命题的主张，认为算数真理是先天分析命题；数可以被归结为逻辑的类；数本身是某种独立的抽象对象，数字是对数的指称，算术是关于这些对象的性质的科学；算术不是人创造的游戏，而是对客观真理的发现。

《算术基础》除了探讨逻辑与数之外，还包含许多深刻的哲学探讨，比如关于数的讨论、关于分析和综合的讨论、关于逻辑和心理学的区别的讨论。其中特别引人注意的地方是，弗雷格提出了3条原则：一是把心理的东西与逻辑的东西区别开（反心理主义）；一是要在句子的联系中探寻语词的意谓（语境原则）；一是必须区分概念和对象（主目—函项分析）。这3条原则成为此后乃至现在很多学者继续研究的重要方面。著名哲学家达米特（Michael Dummett）说："我过去觉得并且现在依然觉得，《算术基础》这本书是迄今写下的几乎最完美的唯一一部哲学著作。"①

弗雷格的《算术的基本规律》（第一卷出版于1893年，第二卷出版于1903年）也很重要。按照他的计划，是要在书中从逻辑导出算数的基本规律。不过在第二卷完工打算出版时，他收到了罗素（Bertrand Arthur William Russell）的一封来信。罗素在信中指出，素朴集合论会产生罗素悖论，并且这个悖论在弗雷格的逻辑系统也会产生。弗雷格是以这个逻辑系统为算术奠基的，因此这个悖论对弗雷格的整个事业造成了极大的打击。用弗雷格自己的话说，"在工作已经结束时，自己建造的大厦的一块主要的基石却动摇了，对于一个科学家来说，没有比这更让人沮丧了"②。以至于弗雷格放弃了逻辑主义纲领，打算以几何为基础导出算术，不过也没有取得什么进展。

弗雷格试图解决罗素悖论，开始时也找到了一些解决的办法，并把它作为附录发表在《算术的基本规律》第二卷里。但后来波兰逻辑学家列斯尼耶夫斯基（Lesniewski）证明"弗雷格出路"是不成立的，弗雷格也接受了这个后果，并承认他的方法无法证明所有的算术真理都是先天分析的，也就是说，他要把算术建立在逻辑上的毕生努力以失败而告终。

弗雷格通过以上几部著作，想把他的毕生精力用于解决一个问题，那就是为数学提供可靠的逻辑基础。作为杰出的数学家和逻辑学家，弗雷格想从逻辑推出数学，为了实现这个目的，弗雷格分三步进行：第一步是发表了《概念文字》，他在书中构造了一种形式语言，并以这种语言建立了一阶谓词演算系统，从而提供了一种严格的逻辑工具。第二步是发表了《算术基础》，在这部著作中，他详细探讨了什么是数、什么是0、什么是1等基本概念；同时他也批评了许多数学家和哲学家，包括穆勒（John Stuart Mill）、康德（Immanuel Kant）等人关于这些问题的错误论述，他还从逻辑

① Michael Dummett. The Interpretation of Frege's Philosophy [M]. Cambridge: Harvard University Press, 1980: 9.

② G. Frege. Die Grundlagen der Arthmetik [M]. Oxford: Basil Blackwell, 1959: 127.

角度刻画了这些概念。弗雷格的上述操作为他实现第三步，也即以逻辑系统来构造算术奠定了基础。由于罗素发现了悖论，使得弗雷格的第三步工作没有取得成功，但是他的前两步工作倍受人们称赞，也为现代逻辑的发展以及分析哲学的产生奠定了非常重要的基础。正是为算术奠定基础的目标导出了弗雷格的哲学研究，这也是他以数学家的身份赢得哲学家，特别是分析哲学创始人称号的原因。

弗雷格在晚年大致讨论了两方面的内容：第一个方面谈数学问题，第二个方面讨论逻辑问题。整体上，弗雷格一生的智识理想，就是想实现从逻辑推出数学这一目的，只是最后以失败告终。

弗雷格在《概念文字》中指出，“概念文字（Begriffsschrift）将能够成为哲学家们的一种有用工具”[①]。弗雷格的这一提法非常重要，这不仅对现代逻辑的形成有奠基作用，而且也成为哲学家用来思考和分析很多哲学问题的有力工具，特别是对于分析哲学和语言哲学更是如此。把“概念文字”作为一种工具的思想，“对思维形式的一种直观描述毕竟有了一种超出数学范围的意义，因此哲学家们也想重视这个问题”[②]，这是弗雷格论及概念文字的科学根据时表达的想法。弗雷格自己清楚地知道，他建立的概念文字的作用并不仅仅限于数学范围，已经延伸至哲学领域，那么其超出数学范围的作用和意义是什么呢？从弗雷格晚年留下的手稿，我们可把这个问题同一些现象联系起来考虑，这正好反映出弗雷格在第二个方面的工作，也是本书要探讨的重要内容。

我们先初步地勾勒弗雷格这一工作的大致思想脉络，后面再展开论述。早在1879年，弗雷格就想写一部逻辑著作，探讨逻辑的对象、真、判断、断定，以及概念和对象。而他此前构造概念文字实际是开展这一工作的基础。由于弗雷格致力于实施从逻辑推出数学这一计划上，没有太多时间与精力开启这一工作，等到他放弃逻辑主义的计划，打算重新开始探讨上述问题时，年事已高，有一些工作没有全部完成，相应的哲学问题思考并没有继续深入下去。但是需要注意的是，弗雷格在1890—1892年发表的3篇论文：《函数与概念》（1891）、《论概念和对象》（1892）和《论涵义和指

① 弗雷格. 弗雷格哲学论著选辑［M］. 王路，译，王炳文，校. 北京：商务印书馆，1994：4.

② 弗雷格. 弗雷格哲学论著选辑［M］. 王路，译，王炳文，校. 北京：商务印书馆，1994：45.

称》（1892）是他第二个方面工作中最重要的工作与成就。这项工作一个显著特征是其中的讨论是非形式的，实际上是与讨论自然语言语句中的问题结合在一起的①。

弗雷格1892年发表的《论涵义和指称》不是一般地谈内容，而是对涵义和指称作出了明确的区别。正是基于涵义和指称的区别之上，弗雷格在《算术的基本规律》一书中，把“≡”改为“=”。最初，在《概念文字》中，弗雷格把“≡”理解为在表达式之间内容同一的一个符号，他在进一步的研究中，认识到这种“内容同一”的说法在逻辑上是有困难的，这是把某些对象在客观上的同一归于某些短语内容的同一②。涵义与指称的区分，不仅适用于数学表达式，也适用于所有的语言学表达式。一个最主要的例子就是“晨星”和“暮星”之间的不同。这两个表达式都指称行星：金星。但是一个明显的特征是，这两个表达式均是通过金星具有的不同的性质对其进行指称的。通过这个例子，弗雷格指出，两个表达式有同样的指称却有不同的涵义。一个表达式的指称是它对应的实物，就“晨星”来说，它的指称是金星本身。而一个表达式的涵义，则是一种“表达方式”（mode of expression），或者是与表达式相关联的认知内容，通过表达式决定指称。

弗雷格的涵义和指称理论还有另外一个重要原理：一个命题可以用不同方式的另一个命题加以表述而保持涵义不变。对同一替换原理这一重要理论的阐述，弗雷格在1879年的《概念文字》、1884年的《算术基础》和1892年的《论概念和对象》中都有举例说明。但弗雷格对上述原理较为成熟的表述则是在1892年的《论涵义和指称》这篇论文中，他在文中明确提出：用全称概括来理解这个主要的原理。美国学者威特曼（L. Weitaman）把弗雷格的上述原理称为“重塑”原理，加拿大学者林斯基（B. Linsky）研究了弗雷格的“重塑”原理应遵守的条件，并在丘奇（Alonzo Church）的“涵义和所指的逻辑”中作了形式的表述③。

弗雷格把涵义和指称的区分首先用于解决同一断言（identity claim）这一

① 王路. 弗雷格思想研究［M］. 北京：社会科学文献出版社，1996：10—12.

② 张家龙. 数理逻辑发展史——从莱布尼茨到哥德尔［M］. 北京：社会科学文献出版社，1993：128.

③ 张家龙. 数理逻辑发展史——从莱布尼茨到哥德尔［M］. 北京：社会科学文献出版社，1993：134.

难题，然后把这一区分应用到整个语句或命题上。如果把涵义和指称的区别应用到语句上，就有这样的推理，即一个命题的指称依赖于部分命题的指称，而一个命题的涵义依赖于部分命题的涵义。在这篇论文中，弗雷格把涵义和指称的区分局限于讨论完全的表达式（complete expression），如，专名的意义决定某些对象和整个命题。在其他的著作中，弗雷格把涵义和指称的区分也应用于不完全的表达式（incomplete expression），包括函数表达式和语法的谓词。当然值得注意的是，隐藏在涵义和指称理论背后的另外一个动机，即弗雷格把涵义和指称的区分用于解决莱布尼兹规律的难题。

弗雷格在逻辑、数学哲学、语言哲学、分析哲学、心灵哲学以及形而上学等方面都做出了重要贡献，但是不能把他在哲学的这些领域所取得的成就，彻底看作是他对哲学问题的兴趣使然，因为他的理想是从逻辑推出数学，把逻辑作为数学的基础，正是围绕这个理想目标，才导出了他在哲学上的重要见解。客观上，弗雷格为了实现理想，触及了很多哲学问题，也给出了自己的解读，在哲学史上有重要的作用，但是弗雷格首先是数学家，他一生主要的兴趣建立在算术的基础上。研究弗雷格的思想，不仅要从他自身的学术智识的路径上探寻他的思想轨迹，更要从他的运思问题所涉及的很多方面，特别是有关哲学问题上，去寻求弗雷格思想的全貌。况且，弗雷格确实也触及哲学问题的思考，尤其是他对涵义与指称、概念与对象以及思想等方面的深刻见地，可以看出他在哲学领域的兴趣不仅与他在数学哲学上的兴趣有关，而且是从对数学哲学的兴趣中产生了他对哲学其他方面的兴趣。

弗雷格在思考算术的性质时，总结出了我们所知的逻辑主义。逻辑主义的主要思想表现为：数学的真就是纯粹逻辑的真，它不是基于经验的观察，如康德一直坚持的“纯粹直觉”①。在某种程度上，弗雷格的逻辑主义有其局限性，一方面弗雷格把他的逻辑主义限制在算术上，而且非常明确地把几何划归为逻辑的一个分支；另一方面弗雷格的逻辑主义采用了一种天真的冒险方式，坚持认为算术的真可由少数几个纯粹逻辑形式演绎加以证明。弗雷格获得的巨大哲学成就是形式逻辑。他发现，在他那个时代，

① Kevin C. Klement. Frege and the Logic of Sense and Reference [M]. New York: Routledge, 2002: 122.

大部分逻辑系统还是以亚里士多德的三段论为基础，并不适合于他实现逻辑主义的愿望。于是，弗雷格承担起重新思考逻辑基础的重任。在这种情况下，弗雷格创建了一种具有独创性、富有成效的逻辑的方法，该方法在其发明的一个世纪后已被广泛接受，也即亚里士多德的方法在学术界占据2000多年之后，几乎完全被弗雷格创建的逻辑方法所取代。弗雷格在逻辑上带来的进步有目共睹，特别是他发展的独特的逻辑句法——他自己称为概念文字，也可以叫作“概念记法”或者“概念符号”。

弗雷格在哲学、逻辑、数学上的研究使整体哲学研究发生了根本性的转变，也就是语言哲学（分析哲学）成为当代哲学思潮研究的主流，而在语言哲学中弗雷格的意义理论即涵义和指称的理论则是开山之作。但是过去人们主要关注的是它的语言哲学方面，较少关注它的逻辑意义。从逻辑哲学的视角看，涵义和指称与逻辑上的内涵、外延有关，涵义和指称的理论与内涵逻辑、外延逻辑理论有密切的联系。因此，从逻辑、逻辑哲学的角度分析研究弗雷格的涵义和指称的理论对逻辑的研究、逻辑哲学的研究，特别是内涵逻辑的研究都有着极其重要的意义。

我们接下来从内涵和外延等概念的定义与它们之间的关系展开讨论，以此出发，构建所要探讨问题域的背景。

外延是指语言表达式所指称的对象，内涵是指语言表达式所指以外的意义，具体来说是指语言表达式与其所指对象之间的指称关系，它实际上是一种函项。外延关涉特定世界中的特定对象，谈论外延时，就联系到具体对象。而谈论内涵，则要与“世界”或“可能世界”打交道。[①]一般地，外延不包括语言表达式的所有信息。例如，“晨星”和“暮星”这两个表达式，或者说词项都是指金星这颗行星，两者都具有相同的外延。如果语言表达式的意义仅由外延决定，那么“晨星是暮星”与“晨星是晨星”这两句话就没有意义上的区别。实际上，前者有信息传达给我们，而后者则是同语反复，因而这两个语言表达式具有不同的认知价值。弗雷格这个著名的例子告诉我们，除了语言表达式的意义之外，还有其他内容，穆勒把这部分多出的内容叫作内涵（connotation），弗雷格则是叫作涵义（sense），卡

① 陈波. 逻辑哲学［M］. 北京：北京大学出版社，2005：147.

尔纳普（Rudolf Carnap）叫作内涵（intension）[①]。

就内涵与外延而言，传统逻辑与现代逻辑更多的争论聚焦在内涵的考虑上。现代逻辑对内涵和外延的界定与研究源自传统逻辑，特别是在内涵的研究上。现代逻辑的很多著作中出现的内涵这一概念，从某种意义上说，是涵义和指称这两个传统概念之间的折中。虽然这个概念在集合论而不是在概念论的术语上建立，但是它是为把众多表达式与有同一指称的另外一些表达式进行区别而提出的。传统逻辑中，内涵是指概念所反映的事物的特有属性或本质属性。现代逻辑中，内涵是一个从可能世界到外延的函项[②]。个体词项的内涵是从可能世界到个体词指称的对象的函项；谓词的内涵是从可能世界到谓词指称的个体类的函项；句子的内涵是从可能世界到句子的真值的函项。

也即除词项之外，句子也有外延和内涵之分。弗雷格认为，句子的外延是真值，句子的内涵是句子所表达的命题。实际上，经典逻辑是外延逻辑，原因在于经典逻辑考虑的只是词项的指称和语句的真值。但是外延逻辑的局限在于，它不能区分两个外延相同的表达式。特别是在经典一阶谓词逻辑中，两个指称相同的词项可以相互替换，两个真值相同的语句也可以相互替换。但是这种情况仅适于外延语境下的推理，比如数学中的推理。可是除了外延推理之外的很多语境下的推理不但依赖于外延，而且依赖于内涵。比如，包含"必然""可能"等模态词的语句，包含"相信""知道"等意向性（intensionality）动词的语境等等，这些推理都不仅仅由语言表达式的外延决定，还要涉及它们的内涵，弗雷格把这样的语境叫作间接语境（oblique context），奎因将其叫作晦暗语境（opaque context），卡尔纳普则将其叫作内涵语境（intensional context）[③]。一个表达式的内涵是在每一个世界所给出的该表达式的指称的函项，换句话说，一个表达式的内涵是将每个世界同该表达式在那个世界的外延联结起来的函项。因此，当且仅当表达式有可能在外延上不同，它们在内涵上就不同，而不管它们是否果真如此[④]。

---

① 文学峰. 语境内涵逻辑［D］. 广州：中山大学，2007：6.
② 陈波. 逻辑哲学［M］. 北京：北京大学出版社，2005：147.
③ 文学峰. 语境内涵逻辑［D］. 广州：中山大学，2007：6.
④ J. D. 麦考莱. 语言逻辑分析——语言学家关注的一切逻辑问题［M］. 王维贤，等，译. 杭州：杭州大学出版社，1998：615.

作为现代逻辑的一个分支，内涵逻辑主要考虑句子的涵义，关注句子的构成部分。因此，内涵逻辑的“内涵”与传统逻辑的“内涵”是不同的。这种不同之处就在于：在传统逻辑中，内涵是对概念的分析，与句子没有关系，从而与真假没有关系，而在内涵逻辑中，内涵是对句子的分析，并且始终是与研究真假紧密地结合在一起的。如果具有一个表达式的内涵知识，实际上就是获得了一种工具，运用这种工具于某个可能世界，就可以准确地识别出该表达式在该可能世界中的外延。正是在这个意义上，可以说，语言表达式的内涵先于它的外延，并且决定着它的外延，或者说，内涵是从可能世界到外延的函项。显然，如果两个表达式的内涵不同，那么，它们在外延上不同至少是可能的，无论事实上它们是否具有相同的外延①。

因此涵义与指称的区分对于明晰涵义与指称理论十分重要。逻辑哲学发展过程中，涵义与指称之间的争论持续了很长一段时间，引发了所谓的外延主义与内涵主义之争。人们争论的焦点是非存在对象问题以及内涵性或特定语言语境中指称的意义模糊性的问题。首先关于非存在对象及其性质的问题。怎么理解非存在对象呢？通常神话和文学作品中的虚构人物就是非存在的对象，比如飞马（Pegasus）是长着翅膀的马，福尔摩斯是一个侦探，孙悟空是唐僧的徒弟，等等，它们都是非存在对象。尽管他们不存在于我们生活的世界当中，但他们具有独特性质，人们据此就能知道他们是谁。当提到他们具有某个特征时，比如手持金箍棒或者钉耙，人们就能联想到孙悟空或猪八戒。

那么这类对象（孙悟空等）是实在对象还是非实在对象？对这个问题的回答，容易产生很大争议。实际上，关于这类非存在对象的问题属于弗雷格所说的第三域。按照弗雷格所说，除了人们一般认为的外在的物质世界和内在的精神世界以外还存在第三域。在这个域中，存在着思想这样的实体。但是弗雷格所说的这个思想与通常我们说的思想不同，它指句子的涵义。弗雷格对思想的界定，来源于他对涵义与指称所做的区分，也即句子的涵义是它的思想，句子的指称是它的真值。

在弗雷格看来，思想是客观的，比如数字 2，毕达哥拉斯定理等②。但

① 陈波．逻辑哲学［M］．北京：北京大学出版社，2005：147.

② 张清宇．逻辑哲学九章［M］．南京：江苏人民出版社，2004：380.

是在内涵逻辑中，非真实事物由于具有不同的内涵，相应地也就具有不同的外延，其外延是某个可能世界中的个体。因此，对非存在对象问题的不同看法是内涵主义和外延主义之间的分水岭。不仅如此，内涵主义对命题的意义和真值条件采用了另一种思考方式，对谓词逻辑中的量词作了不同的解释，而且也考虑了未被解释的内涵语境和外延语境之间的互补问题。从这个角度看，内涵主义语义学和逻辑哲学是对外延主义语义学和逻辑哲学的重要补充。

内涵性或者说特定语言语境中指称的意义模糊性问题，是外延主义和内涵主义争论的另一个问题。内涵性语境包括间接引语、模态量词和命题态度。一般人们认为内涵语境不支持同一替换原则，而且在内涵语境中，语言表达式不再把通常看作是它们外延的东西作为外延，而以通常作为它们内涵的东西作为外延。

心灵哲学家喜欢讨论信仰、怀疑、欲望等内涵状态这类主题，这些往往涉及语言语境中的内涵性。假定这些语言语境在纯外延主义逻辑哲学中能被消去或者忽略，那就要假定这些心理状态并不存在。或者假定语句的意义就是命题态度，最初用内涵语境表达的有关现象可全部还原为其意义可完全由纯外延逻辑给予解释的语句。但是消去或还原内涵状态的计划以及常识心理学中所描述的内涵语境的计划，是行为主义、唯物主义、功能主义、计算主义以及心理学、认知科学的哲学和科学理论目标，这必然要与内涵发生紧密关联，不是通过简单消去或还原或转移就能消解的。逻辑哲学中，外延主义与内涵主义之间的对立，与心灵哲学中消去主义或还原主义和常识心理学中的内涵语境之间的对立联系非常紧密，所探讨的问题已经超出了形式句法的界限，导致了长时间的哲学争论①。

一般地，外延逻辑也即“经典逻辑是指由弗雷格和皮尔士（C. S. Peirce）以及罗素等人创立的现代逻辑系统，它由命题演算和谓词演算构成，通常叫作‘一阶逻辑’，其主要特点是使用特制的人工符号语言，运用公理化、形式化的方法”②。从哲学上看，外延逻辑是以意义的指称论或真值条件论为基础的。所谓的真值条件论是戴维森（Donald Davison）提出

① Dale Facquette. Philosophy of Logic［M］. Oxford：Blackwell Publisher Ltd，2002：5—6.

② 陈波. 逻辑哲学［M］. 北京：北京大学出版社，2005：3.

的一种意义理论，简单地说它的核心思想最早是由维特根斯坦（Ludwig Josef Johann Wittgenstein）表达的："了解一个命题，意即知道当其为真时是什么情形。"[①] 戴维森后来认为通过陈述句的成真条件可以给出语句的意义，因此意义理论同真理论关系紧密，并且它们在形式上也是相似的。戴维森主张把塔斯基（Alfred Tarski）的关于真的语义学概念应用于对意义的理解上，把真理论改为意义理论。这种观点后来被人们称为"戴维森纲领"，它强调意义的组合性。

外延逻辑以意义的指称论或真值条件论为基础，它有 3 个特点：第一，外延逻辑认为表达式的意义就是它们的外延。第二，外延逻辑坚持弗雷格的组合性原则，即一个复合表达式的意义是它的部分表达式意义的函项。就一阶逻辑而言，因为表达式的意义就是它的指称或外延，所以组合性原则的实际意义就是：一个复合表达式的外延就是它部分表达式的外延的函项。第三，同一性替换规则或者等值替换规则在外延逻辑中成立。等值替换规则的基本思想是句子的外延就是它的真值；当某个句子的一部分用具有同样的外延但有不同涵义的等价表达式来替换时，这个句子的真值保持不变。

弗雷格认为，语言表达式不仅指称外部对象，而且表达一定的意思，因而都具有涵义和指称，并且其涵义是识别、确定其所指对象的根据、标准和手段。外延逻辑并不处理语言表达式的涵义。如果设计一些技术性手段去同时处理涵义和指称，由此导致的逻辑理论就是内涵逻辑[②]。

20 世纪下半叶以来，从经典逻辑那里派生出若干新的逻辑，一方面是由于经典逻辑的内在潜力，即理论本身的可修正性。另一方面的外部因素也是不可忽略的，尤其跟经典逻辑关系密切的自然语言，其复杂的语义语用特征就成为经典逻辑多样化发展的催化剂[③]。张清宇在《逻辑哲学九章》中对于经典逻辑发展的内在潜力和外部原因进行了详细的阐述，他认为，所谓内在潜力和外部原因的理解是有特定涵义的，我们约定：内在潜力是指

---

① 维特根斯坦．维特根斯坦全集：第一卷［M］．陈启伟，译．石家庄：河北教育出版社，2003：206.

② 陈波．逻辑哲学［M］．北京：北京大学出版社，2005：147.

③ 张清宇．逻辑哲学九章［M］．南京：江苏人民出版社，2004：300.

经典逻辑已有概念所存在的变异因素，经典逻辑由于语义相对语形的独立而产生“异释”的可能性；而外部原因则指由于增加新概念而引起经典逻辑变革的因素，如对自然语言的情态动词“必然”和“可能”的逻辑分析就使经典逻辑增添了带模态算子的表达式①。

他还指出了逻辑研究最直接面对的一个外部因素——自然语言。逻辑研究思维的形式结构，研究思维中的推理，而思维及其推理却不是孤立而存在的，它始终同语言，特别同自然语言形影相随、互相依存。所以如果说所谓的形式结构及其推理是逻辑固有的研究对象，那么承载思维推理的自然语言就可以算作是逻辑研究对象的外在表现，透过自然语言的特征就能够深入把握思维推理的性质。经典逻辑的理论是抽象的，自然语言则是丰富多彩的。逻辑真理以间接的方式保持同经验的联系，它并非是不可更改的绝对真理。对自然语言丰富的句法语义特征进行深入挖掘，就能发现许多经典逻辑准则所不能说明的东西，这些东西在不少逻辑学家看来具有较大的逻辑价值，这就需要在经典逻辑基础上增加一些技术手段，扩大经典逻辑的表现力，更新经典逻辑的思想观念②。

由于其自身特征的局限性，经典逻辑也即外延逻辑对逻辑推理的研究不仅舍弃了“必然”“可能”等情态动词的内涵因素，同时也放弃了自然语言中的时间、命题态度等因素。此外，从对量词的处理来看，经典的一阶逻辑在面对自然语言更为丰富的量词表达时，显得比较薄弱。因为一阶逻辑作为量词逻辑，通常只有两个量词：$\forall$和$\exists$。而自然语言中却具有丰富多样的量词表达式，它们远远不是逻辑语言中的两个量词所能定义的。

弗雷格涵义和指称理论的提出，为非存在对象及其性质以及内涵性或特定语言语境中指称的意义模糊性的问题提供了寻找答案的空间，并且从哲学上为涵义实体进行了辩护，指出非存在对象也是客观的实体，只是它不是存在于物质和精神领域的实体，而是存在于第三领域的客观实体；进而为外延逻辑的发展出路提供了空间，也即昭示了内涵逻辑的产生。也正是因为弗雷格的涵义和指称理论的提出，为日后“语言哲学一百年的发展产生了巨大的影响，语言哲学后来所关心的种种问题，大多数能直接从弗

① 张清宇．逻辑哲学九章［M］．南京：江苏人民出版社，2004：300.

② 张清宇．逻辑哲学九章［M］．南京：江苏人民出版社，2004：304.

雷格那里找到相当确定的起源”①。

实际上，自然语言中依赖语言表达式内涵的推理要远远多于仅依赖语言表达式外延的推理，一般情况下，人们把这样的推理叫作内涵推理。内涵推理的主要特点在于：外延同一替换原则不再有效。因为数学系统是纯外延的，而现代逻辑最初是为奠定数学基础服务的，再加上“奥卡姆剃刀”原则的影响，所以自现代逻辑诞生以来，外延主义一直占据逻辑学的主体地位。卡尔纳普认为外延主义是“对任一非外延系统，都存在一个外延系统使得前者能在后者中被翻译”。② 外延系统的重要特征是外延同一替换原则总是有效，因此，为了在外延系统中解释自然语言中外延同一替换原则失效的现象，必须赋予语言表达式以新的外延，或者，采取归约的办法将内涵归约为某种外延进行处理，内涵逻辑由此诞生。丘奇和卡尔纳普作为内涵逻辑的开创者，丘奇主要是从语形的角度给出了内涵逻辑的形式语言和公理，刻画了内涵如何表达和运作；而卡尔纳普则是给出了内涵逻辑的形式语义，回答了内涵是什么的问题。后来经过蒙塔古（Richard Montague）、加林（Daniel Gallin）等人的重要发展，内涵逻辑在20世纪70年代发展成熟，并在自然语言的形式处理上获得了广泛的应用③。

目前还不能就内涵逻辑定义一个统一的概念，但是，“所谓内涵逻辑，即用来处理内涵问题的逻辑”④ 的这个说法是大多数人都能接受的。

（1）《大不列颠百科全书》（*Encyclopedia Britannica*）的内涵逻辑（intensional logic）⑤ 词条：内涵逻辑是蒙塔古等人在模态概念的基础上发展而成的一般理论，它研究命题、个体概念以及一般的所有那些通常被当作是语言表达式意义的实体（命题是语句的意义，个体概念是单称词项的意义，等等）。其中最关键的概念是可能世界，用来刻画语言表达式的意义。例如，命题通常被处理成可能世界到真值的函项，以此来刻画知道一个命题的意义就是知道其在何种条件下为真。

（2）贝乐（G. Bealer）和莫尼奇（U. Monnich）在第二版的《哲学逻

① 陈嘉映. 语言哲学［M］. 北京：北京大学出版社，2003：98.
② 文学峰. 语境内涵逻辑［D］. 广州：中山大学，2007：6.
③ 文学峰. 语境内涵逻辑［D］. 广州：中山大学，2007：6—7.
④ 文学峰. 语境内涵逻辑［D］. 广州：中山大学，2007：5.
⑤ 文学峰. 语境内涵逻辑［D］. 广州：中山大学，2007：5.

辑手册》（*Handbook of Philosophical Logic*）“性质论”（“Property Theories”）一章中解释：“内涵逻辑就是在其中等价公式的替换原则失效的逻辑”①。

（3）安德森（C. A. Anderson）在《哲学逻辑手册》（第一版）“广义内涵逻辑”（“General Intensional Logic”）一章中的解释为：“内涵逻辑就是在某种严格意义上处理包含意义或意义同一的推理的逻辑。”②

通过观察上面3个内涵逻辑的定义发现：“① 定义的是狭义内涵逻辑，主要是基于可能世界语义的模态逻辑及其变种；② 定义的实际上是超内涵逻辑（hyperintensional logic），不包括模态逻辑，因为等价公式的替换原则在模态逻辑中一般并不失效；③ 定义的内涵逻辑比较宽泛，既包括模态逻辑，也包括超内涵逻辑。”③

正是由于外延逻辑的某些局限性，加之语言表达式内涵自身的重要性，使得内涵逻辑逐渐兴起并发展起来。其间，从哲学上就内涵与外延所做的区分而言，语言逻辑的发展、弗雷格对涵义和指称的区分都对内涵逻辑的兴起与发展起着指引和推波助澜的作用。唐纳伦（Keith Donnellan）“对语言的指称性使用和归属性使用的区分也昭示了‘内涵’这个概念的重要性”④。此外，内涵语境下的替换失效问题和“a = a”与“a = b”的不同认知意义问题，这两种语言现象的解释过程对内涵逻辑的发展也起到了一定的作用。

那么什么是内涵逻辑研究的对象呢？由于指称的晦暗性是借助命名同一对象的名称的可相互替换性的失效来说明的，因而为了排除模态语境的指称晦暗性，就要摒弃一切可以用模态语境中不可替换的名称来命名的对象，例如9和金星……这些概念弗雷格称之为“名称的涵义”，卡尔纳普和丘奇称之为个体概念，而奎因称之为内涵的对象。

弗雷格在《思想》一文中探讨了“我受伤了”这样一种表达⑤。虽然他的说明详细而清楚，但是直观上他的讨论仍然给人以烦琐的感觉，以致使人们不太明白这样讨论的重要性。实际上，这里涉及索引词的问题，因

① 文学峰. 语境内涵逻辑［D］. 广州：中山大学，2007：5.
② 文学峰. 语境内涵逻辑［D］. 广州：中山大学，2007：5.
③ 文学峰. 语境内涵逻辑［D］. 广州：中山大学，2007：5.
④ 荣立武. 内涵逻辑的哲学基础［D］. 广州：中山大学，2006：73.
⑤ 王路. 逻辑与哲学［M］. 北京：人民出版社，2007：120.

而也涉及内涵语境的问题。句子的思想是我们借以考虑的真的东西，但是在涉及“我”“你”“他”，以及时间、地点等索引词的时候，句子的真要依赖于句子中这些词的涵义，因而依赖于说出它们的语境①。因为像“我”这样的索引词会破坏弗雷格所依据的外延的二值的逻辑原则。与此相似，当理解为什么在探讨句子的指称的时候，弗雷格要分析和论述从句。这是因为，一些从句也涉及内涵语境的问题，而一旦涉及这样的语境，弗雷格所依据的外延的二值的逻辑原则就会出现一些问题②。

丘奇和卡尔纳普曾试图通过引进内涵对象、把量化的变元的值限于内涵对象的办法来消除模态语境中的指称晦暗性，使得对模态语境进行量化成为合法行为。但是奎因指出他们的修正方案有两个问题：第一，在本体论上承诺了脱离具体对象的抽象内涵对象，这些存在物是可疑的，它们的个体化原则是以同义性或分析性这个假象的概念为基础的；奎因坚决反对这种柏拉图主义的本体论。第二，这种限制并没有解决原来要把模态语境加以量化的困难，相反，在内涵对象的范围内还会增加一些麻烦。

指称内涵性（哲学上通常翻译为意向性）的这一思想最初源于弗雷格，这是他的一个重要的假设。实际上，弗雷格已经发现了外延逻辑的困难，即外延逻辑的一些原则在某些推理中失效，可以说弗雷格在某种程度上处于内涵主义和外延主义之争的两难境地。这主要是因为外延逻辑把语言表达式的涵义等同于它的外延，而内涵对理解某些推理的有效性十分关键③。所以弗雷格的伟大之处在于，他能在外延逻辑占据支配地位的情况下，暗示了涵义和指称的逻辑思想。也就是说，弗雷格不但建立了一个完全的二值外延逻辑系统（经典逻辑系统），而且从理论上揭示了关于“相信”“知道”等非外延逻辑的根本特点，即对它们不能应用外延论题，这些逻辑后来成为内涵逻辑。可以肯定的是，弗雷格为内涵逻辑的建立指明了方向④，从弗雷格起内涵逻辑开始了它的长足发展。

---

① 王路．逻辑与哲学［M］．北京：人民出版社，2007：120.
② 王路．逻辑与哲学［M］．北京：人民出版社，2007：130.
③ 陈波．逻辑哲学［M］．北京：北京大学出版社，2005：145.
④ 张家龙．数理逻辑发展史——从莱布尼茨到哥德尔［M］．北京：社会科学文献出版社，1993：131.

因此我们可以说，“从当今的逻辑成果出发，我们可以看到弗雷格对涵义和指称的探讨涉及了非常丰富的内容，至少包括命题态度。这相当于今天内涵逻辑处理的东西。弗雷格没有今天内涵逻辑的成果，因此没有能够以系统的方式对这些情况进行处理，但是弗雷格看出了这里的问题”①。所以要建立一个好的内涵逻辑系统，至少要满足两个条件：① 它必须能处理外延逻辑所能处理的问题；② 它还必须能处理外延逻辑所处理不了的难题。这样的逻辑系统现在正处于发展过程当中，已具有初步的轮廓②。弗雷格有关于涵义和指称的明确区别，还有关于涵义层面的东西的许多论述，特别是有《思想》这样的专门论述，因此为人们总结发展出关于涵义的理论提供了基础③。

20 世纪后期的语言逻辑的发展，特别是乔姆斯基（A. N. Chomsky）的深层结构语法、蒙塔古的形式句法和形式语义的并行处理不仅丰富了刻画表达式的内涵技术手段，也加深了对内涵的理解。到现在，内涵逻辑已经发展成为一个内容丰富的庞大的体系。当前具有代表性的内涵逻辑系统从广义上来说有：模态逻辑、时态逻辑、自由逻辑、道义逻辑、认知逻辑等。但是从某种意义上说这些系统也不完全是内涵的，因为它们也具有外延的一些特征，比如模态逻辑。从狭义上看，内涵逻辑系统包括丘奇的内涵逻辑系统以及以丘奇内涵逻辑系统为基础的其他系统，包括卡尔纳普和扎尔塔（E. N. Zalta）等的逻辑系统④。

自然语言为人们日常所使用，并在孩童时期自然地习得，逻辑学家们总是能在自然语言那里找到新的思路的灵感。数学基础的逻辑问题发展促使数理逻辑的发展，数理逻辑强调证明论、有效性、公理化、判定性、协调性和完全性等概念；但是自然语言的逻辑分析激发哲学逻辑的发展，同时强调预设、隐含、模态性、条件句和内涵性等语义概念。有关数学的和哲学的两种逻辑的研究模式跟作为理论语言分支的自然语言句法语义学之间的关系，是半个世纪以来人们争论的热点。在形式逻辑和语言学之间的

① 王路. 逻辑与哲学［M］. 北京：人民出版社，2007：117—118.

② 陈波. 逻辑哲学［M］. 北京：北京大学出版社，2005：149—150.

③ 王路. 逻辑与哲学［M］. 北京：人民出版社，2007：121.

④ 荣立武. 内涵逻辑的哲学基础［D］. 广州：中山大学，2006：73.

自然语言语义学的进展现在已成为一个特定的充满活力的领域，从经验和认知角度看，这个新型领域的研究已显示出丰硕的成果①。

一般说来，弗雷格涵义和指称的理论与他的逻辑思想是一致的。但是，他的这一思想并没有在《概念文字》中有所体现。所以弗雷格认为他的《概念文字》中没有符号能表达涵义和它对应的指称之间的关系，包括思想和它对应的真值之间的关系。而且《概念文字》包含的公理也不能表明思想或涵义的更为一般的同一条件。所以为弗雷格的《概念文字》增加逻辑符号和公理，就能直接处理涵义和指称的理论了，这样，这一理论就会变得强大，能够按照弗雷格自己的打算而应用它了。正是基于这种考虑，才有后来的以丘奇的内涵逻辑系统为基础而刻画的涵义和指称的逻辑演算系统，克莱门特（Kevin C. Klement）的系统就是这样一个系统，虽然他这个系统还存有争议。

我们正是打算在此背景下讨论对弗雷格涵义和指称理论的偏离、回归与继承、发展的思想轨迹。在肯定了弗雷格涵义和指称理论的重要性及其价值的基础上，指出弗雷格涵义和指称理论所面临的困境，进而明确丘奇的涵义和指称理论及克莱门特的涵义和指称理论都不能很好地解决弗雷格涵义和指称理论问题的原因所在，并在此基础上提出要继承和发展弗雷格的涵义和指称的理论，借助非弗雷格的涵义和指称的逻辑、情景和语境以及东西逻辑结合的逻辑多元化发展的路径试图解决这个问题。因此，研究涵义和指称的理论就要以弗雷格的涵义和指称的理论为基石，在此之上拓展思路和研究的范围。

在开始讨论解决涵义和指称的理论面临的困境之前，首先从逻辑史角度梳理弗雷格的涵义和指称理论的主要内容及其意义和影响，这就是本书第一章的主要内容。“弗雷格关于涵义和指称区别的观点在语言哲学中具有极其重要的意义，可以说是弗雷格对于语言哲学所做的最大的贡献。正是由于弗雷格做出了这种区别，才导致了对于语言表达式的涵义的研究，这样意义理论才能逐渐形成并得到进一步的发展。”②

---

① 罗·格勒尔. 哲学逻辑［M］. 张清宇，陈慕泽，等，译. 北京：中国人民大学出版社，2008：527.

② 张燕京. 达米特意义理论研究［M］. 北京：中国社会科学出版社，2006：48—49.

弗雷格的涵义和指称的理论所面临的困难究竟体现在哪些方面，这是本书第二章所要讨论的内容。弗雷格把概念文字设计成一种语言，在这种语言中，每个符号都有一个明晰的和意义明确的指称。但是，如果不允许有间接语境在概念文字中出现，就会出现这样的问题：概念文字能表达日常语言表达的一切东西吗？有学者认为，首先要承认弗雷格发展的概念文字是不完全的，它只表达了它的逻辑内核（logical core）。其次，如果概念文字中不允许间接语境出现，那么问题就变为：扩张了的概念文字能不能把握命题态度的陈述和其他日常语言的陈述？这样做会不会产生间接语境呢？弗雷格的涵义和指称的理论与他的逻辑理论是一致的，但是，这并没有完全反映到他发展的概念文字中。弗雷格自己认为，概念文字没有符号能表达涵义和它对应的指称之间的关系，也包括思想和它对应的真值之间的关系。概念文字包含的公理也不能表明思想或涵义的更为一般的同一条件。所以给弗雷格的概念文字增加逻辑符号和公理，就能直接处理涵义和指称的理论了。在明确了弗雷格的困惑之后，转而就要讨论罗素悖论了：罗素悖论是什么？罗素采取了什么方法解决它们？弗雷格对罗素所关注的一些矛盾所做的回应是什么？我们带着这样的疑问，从弗雷格涵义和指称逻辑的角度来思考困扰罗素逻辑的问题。弗雷格涵义和指称的观点对20世纪的逻辑哲学影响深远，而且，这个问题是“从弗雷格和罗素以来分析哲学家用力最大、争论不已的问题。有人说专心致力于意义理论的研究可谓20世纪英语世界哲学家的‘职业病’”①。奎因在这个问题上也发表了自己的看法。

面对弗雷格涵义和指称理论的困境，应该采取什么样的策略？这些策略能解决弗雷格涵义和指称理论的困境吗？如果不能解决，弗雷格涵义和指称理论的出路是什么？这是本书第三、四、五、六章要回答的问题，由此，也引申出这样的结论：跳出经典逻辑或者说弗雷格逻辑主义纲领，走向信念修正视域下的逻辑心理主义，也许是融合内涵逻辑与外延逻辑在某些问题上的冲突的一种做法。

具体来讲，第三章主要讨论了克莱门特对弗雷格涵义与指称理论的逻辑阐释。实际上，出现在概念文字中的罗马字母和哥特式字母分别等同于

① 陈波. 奎因哲学研究——从逻辑和语言的观点看［M］. 北京：生活·读书·新知三联书店，1998：55.

现代逻辑中的自由变元和约束变元。为了把握弗雷格对罗马字母和哥特式字母的理解，有必要仔细考察弗雷格在《算术的基本规律》中引进它们时始终存在的争论情况。弗雷格从数学中获得启示之后，为了把握一般性，他决定在他的概念文字中使用字母。而为了解决范围的模糊性问题，弗雷格又引入了包含哥特式字母和凹处符号的表达一般性的新的方法。通过这种记法就能解决范围模糊性问题。所以，可以认为，哥特式字母从性质上说同现代的约束变元有明显的相似之处。

弗雷格指出，罗马字母和哥特式字母的"指谓"是指：它们揭示了在不完全表达式中"需要补充（supplementation that is needed）"的种类；它们只是表明了一个函数表达式的自变元的位。克莱门特对弗雷格系统中出现的量词和哥特式字母的理解与改进，有助于我们深入理解弗雷格概念文字的用法以及意义，特别是有助于了解当代弗雷格研究者对有关弗雷格逻辑、弗雷格涵义和指称理论方面研究的进展以及成果。但是弗雷格本人只是明确地谈到量化理论对只有一个和两个自变元位的函数起作用。而要搞清楚对两个自变元位以上的函数的量化理论，这样的语义解释将如何进行，就要借助对罗马字母的讨论了。

克莱门特在他的论文中指出，罗马字母的引入是为了把握没有它们就无法获得的推理，其中包括概念文字转录的词项逻辑（categorical logic）的一个证明。他还指出，表达一般性的含有罗马字母的逻辑系统不仅关注对象，而且也要关注一级、二级函数。《概念文字》中弗雷格的逻辑与《算术的基本规律》弗雷格的修正系统之间不同之处的重要意义在于，后者引入了弗雷格称之为函数的值域（Wertverläufe）的符号。关于值域和句法规则，弗雷格认为值域不是集合。弗雷格在我们如何理解一个符号对于值域的指称这个问题上保持沉默，以此表明，每个概念文字表达式只有唯一的指称。接下来克莱门特给出了概念文字的初始符号的语义和句法规则，并为其构建涵义和指称的逻辑做准备。

克莱门特要在弗雷格明确的公式表示法上再增加两个公理，并把弗雷格的系统分为两个子系统。第一部分表示弗雷格逻辑的核心：它与处理高阶逻辑是一致的。第二部分表示对弗雷格逻辑的扩张，它包括处理值域的公理。弗雷格涵义和指称理论的提出对于弗雷格解决悖论难题，对于他解决他所面临的异议，无疑是有意义的。而且弗雷格对涵义的探讨使得我们更加关注对表达式内涵的理解，关注弗雷格指出的思想等内涵的实体是属于第三领域而非物质的和精神的世界的实体的思想；弗雷格对第三领域的实体所做的承诺对扩张内涵逻辑系统、从哲学上为它进行辩护、为我们深刻理解内涵实体等概念、为内涵逻辑的产生发展起到了重要的作用。

第四章主要内容是简要给出丘奇以弗雷格的涵义和指称理论为基础改造与发展的逻辑系统。这些系统首先是丘奇在他的《涵义和指称的逻辑》(*The Logic of Sense and Denotation*)中发展的系统。但是丘奇的涵义和指称理论中有几个地方很明显地偏离了弗雷格的方法。而且，丘奇得出的结论也没有充分反映弗雷格的观点。有学者指出，不能因为丘奇的方法与弗雷格观点的偏离就批评他，因为目前研究工作的目的之一是按照丘奇的观点去建立逻辑演算。丘奇的内涵逻辑系统第一次对弗雷格的二维语义观进行了形式刻画，继承和发展了弗雷格涵义和指称的逻辑思想。丘奇所提出的简单类型论也成为现在讨论表达式内涵的主要技术手段，但是他发展的几种内涵逻辑都存在一定的问题。虽然丘奇的内涵逻辑是允许高阶量化的，然而，不加限制的高阶量化非常容易引发逻辑悖论。尽管在丘奇的系统中，出现在命题态度语境中的表达式的涵义都得到了有效的刻画，但是丘奇采用模型论解释表达式内涵的方法也要面对罗素悖论的挑战。这就表明，丘奇的涵义和逻辑系统也不能彻底解决弗雷格涵义和指称理论所面临的困难。

第五章讨论的是克莱门特为弗雷格的涵义和指称的理论构造了一个逻辑系统，并且使它尽可能地接近弗雷格的逻辑系统。克莱门特这样做的主要目的不仅仅是创建一个切实可行的内涵逻辑演算，而更多考虑的是反映弗雷格的某些思想观点。事实上，克莱门特在形式演算中遇到了一些形式上的困难，而这些问题揭示了弗雷格语义观点的不足，恰恰这些观点是哲学家们较少关注的。因为克莱门特的主要目的是发展一个全面的弗雷格涵义和指称的逻辑演算，所以他把系统建立在弗雷格的概念文字上。但是克莱门特构造的涵义和指称的逻辑系统所遇到的困难，除了罗素悖论外，还有局限于其他的与某些处理涵义的系统相结合的朴素类理论的矛盾上（比如系统 FC^{+SB+V}）。克莱门特试图补充和完善弗雷格理论，从而建立一个涵义和指称的逻辑，但是他遇到的主要问题是如何避免矛盾、悖论的问题。克莱门特在这里实际上陷入了困境：一方面，要避免矛盾当然就要有令人满意的理论；另一方面，矛盾的发现迫使我们对一个哲学的理论会做这样或那样的改变，即改变弗雷格的理论。一种可能的改变是通过对推理规则设置任意的限制来避免矛盾。例如，我们可通过限制肯定前件式假言推理来避免一些矛盾。但是这种做法也存在问题，它能不能从形式上解决所有的矛盾和悖论目前还不是很明朗。可以肯定的是，这些方法不是真正解决悖论的方法。所以，克莱门特回到弗雷格涵义和指称理论的做法也不能真正解决弗雷格的涵义和指称理论的困难。

面对上述困境与困难，我们原来的问题“涵义和指称的逻辑出路何在”，应该转变为新的问题：是否可以发展弗雷格—丘奇式的内涵逻辑，进而寻找一种非弗雷格—丘奇式的内涵逻辑呢？如何在逻辑与哲学两方面寻找新的出路？这是第六章所要讨论的内容。从逻辑与哲学两方面探讨涵义和指称的逻辑的出路及发展方向，基于逻辑视角，需要结合语形、语义和语用来探讨如何摆脱困境的问题。不仅要继承弗雷格涵义和指称理论的合理之处，而且要突破这一理论的局限，促进内涵逻辑的长足发展。基于哲学视角，需要对内涵主义与外延主义之争的主要问题作出适当的回答，借鉴印度逻辑的长处，探讨意义理论未来发展的走向。要想走出涵义和指称逻辑的困境，应该拓宽视野，促进东方内涵逻辑与西方外延逻辑相互融合，相互吸收各自的合理因素，也即通过东西方逻辑的有机结合来解决内涵逻辑遇到的有关问题。此外，从信念修正的视角看待心理主义在逻辑中的合法地位，也是跳出目前研究框架的一种可取做法。

综上所述，本书的主要工作可以简要归纳为：第一，探讨弗雷格的涵义和指称理论的逻辑哲学意蕴，指出其不足之处或缺陷，评价学界对这一理论的进一步发展，探讨其中的发展脉络，并对未来可能的发展提出尝试性的探讨。第二，以弗雷格的涵义和指称哲学理论以及逻辑理论作为范例，进一步探讨内涵主义与外延主义的争论问题，试图探讨内涵主义与外延主义之争的哲学基础，清楚地指明在逻辑哲学中存在着两种互相对立的研究范式，即内涵主义与外延主义，详细地评介了这两种对立的范式或研究立场，最后尝试性回答有关争论问题，提出两种研究立场都具有一定的局限性和合理性，并指出真正的出路是对立面的辩证整合或者继承和发展。

第一章　弗雷格涵义与指称理论及其价值

从弗雷格早期著作《概念文字》到他后期著作《算术的基本规律》（第一卷、第二卷），是弗雷格逻辑主义计划以及与其相关的哲学理论逐步发展和完善的过程。其中涵义与指称的理论成为弗雷格思考哲学问题的重要体现，也是弗雷格追求为算术奠定逻辑基础的目标，而导出的对哲学问题研究的重要成果，这一重要思想也成为后来人们从逻辑与语言角度关注哲学问题的极为关键的理论基础。

第一节　弗雷格的涵义与指称理论

随着现代逻辑特别是非经典逻辑的发展，涵义和指称理论再次回到了人们的视野之中。这一理论的再次出场，不仅是弗雷格思想重要性的体现，更是这一理论自身在哲学上的重要作用与地位的凸显，因此剖析该理论产生的原因，呈现它思想的整体样貌有其必要性。

一、涵义与指称理论产生的原因

弗雷格把谓词当作它所代表的函数，同时考虑到就数学函数而言，没有必要对概念使用不同类型的概念记法，这一想法大大简化了弗雷格在逻辑语言中使用的各种符号，加之完全表达式的真值就是它们的指称，这些都有助于弗雷格构建他的概念文字。此外，弗雷格把语句联结词“和”“或者”在严格意义上转换为真值函项——把真值作为自变元的函项，而且把真值作为它的值，从这个角度看，弗雷格涵义和指称的理论对他的概念文字产生了巨大的影响。

隐藏在涵义和指称理论背后的另外一个动机，是弗雷格把涵义和指称的区分也用于解决莱布尼兹规律的难题。这个规律是指，这类事物可由相同的另外的事物替代而真值保持不变。弗雷格完全赞成这个规律，而且把这个规律理解为：如果两个表达式有相同的指称，那么它们能够在命题中彼此替换而不会改变那个命题的真值。一般地，弗雷格的这一看法没有问题。我们来看一个相关的例子：

我们设定一个推理的前提为：

（1）晨星=晨星

（2）晨星=暮星

（3）晨星是行星

从这3个前提得出结论：

（4）暮星是行星

因为有前提（2），根据莱布尼兹规律，这个结论是有效的。但是这种有效的状况不会一直持续下去，也会遇到有反例的时候，比如：我们知道“晨星”和“暮星”指称相同，但是将它们彼此替换而不改变一个语句的真的情况并不总是真的。例如，下面的命题：

（5）哥特罗布相信晨星是行星。

（6）哥特罗布相信暮星是行星。

假定哥特罗布并不知道晨星就是暮星，那么（5）为真，则（6）为假。

这类命题结构直接发出了对莱布尼兹规律的挑战。弗雷格应对这一挑战的做法是，他区分了表达式的主要指称和次要指称（primary and secondary Bedeutang）。弗雷格指出，当表达式出现在特定的不同寻常的语境中时，它们的指称通常就是它们的涵义。在这种情况下，就可以说表达式有次要指称。次要指称包含弗雷格所称的“间接引语”（indirect speech）如信念、欲望和其他的所谓的“命题态度”的情形。这些情形都类似于（5）和（6）这两个句子。但是在“……分析为真”，或者“……是有信息的”这样的语境中，这类句子也有次要指称。

现在我们仔细考虑（5）和（6）两个例子。弗雷格认为，这两个陈述句并没有直接讨论晨星和暮星本身，而是涉及一种相信者与被相信的思想之间的关系。思想是完全表达式的涵义。相信依赖于它的构成——特定的对象和概念是如何表达的——而不是依赖概念和对象本身。因此，相信断言的真并不依赖于所陈述信仰组成部分的指称，而依赖于它的涵义。因为信仰断言的真值是信仰的指称，在弗雷格看来，任何命题的指称取决于组成部分表达式的指称，所以我们倾向于得出这样的结论：在间接引语中出现的表达式的涵义事实上是在这个语境中出现的表达式的指称。这样的语境是“间接语境”，在这样的语境中，一个表达式的指称，从它通常的指称改变为它通常的涵义。

通过对间接语境的论证方式，弗雷格保留了他对莱布尼兹规律的承诺。表达式“晨星”和“暮星”有同样的主要指称，而且在任何非间接语境中（non-oblique context），它们能被彼此替换而不改变命题的真值。但是，因为表达式的涵义不一样，它们在间接语境中不能彼此替换，在这样的语境中它们的指称是非同一的，由此，莱布尼兹规律可被保留。但是上述讲到的针对于间接语境中，不能实现替换而依旧为真的例外，对发展弗雷格的概念文字非常有意义，因为这为弗雷格引入公理以把握逻辑规律提供了思想空间。

实际上，以上的论述涉及了弗雷格提出的著名的外延论题，也即命题的指称是它的真值，当某个命题的一部分用具有同样指称但有不同涵义的表达式去替换时，命题的真值保持不变。弗雷格的外延论题对人们从真值角度考察复合命题也是适用的，但是弗雷格没有止步于此，而是进一步研究了外延论题不适用的情况。弗雷格指出，不适用外延论题的情况并不能表明外延论题不成立，它只表明它们不符合外延论题的条件。这些不适用的情况包括间接指称和语句中含有不定指谓词这两种情况。

为了应对这一状况，弗雷格首先提出了“加引号名称”——一种具有间接指称的理论。弗雷格说：“如果我们以普通方式使用语词，那么我们所想的就是它们的指称。但也可能发生这样的情形：人们希望谈到语词本身或它们的涵义。例如，当引用另一个人的话语（语词）时就是如此。人们自己的语词首先指谓另一个说话者的语词，只有后者才有它们普通的指称。

人们在书写这样的语词时要加引号。因此，带引号的语词不可看成有普通的指称。”① 这样的语词具有间接指称。

张家龙曾举过“北京是中国的首都”这个例子。他指出，“北京”有普通的指称；但是在“北京是两个字”中，“北京”是名字的名字，使用“北京”这个名字指谓“北京”这个名字，这是所谓的“自名用法”，采用弗雷格加引号的办法，将上述语句写为：“‘北京’是两个字”。那么在这句话中，“北京”不是指谓中国的首都这个地方，而是指谓“北京”这个名字。在这种情况下，不能使用外延论题。我们不能把“‘北京’是两个字”变为“中国的首都”。例如，“哥白尼相信：地球的轨道是圆的”这个复合句的真假不依赖于哥白尼所相信的东西的真假，即不依赖于从句的真假，而只依赖于他是否相信从句所表达的思想②。在这里，从句中的话是间接引语，从句可以被看成一个名词，根据上述的符号理论，从句没有普通的指称——真值，而只有间接指称，也就是从句的普通涵义——思想。

弗雷格指出，除了以上关于“相信”的从句之外，同样的考虑还可应用于“知道”“发现”“已知”引导的句子上，以及在“命令”“要求”和“禁止”之后的从句上。凡是由上述语词构成的复合句，都不能应用外延论题，因为其从句没有普通指称——真值，只有间接指称——思想。从弗雷格的这些论述可以明显看出，二值外延逻辑同“相信”“知道”的逻辑从根本上不同。

从这个角度看，弗雷格不但建立了一个完全的二值外延逻辑系统（一阶逻辑系统），而且从理论上揭示了关于“相信”“知道”等逻辑的根本特征，即不能应用外延论题，这些逻辑就是后来所说的内涵逻辑③。正是上述所面临的一个个具体问题构成了弗雷格着手研究涵义与指称的背景，形成了他着手解决问题的思路。弗雷格的问题意识与思考问题形成的思想轨迹，

① 张家龙．数理逻辑发展史——从莱布尼茨到哥德尔［M］．北京：社会科学文献出版社，1993：130.

② 张家龙．数理逻辑发展史——从莱布尼茨到哥德尔［M］．北京：社会科学文献出版社，1993：130.

③ 张家龙．数理逻辑发展史——从莱布尼茨到哥德尔［M］．北京：社会科学文献出版社，1993：130.

就是弗雷格开展涵义与指称理论研究及形成该理论的重要原因。接下来，我们讨论弗雷格涵义与指称理论的基本内容。

二、涵义与指称理论的基本内容

弗雷格在他的第一部著作《概念文字》中构造了一种形式语言，并且通过这种语言建立了一阶谓词演算系统，其中谈到了“同一”的问题。弗雷格指出，他在引入同一符号时，也即当一个同一符号把两个符号联系起来的时候，就会产生指称方面的问题，因为符号有时表示内容有时表示符号自身。比如，a=b 是表示 a 和 b 这两个符号同一，还是表示它们代表的内容同一呢？在《概念文字》中，弗雷格只是提出了这个问题，并没有展开讨论①。

弗雷格时代，很多数学家广泛争论的问题是如何理解“=”。如果把等式考虑为“4×2=11-3”这种情形，那么会有很多人认为这是一个严格同一（identity proper）的问题。在这种情况下，他们就会断定 4×2 和 11-3 是一个而且是相同的东西。相反，如果这些人假定相等的相对较弱的形式的话，那么他们会认为“4×2”和“11-3”在数量与大小上相同，但不会因此而构成相同的东西。在反对“=”表示等同的观点的过程中，有学者指出，不能在所有方面认为“4×2”和“11-3”都相同，他们给出的理由是：前者是乘积而后者是差。

弗雷格首先成为这一观点的坚决反对者，他支持把“=”理解为严格同一。弗雷格认为，应该把表达式“4×2”和“11-3”理解为一个而且是相同的东西，即数字 8。弗雷格指出，数字 8 是由两个不同的表达式决定和表示的。通过对这个问题的澄清，弗雷格在实数、一个表达式，比如“4×2”与这个数被决定的方式之间做出了区分。弗雷格把前者叫作表达式的指称，把后者叫作表达式的涵义。用弗雷格的语言表示则是，一个表达式用以表达它的涵义，指谓它的指称。涵义和指称的区分对于逻辑主义计划的重要性体现在，涵义和指称的区分有助于弗雷格站在数学等式的性质的立场上思考问题。弗雷格在《算术的基本规律》中把“=”作为一个严格同一的

① 王路. 弗雷格思想研究［M］. 北京：社会科学文献出版社，1996：114.

符号加以运用。但是对弗雷格而言，他把这一伟大的改进视作他早期在《概念文字》中采用的方法，也即，他引入的两个符号，首先把“=”视为数学上的同一，然后把“≡”视为内容上的同一，两者不同。

现在我们简单回顾弗雷格这一思想历程，便可发现早在1891年，弗雷格在《函数和概念》一文中，第一次刻画了涵义和指称理论。弗雷格首先以数学等式为例，区别了语言中一个符号的涵义和指称。1892年，弗雷格在《论涵义和指称》中对涵义和指称的理论进行了扩展，并加以详细的讨论。在这篇著名的论文中，弗雷格从在《概念文字》中提到的同一问题出发，以具有a=a，a=b这样形式的句子开始了他关于涵义和指称理论的讨论①。弗雷格认为，同一关系既可以表示对象之间的关系，也可以表示对象的名字或符号之间的关系。由此弗雷格区分了符号、符号的涵义和符号的指称这3种东西，而且把这一区别应用于专名和句子，探讨了专名的涵义和指称，特别是详细探讨了句子的涵义和指称，提出句子的涵义是思想，句子的指称是真值这一著名论断②。

涵义和指称的区分主要是在《论涵义和指称》中扩张的，它对数学表达式和语言学表达式都适用。最著名的例子就是“晨星”和“暮星”的例子。这两个表达式通过金星具有不同的性质进行指称，它们都是指谓行星——金星，但显然是不同的。弗雷格明确告诉人们，两个表达式有同样的指称却有不同的涵义，一个表达式的指称是它对应的实物，就“晨星”来说，它的指称是金星本身。但是，一个表达式的涵义，则是一种“表达方式”，或者说是与表达式相关联的认知内容，指称是通过表达式来决定的。

围绕涵义和指称这两个概念，弗雷格从语言所表达的东西中区别出两个不同的层次，一个是语言符号，一个是语言符号所表达的东西。弗雷格除了在《论涵义和指称》中详细论述了涵义指称的哲学思想之外，他还在“施劳德逻辑”的第二部分《对涵义和指称的解释》中讨论了概念词的涵义和指称。在这里，弗雷格指出概念词的指称不是对象，而是概念。另外，弗雷格还在《逻辑导论》中专门用一章内容论述涵义和指称，其重点放在

---

① 王路. 弗雷格思想研究［M］. 北京：社会科学文献出版社，1996：115.

② 王路. 弗雷格思想研究［M］. 北京：社会科学文献出版社，1996：114.

了对涵义进行详细描述上面。在《算术的基本规律》和其他的一些论文以及与别人的通信中，弗雷格也都提到了或应用了涵义和指称的理论①。需要注意的是，我们这里所说的涵义和指称的理论不是指涵义和指称的逻辑系统，而是从逻辑哲学视角看弗雷格的涵义和指称的理论。

另外，弗雷格的涵义和指称的理论就是他的意义理论，它由两部分组成，第一部分是涵义理论，第二部分是指称理论。需要注意的是指称理论是涵义理论的基础。王路认为，涵义和指称这两个概念是弗雷格的两个核心概念，也是人们研究弗雷格思想时讨论最多的两个概念②。

王路指出，我们要注意一个问题，从直观上看，弗雷格讨论的核心概念是“涵义”和“指称”，但是为什么弗雷格总是在讨论句子、专名和概念词呢？王路给出的答案是：“我认为，句子、专名和概念词仅仅是弗雷格讨论问题的出发点。也就是说，他讨论的并不是句子、专名和概念词，他讨论的实际上是句子、专名和概念词所表达的东西。句子、专名和概念词都是语言层面的东西，但是它们所表达的东西却不是语言层面的。明确这一点，就可以看到弗雷格语言分析的一个十分重要的特征：从语言出发，通过句子、专名和概念词来讨论它们所表达的东西。这样一来，语言和语言所表达的东西就得到明显的区别。”③

弗雷格说：“符号、符号的涵义和符号的意义和符号的意谓之间有规律的联系是这样的，相应于符号，有确定的意义；相应于这种意义，又有某个意谓，而对于一个意谓（对象），不仅有一个符号。”④ 弗雷格的这段话告诉我们，一个符号有某种涵义，还有某个指称。但是弗雷格在另一个地方指出，这种情况属于一般情况，也有例外情况，即一个符号有涵义但没有指称。他举的例子是，“离地球最远的天体”有涵义，但是否有一个指称，则让人们感到怀疑；“最小的收敛级数”有涵义，但是没有指称。这样弗雷格就区别出符号的涵义和指称的两种关系：第一，一个符号有某种涵义，也有指称；第二，一个符号有某种涵义，却没有指称⑤。

① 王路. 弗雷格思想研究［M］. 北京：社会科学文献出版社，1996：115.
② 王路. 逻辑与哲学［M］. 北京：人民出版社，2007：112.
③ 王路. 逻辑与哲学［M］. 北京：人民出版社，2007：113.
④ 王路. 弗雷格思想研究［M］. 北京：社会科学文献出版社，1996：115.
⑤ 王路. 弗雷格思想研究［M］. 北京：社会科学文献出版社，1996：117.

弗雷格认为："对于一个符号（名称、词组、文字符号），除了要考虑的表达物，即可称为符号的指称的东西以外，还要考虑那种我要称之为符号的涵义的、期间包含着给定方式的联系。"① 王路指出，弗雷格区别出符号的涵义和指称，符号的指称比较明确，即符号所表达的东西，而符号的涵义则不太明确，因为符号中"包含着给定方式的联系"，这看起来比较含混不清②。

弗雷格在对涵义和指称区别的具体论述中主要阐明了专名、句子和概念词的涵义与指称的区别。对于专名，在弗雷格这里主要是指广义的专名，对此，弗雷格还有一个明确的说明，"一个单一的对象的标记也可以由多个语词或其他的符号组成。为了简便起见，这些标记均可以称为专名"③。但是，有时候弗雷格也会提到像"亚里士多德"这样的真正的专名。而这两种专名明显是不同的。后者是指一个人的名字，单一事件、单一地点和单一事物的名字，等等；而前者则不限于这样的专名，至少包含摹状词那样的东西。弗雷格却并没有对专名和摹状词做出区分，而是统称为专名。

弗雷格对专名的指称有过明确的说明，他说"一个专名的指称是我们以它所表达的对象本身"④。这句话表明，弗雷格认为专名的指称就是专名所表达的那个东西，比如"晨星"这个专名的指称就是它所表达的那颗行星：金星。弗雷格对专名的涵义没有像对专名的指称那样做出明确的说明，但是，弗雷格指出，专名的涵义是客观的、固定的、不依赖人的主观意识的，可以被许多人所把握和共同使用的。"一定还有一些东西与专名的句子结合在一起，它们与被表达的对象不同并且对于含有这个专名的句子的思想至关重要。我称这样的东西为专名的涵义。正像专名的句子的一部分一样，专名的涵义是思想的一部分。"⑤ 王路认为，弗雷格的这段话说明了专名的涵义不是专名的对象，而是句子表达的思想的一部分，或者说，是不

① 王路. 弗雷格思想研究［M］. 北京：社会科学文献出版社，1996：115.
② 王路. 弗雷格思想研究［M］. 北京：社会科学文献出版社，1996：115.
③ 王路. 弗雷格思想研究［M］. 北京：社会科学文献出版社，1996：117.
④ 王路. 弗雷格思想研究［M］. 北京：社会科学文献出版社，1996：117.
⑤ 王路. 弗雷格思想研究［M］. 北京：社会科学文献出版社，1996：118.

完全的思想[①]。

弗雷格指出，符号的涵义和指称的理论也能用于句子，这样就能区别出句子的涵义和指称。他认为，句子的涵义是思想而句子的指称是真值。对于思想，弗雷格说："我用'思想'不是指思维的主观活动，而是指思想的客观内容，它能够成为许多人共有的东西"[②]。从弗雷格的这句话可以看出，弗雷格所说的思想是指语句本身的涵义，不包含人的主观因素。对于真值，弗雷格说："我们把句子的真值理解为句子是真的或句子是假的情况，再没有其他的情况"[③]。通过弗雷格的这句话，我们知道，句子的真值是句子的真或句子的假。这样，弗雷格就明确说明了句子有涵义和指称。

有关句子的涵义和指称的区分，弗雷格还谈到了从句的情况。弗雷格认为，从句的指称是思想，从句的涵义是思想的一部分。王路对此有一段精辟的论述，他认为，"从直观上，弗雷格的论述是以句子为基础的。但是句子本身也有部分。我们知道，专名是句子的部分，谓词和概念词也是句子的部分，那么这里的从句也是句子的部分。句子的涵义是思想，句子的指称是真值，而句子部分的涵义就不是思想，而只是思想的一部分，句子的部分的指称也不是真值，而是与真值不同的东西。专名的指称不是真值，而是对象；概念词的指称不是真值，而是概念；从句的指称也不是真值，而是思想"[④]。

以上我们从逻辑哲学视角，论述了涵义和指称理论的主要内容及其相关争论的问题，我们现在转向讨论弗雷格对涵义和指称的区分的应用。

弗雷格首先把涵义和指称的区分用于解决同一断言（identity claim）这一难题。看如下两个断言：

（1）晨星=晨星

（2）晨星=暮星

第一个断言以自我同一的形式出现，它是可知的、先验的；第二个断

---

① 王路. 弗雷格思想研究［M］. 北京：社会科学文献出版社，1996：118.

② 王路. 弗雷格思想研究［M］. 北京：社会科学文献出版社，1996：119.

③ 江怡. 弗雷格的意义观是指示论吗？［J］. 德国哲学，1991（11）.

④ 王路. 弗雷格思想研究［M］. 北京：社会科学文献出版社，1996：123—124.

言是由天文学家发现的，是后验的。但是，如果“晨星”意味着与“暮星”同样的东西，那么这两个断言将会有一样的涵义，两者都涉及同自身同一的关系。但是，要是这样的话就很难解释为什么（2）有新信息传达给我们，而（1）则没有。弗雷格对此给出的回应是显而易见的，也即给出涵义和指称的区别。因为“暮星”的指称和“晨星”的指称相同，通过对象与自身的同一关系使得两个断言为真。但是这两个表达式的涵义却不同：（1）中对象的表述是相同的两种方式；（2）中则是采用了两种不同的方式进行表述。人们可以从（2）中获取新的信息。一个同一断言/同一陈述（identity statement）的真不仅包含组成部分表达式的指称，还包含了决定指称的方式，也就是组成部分表达式的涵义。

弗雷格首先考虑把这一区分应用到命名某一对象的表达式上（包括抽象对象，如数字）。他还把这一区分应用到其他的表达式上，乃至应用到整个语句或命题上。如果把涵义和指称的区分应用到语句上，就能持有这样的推理，即一个命题的指称依赖于部分命题的指称，而一个命题的涵义依赖于部分命题的涵义。上述论及，同一断言的真值取决于组成部分表达式的指称，而由同一断言断定的信息取决于涵义。因此，弗雷格得出结论：一个完全命题的指称是它的真值，它或者为真或者为假。一个完全命题的涵义是当我们理解一个命题时我们所理解的东西，弗雷格把它叫作思想（Gedanke）。正如一个对象的专名的涵义决定那个对象的表现方式一样，一个命题的涵义决定真值的决定方法。命题“2+4 = 6”和“地球旋转”如它们的指称一样都为真，但是，这是通过完全不同的条件而成立的，正如“晨星”和“暮星”通过不同的性质而指称金星一样。

在《论涵义和指称》中，弗雷格把涵义和指称的区分局限于讨论完全表达式，比如，专名。而在其他的著作中，弗雷格明确了涵义和指称的区分也能应用于不完全表达式，不完全表达式包括函数表达式和语法的谓词。这些表达式在含有“空位”（empty space）的意义上是不完全的，当填补空位之后，则会产生一个复杂的专名，这个专名或者指谓一个对象或者指谓一个完全的命题。比如：不完全表达式“( ) 的平方根”包含一个空位，当由一个指谓数字的表达式填充这个空位时，则产生一个也指称数字的复合表达式，例如“16 的平方根”。不完全表达式“( ) 是行星”包含一个空位，当填上一个名字时，则产生一个完全的命题。弗雷格认为，这些不完全表达式的指称不是对象而是函数。

对象（Gegenstande）在弗雷格的术语中是指自立的（self-standing）、完全的实体，而函数则是不完全的，按弗雷格的说法是“不饱和的”(unsaturated)，因为，它必须采用自变元，这样才能产生一个值。表达式“( ) 平方根”的指称是函数，即采用某数当作自变元，以此产生一个数作为值。弗雷格指出，完全表达式像专名，有对象作为它们的指称，而且它的真值或者为真或者为假，但是因为这种情况对于语法谓词则不一样，所以弗雷格把谓词的情况也看成是：把函数作为它们的指称，它们是把对象映入在真值上的函数。表达式“( ) 是一个行星”，它的指称会产生值为真的函数，这是被对象金星满足时的情况，但是被人或数字 3 来满足时，它的值为假。因此，弗雷格把带有一个自变元的能产生真或假的函数叫作“概念”(Begriff)，而把带有多个自变元位/主目位（argument place）的函数叫作“关系”（relation）。例如：“( )>( )”表达式需要双重满足。弗雷格表示过，一个具有真值的概念的对象处于概念之下。

人们通常把函数理解为不完全表达式的指称，但不完全表达式的涵义是什么呢？当然这个问题属于较难回答的问题之一，一直以来人们都在努力探寻答案。现在要注意的是，相同的对象（比如：金星）可由不同方式来表达，但函数也能以不同的方式表达吗？“同一”是弗雷格的术语，它表示一种关系，成立于对象之间。而且，弗雷格认为有一种与同一相似的关系，它成立于函数之间，仅对每个自变元而言它们有相同的真值。如果允许我们假设，全部生物有且只有生物有心脏和肾脏，那么严格地说，这一概念可由表达式“( ) 有一个心脏”和“( ) 有一个肾脏”来指谓，这个表达式是一个而且是相同的概念。但事实上，这些表达式不能以同样的方式表达概念。因为在弗雷格那里，这些表达式有不同的涵义却有相同的指称。

以上，我们从逻辑哲学视域，探讨了弗雷格涵义和指称理论产生的背景原因及其主要内容所涉及的关键性问题，同时也简要论及了弗雷格涵义和指称理论的某些应用，接下来我们转向论述与弗雷格涵义与指称理论的价值体现相关的问题。

第二节　弗雷格涵义与指称理论的价值

弗雷格的涵义与指称理论的思想已经成为逻辑、内涵逻辑甚至超内涵逻辑以及分析哲学研究的热点，上文我们已经详细探讨了弗雷格涵义和指称理论的主要内容及其产生的原因，这节我们从它的重要性和它的影响两个方面谈起。

一、弗雷格涵义与指称理论的重要性

我们知道，国内很多知名学者就弗雷格涵义和指称的逻辑进行了详细的论述，其中王路的探讨给我们的印象更为深刻。他认为，可通过解释弗雷格的思想来说明涵义和指称的重要意义。理解涵义和指称的区别之所以困难，原因在于涵义和指称都涉及了不同的东西。从字面意思看，涵义是表示通过表达式本身可以把握的东西，而指称表示作为实体特别是具体实体存在于外界的东西，比如亚里士多德、上海，等等。因此，王路指出，当我们说一个专名的指称时就容易理解，当我们说一个句子的指称时就不容易理解。但是这个问题则不会出现在弗雷格的著作中。而且，从字面上说“涵义”和“指称”本身都是指通过表达式本身可以把握的东西，而不是指具体的实体。①

弗雷格认为，句子的涵义是它的思想，句子的指称是它的真值：真和假。这是他的一个最基本、最重要的思想。但是弗雷格指出，从句的指称是一个思想，概念词的指称是一个概念。思想、真值和概念显然不是具体的实体。所有这些东西属于一个可能不涉及具体事物的领域。另外，在弗雷格的论述中有一个显著特征，即涵义和指称有非常明显的相似性，因为句子的涵义是思想，而从句的涵义也是思想，因此弗雷格在涵义和指称之间做出的区别就不是对两种完全不同的、属于不同领域的东西做出的区别，比如像一个句子所表达的东西和存在于外界的东西之间的区别。弗雷格使

---

① 王路. 弗雷格关于意义和意谓的理论［J］. 哲学研究，1993（8）.

用的“涵义”和“指称”是两个德文词，从字面上说有相似的涵义，但不完全相同，因而可以表明上述所有特征。①

根据弗雷格自己的论述，涵义和指称的区别产生于可判断的内容，因此可以说涵义和指称与句子的内容有密切的联系。而在《论涵义和指称》中，弗雷格还说：“我们一般也承认并要求句子本身有一个指称，只要我们认识到句子的某一部分没有指称，思想对于我们就失去了价值。因此，我们应该完全有理由不满足于一个句子的涵义，而总是探讨它的指称。但是我们为什么要求，每个专名不但有涵义，而且有一个指称呢？为什么思想满足不了我们呢？一般情况下，重要的是句子的真值。但是情况并非总是这样，比如，聆听一首史诗除了语言本身优美的声调外，句子的涵义和由此唤起的想象和感情也深深吸引打动了我们。若是寻找真这一问题，我们就会离开这些艺术享受，而转向科学的思考……因此对我们来说，追求真就是努力从涵义推进到指称。”②

“从这段话我们可以看出，句子的涵义和指称有一种层次上的区别。把握句子的涵义是一个层次，把握句子的指称是另一个更进一步的层次，我们可以这样表达 Frege 的思想。”③“这样可以使我们清楚地看出涵义和指称之间的区别不是内涵和外延之间的区别，也不是句子所表达的意思和处于外界中的那些属于不同领域的东西的区别。涵义和指称的区别只是一种与句子内容相关的区别。它把内容分为两部分，它们处于不同的层次。但是，这种简单的区别具有重要意义。”④

如果以涵义来翻译指称就会反映出这种区别。从字面上说，“涵义”和“指称”有些相似的地方也有一些不同的地方。如果我们说句子的指称是它的真值，即真和假，从句的指称是它的思想，概念词的指称是它的概念，那么在指称与真值、思想和概念之间似乎就有一种联系。不论我们如何解释“指称”这个词，至少从字面上就可以看出，它适合于用来解释真值、思想和概念，因为它与这些概念的联系是完全可以理解的。

---

① 王路. 弗雷格关于意义和意谓的理论［J］. 哲学研究，1993（8）.
② 王路. 弗雷格关于意义和意谓的理论［J］. 哲学研究，1993（8）.
③ 王路. 弗雷格关于意义和意谓的理论［J］. 哲学研究，1993（8）.
④ 王路. 弗雷格关于意义和意谓的理论［J］. 哲学研究，1993（8）.

弗雷格认为，逻辑研究真，作为逻辑学家，他就必须指出什么是真和如何研究它。他在《概念文字》中构造了一种形式语言并建立了一个逻辑演算系统，他以此告诉我们如何研究真。但是在自然语言中，我们如何研究真呢？弗雷格指给我们的方法是区别涵义和指称：句子的指称是真值，即真和假。

弗雷格认为，由于逻辑研究真，因此在自然语言中，逻辑应该研究真值，或者说从真值的角度去研究句子。在探讨自然语言的语句时，直观上说，从以单称词作主语的简单句出发是很自然的。因此，弗雷格首先谈论专名的涵义和指称。王路认为，其原因在于弗雷格最初构造形式语言和逻辑系统时，引入了数学中的函数概念，而弗雷格对函数这一概念又做了两个方向上的扩展。弗雷格一方面引入“=”“<”“>”，从一般函数扩展到等式，从而实际上扩展到句子；另一方面从数扩展到具体的人物，比如恺撒。这样，弗雷格在自然语句的范围内探讨逻辑问题时，就必须谈到专名。①

“另外，有时我们可以不涉及句子的意义，而是通过分析句子结构和逻辑推理来探讨真。例如，我们不用知道贾宝玉、林黛玉、薛宝钗是谁，就可以知道‘贾宝玉爱林黛玉，并且贾宝玉爱薛宝钗，所以贾宝玉爱林黛玉’这句子是真的。但是有时我们不涉及句子的涵义就无法知道一个句子是不是真的，特别是在以单称词为主语的表达科学规律和历史事实的简单句子中，比如‘凯利于 1925 年逝世’这个句子就是如此。我们必须知道是否有一个人叫凯利，他是不是有‘于 1925 年逝世’这种性质。考虑这样的句子，必须与其中出现的专名联系起来，因此在决定这样的句子的真值时，必须考虑其中出现的专名。所以专名的涵义是其载体这一思想在弗雷格关于涵义和指称的思想中才具有重要性。”②

“我们应该从整体上准确地把握弗雷格关于涵义和指称的思想，这样我们才能更加深刻地理解它的重要性。深入地分析弗雷格关于涵义和指称的思想也有助于我们理解弗雷格的本体论。弗雷格的本体论的对象并不限于外在世界的具体事物，更不是我们头脑中的表象，他的本体论的对象主要是一些抽象实体，比如思想、真、假，还有数，等等。我们可以谈论这些

① 王路. 弗雷格关于意义和意谓的理论 [J]. 哲学研究，1993 (8).
② 王路. 弗雷格关于意义和意谓的理论 [J]. 哲学研究，1993 (8).

对象，研究它们的性质，并表达它们的规律。这样的研究可以有不同的出发点，使用不同的方法。弗雷格主要是从逻辑观点出发的，他的方法主要也是逻辑的。但是他的研究成果为当代哲学所普遍接受，这说明，弗雷格逻辑、涵义和指称理论的研究对于哲学具有极其重要的意义。”①

王路指出，我们应该从总体上肯定弗雷格的指称理论的地位。他通过对语言的细致入微的分析把语词严格区分为涵义与指称，这在语言哲学的发展历程中有着相当重要的意义，并为后人所继承与发展。而且，弗雷格把关于语词的这个基本观点推广到语句上，认为语句的指称是真值，在理论上为二值逻辑做了充分的论证。② 弗雷格对语言哲学的一个重要贡献体现在他对涵义与指称做出的区分上，正是借助两者之间的区别，才有了对语言表达式涵义的研究，在形成了意义理论的同时，也丰富了逻辑的多向度发展。

弗雷格在《论涵义和指称》中第一次明确提出了涵义和指称的区别的观点，这个观点是他对语言哲学与意义理论的最重要的贡献。在这篇文章中，弗雷格阐述的有关涵义和指称的区别的基本思想是：一个句子的涵义是它的思想，一个句子的指称是它的真值。对于表达式的涵义和指称的关系，弗雷格的说明是这样的：指称是一个核心的概念，涵义的概念是根据对指称概念的说明加以说明的。具体说来，专名的涵义是它的“给定方式”，是思想的部分，是不完全的思想；概念词的涵义是它所表示的概念的“给定方式”，是思想的部分，是不完全的思想；句子的涵义是思想，即真值条件。

弗雷格首次提出了涵义和指称的区别，对此，“赛尔（Searle）称弗雷格的这一区别是在语言哲学中是最重要的、唯一的发现，且不论这里存在着对弗雷格的误解和曲解”③。罗素认为弗雷格关于专名的涵义和指称的区别可以使人们避免矛盾律，而且还表明为什么值得断定同一。

二、弗雷格涵义与指称理论的影响

语言哲学中关于涵义和指称的问题是一个十分重要的问题，也有学者

① 王路. 弗雷格关于意义和意谓的理论［J］. 哲学研究，1993（8）.

② 王路. 弗雷格关于意义和意谓的理论［J］. 哲学研究，1993（8）.

③ 王路. 走进分析哲学［M］. 北京：生活·读书·新知三联书店，1999：101.

认为它是意义理论中最主要的问题之一。弗雷格著作被翻译成英文并成为分析哲学研讨的基本文献以后，意义理论逐渐成为核心话题。意义理论的讨论中，弗雷格的许多思想和方法成为最基本的内容，尤其是涵义和指称的理论，有学者把弗雷格的涵义和指称的理论叫作弗雷格的意义理论。这一理论对很多人的思想都产生了重要影响，在此，我们以涵义与指称理论对达米特和戴维森的意义理论的重要影响为例进行论述。

达米特的意义理论是以弗雷格的涵义与指称的理论作为框架的。可以从下面达米特的这段话，感受到达米特正是受益于弗雷格的涵义与指称的理论，形成了他自己的意义理论：

> 一种以真这个概念为其核心的概念的意义理论将由两部分构成。这个理论的核心将是一种真之理论，就是说，对语言的句子的真之条件的一种明确的归纳说明。这个核心最好叫作“关于所指的理论”，因为如果定理中有一些陈述陈述了在什么条件下一个给定的句子，或某一个特定的人在某一个特定的时间对一个特定的句子的表达是真的，那么支配个别的词的公理就把适当种类的所指指派到这些词。围绕着这个关于所指的理论将有一层外壳，形成关于涵义的理论：它将规定，通过把一个说话者的特殊的实际能力与关于所指的理论的一定命题相互联系起来，能够理解该说话者关于所指理论的任何部分的知识的本质所在。关于所指的理论和关于涵义的理论一起构成意义理论的一部分，而另一个补充部分是关于力量的理论。关于力量的理论将对一个句子的表达可能会有的各类约定俗成的意义，即对可能会受到这样的一种表达影响的各种语言行为，比如作出一个断定，发出一个命令，提出一个要求等等，提供一种说明。这样一种说明将把句子的真之条件看作给定的：对于各类语言行为来说，它将提出一种关于一类语言行为的一致的说明，这类语言行为可能会受任意一个假定已知其真之条件的句子的表达的影响。①

弗雷格所区分的涵义和指称是他的意义理论中最重要的两个因素，而

① 王路. 走进分析哲学［M］. 北京：生活·读书·新知三联书店，1999：95—96.

且与真紧密联系。涵义和指称的区分自身也涉及真的问题。因此可以看出，弗雷格的意义理论是以真这个概念为核心的意义理论，后来达米特基于对弗雷格意义理论的阐释，进一步表述了自己的意义理论，在这个意义上，可以说达米特正是以弗雷格的意义理论，也即涵义和指称理论为基础构建了自己的意义理论体系。

上述提及，弗雷格涵义和指称理论主要是围绕真这个概念进行讨论的，因此“真”这个概念除了对达米特产生了重要影响，同时对戴维森的意义理论的重要影响也是不言而喻的。戴维森把自己的意义理论称为真之理论，也就是说，他的意义理论是围绕真这一概念而形成的理论，或者说是关于真的理论。循此思路，可以说，戴维森意义理论的基本思路来自弗雷格的真值条件说，也即陈述一个语句成真的条件便能给出这个语句的意义的观点。戴维森的意义理论借助于真值条件来分析意义的方案所阐发的正是弗雷格对于涵义与指称的基本看法。弗雷格出于探讨数学的逻辑基础的需要，对语言表达式的涵义问题进行了深入的思考，提出了有关语句的真值条件语义论的思想，这一思想的主要内容包括关于语言表达式的涵义和指称的思想及其贯彻的语义组合性原则。①

戴维森的核心概念是真。他认为：我们能够把真看作一种特性，这种特性不是语句的特性，而是表达的特性，或语言行为的特性，或关于语句、时间和人的有序三元组的特性；而恰恰把真看作语句、人与时间之间的关系，这是最简单不过的了。②

戴维森在不同的场合、时期对真之理论进行了不同的说明，在《真之内容和结构》中说：真之理论首先与句子表达有关，就是说，无论表面的语法形式是什么，表达必须被看作是句子的表达。这个理论正是为特殊的说话者在特殊的场合所表达的句子提供真之条件，而且真也正是谓述这样的句子，这个事实说明了句子或句子表达的重要性。除非考虑用词的精妙，否则我们就没有理由在使一个句子是真的条件下把这个句子的表达称为一个真表达。一个真之理论绝不仅仅限于描述一个说话者的言语行为的一个方面，因为它不仅给出说话者的实际表达的真之条件，而且还明确说明在

① 梁义民. 戴维森意义理论研究［D］. 天津：南开大学，2007：15.

② 王路. 走进分析哲学［M］. 北京：生活 · 读书 · 新知三联书店，1999：99.

什么条件下一个句子在表达出来时会是真的。这不仅适用于实际表达出来的句子，因为它告诉我们如果这些句子在其他时间或在其他环境表达出来情况会怎样，而且这也适用于从不表达出来的句子。因此，这个理论描述了一种相当复杂的能力。①

戴维森关于真之理论还有许多论述，但是从以上可以看出，他的意义理论是围绕着真这一概念的，他所探讨的真是句子的真，是与句子有关的真，因此，他的意义理论以句子为出发点。从这点看来，弗雷格所做的涵义和指称的区分主要围绕句子进行，其对戴维森的意义理论的影响是显然的。②

总之，弗雷格涵义和指称理论使得我们能从语言出发来探讨语言表达式的东西，也使得我们清楚地看到弗雷格研究哲学的方式，在这种方式中起主要作用的还是弗雷格的逻辑理论。理解弗雷格的逻辑理论，对于理解弗雷格的思想非常重要。在肯定弗雷格涵义和指称理论的重要性的同时，也应当注意，在有些问题上，弗雷格的涵义和指称理论不能给予充分的说明，那么到底是哪些方面或者哪些问题是弗雷格涵义和指称理论所面临的困境呢？这是下一章我们要讨论的内容。

① 王路. 走进分析哲学［M］. 北京：生活·读书·新知三联书店，1999：99—100.

② 王路. 走进分析哲学［M］. 北京：生活·读书·新知三联书店，1999：100.

第二章　弗雷格涵义与指称理论面临的困境

涵义与指称理论是弗雷格意义理论的主要内容，弗雷格探讨真概念的深刻洞见促使了达米特、戴维森等人意义理论的形成，并对他们的语言哲学思想产生了重要影响。一方面，涵义与指称理论有哲学和逻辑上的贡献，另一方面，当该理论面对一些问题的时候，也有捉襟见肘的时刻，这章我们就转向讨论该理论所面临的困境难题。

第一节　弗雷格的困惑

一般地，外延性和二值性是经典逻辑的两个主要特征。弗雷格逻辑理论是经典的外延逻辑，对句子的说明必然带有经典逻辑的理论特征①。经典逻辑的一条基本原则是：一个句子的真值是由其构成部分的真值决定的。一阶逻辑可以处理许多问题，但是有些问题却处理不了，特别是这条原则对于一些形式的句子是不适用的，比如像“相信 P”，“知道 P”这类句子，它们的真值不仅涉及其中的 P 的外延，而且涉及 P 的内涵，也即它们的真值不是由其构成部分的真值决定的。正是这类句子构成了弗雷格涵义与指称理论所面临的困惑之一。

一、外延逻辑的困境

自塔斯基建立了逻辑语义学之后，现代逻辑对句子的真值提供了系统

① 王路. 逻辑与哲学［M］. 北京：人民出版社，2007：117.

的语义说明。这种说明包括对句子的结构，即对个体词、谓词等的说明，只是这种说明仍然是外延的。后来由于碰到上述提及的一类信念句后，仅对这类句子的外延说明不能满足人们对真的智识追求，还要对这类句子的内涵做出说明，如此才能实现人们对真的渴望，正是此种研究路向最终形成了内涵语义学。循此思维路径，逻辑的发展进程是首先形成外延逻辑，后来在此基础上形成了内涵逻辑。

首先，当只考虑语言表达式的外延时遇到某些严重的困难：

（1）它的一些基本原则可以找到反例（如等值替换规则），也就是说从真实的前提出发，经使用这一规则，会得到假的结论：

例 1：晨星是太阳照耀的物体，

晨星=暮星；

暮星是太阳照耀的物体。

（2）许多在日常语言中明显有效的推理，其有效性在外延逻辑中却无法得到说明：

例 2：康德知道 5+7=12，

5+7=12；

所以，（∃p）（康德知道 p 并且 p 是必然的）。

换一种表达则是："通常谓词逻辑无法充分解释这些难题，因为其两个基本规律在这样的间接语境中不起作用，也就是说：

（1）逻辑等值式的替换可能不保真。

（2）存在的概括可能不是有效的。"①

有关等值替换的问题在上面已经有过解释了，第二个问题意味着人们不能从用于间接语境的指称表达式那里推出它的实际所指。正如弗雷格所说，如果两个句子在意义上不同，它们就表达不同的思想。然而用其信息内容对这些意义区别实行完全充分的组合语义分析，就要求对"信息内容"的等同性做出令人满意的解释，并且要足够仔细地说明在某个特定的语境下，一个陈述句何时向某人传达新信息，这部分取决于其已掌握的信息。

卡尔纳普是最早尝试把弗雷格的意义做形式化刻画的逻辑学家，他定

① 罗·格勒尔. 哲学逻辑［M］. 张清宇，陈慕泽，等，译. 北京：中国人民大学出版社，2008：529.

义了表达式的内涵概念："这个概念表现为从索引的集合到表达式外延的函项。"[①] 关于索引有各种各样的解释，但是卡尔纳普把它看作是事物的状态的集合。后来大部分的学者都根据克里普克（S. A. Kripke）的模态逻辑语义学，把索引看作是可能世界。对于弗雷格有关提供信息的等同命题的疑难，卡尔纳普提出了解决的方案，即引入个体概念作为专名和指称表达式的内涵。如果共指称的 NP 被解释成个体概念，这些概念表现为从索引到个体的各种不同的函数，那么它们在意义上是不同的。但是，同一指称表达式在不同地方出现也不得不解释成相同的取常值的函数。这样弗雷格的问题在此就变为区分函数的问题，也就是一个明确的集合论标准："若对函数的每个论元确定一个赋值，则相应的函数值就被唯一地确定。"[②] 但是这个集合论标准导致的后果是：所有数学真理和逻辑真理，连同分析性真理都被等同为一个常值函数，于是都有相同的内涵，因而在所有语境甚至间接语境中都可相互替换。这就造成依赖可能世界对信念句进行解释的逻辑全能问题。[③]

可见，作为经典外延逻辑的弗雷格逻辑尽管能处理很多问题，但是在涉及命题态度、间接引语和信念语境的情况下，弗雷格的逻辑显得就不那么得心应手了。最让弗雷格感到头疼的问题之一是"晨星=暮星"问题，也即内涵问题的最早来源。通常而言，弗雷格的困惑指的是：如果 a=b 是真的，那么它与 a=a 在意义或认知价值上有何不同？比如"晨星=暮星"与"晨星=晨星"有何不同？当然，弗雷格通过函项—主目分析，区分涵义与指称而解决了这个问题。不过与此相连带的问题是：为何共指称的专名在命题态度句中不能相互替换而保持语句的真值，即出现所谓的替换失效？这个问题实际上体现为弗雷格把对专名进行的涵义与指称的区分扩展到一般表达式上。

实际上，弗雷格的疑难问题以及内涵语境下共外延表达式的替换失效等问题，都与内涵语境中的同一替换失效有关。这个"同一"在最初表示

① 罗·格勃尔. 哲学逻辑［M］. 张清宇，陈慕泽，等，译. 北京：中国人民大学出版社，2008：530.

② 罗·格勃尔. 哲学逻辑［M］. 张清宇，陈慕泽，等，译. 北京：中国人民大学出版社，2008：530.

③ 罗·格勃尔. 哲学逻辑［M］. 张清宇，陈慕泽，等，译. 北京：中国人民大学出版社，2008：530.

外延同一，经典内涵逻辑基本上可以处理这个问题，但是，专名例外。而当出现必然同一（或逻辑等价）的情况时，经典内涵逻辑就无能为力了，这就引出了所谓的“超内涵问题”。“超内涵”（hyperintensional）这个术语最早是由格莱斯维尔（M. J. Gresswell）提出的。他认为，存在一种超内涵语境，在这种语境中，不但外延同一替换失效，而且逻辑等价（在可能世界语义下即必然同一）替换也失效①。实际上，超内涵问题产生的根源在于我们同时坚持如下意义原则：

（1）弗雷格组合原则：复合表达式的意义是其部分之意义的函数。

（2）弱真值—意义原则：对任意语句 α 和 β，如果 α 和 β 有不同的真值，那么 α 和 β 一定具有不同的意义。

（3）强真值—意义原则：对任意语句 α 和 β，如果 α 和 β 在所有条件下都有相同真值，那么 α 和 β 具有相同的意义。

从经典内涵逻辑的视角看，超内涵问题是一个逻辑问题：即那些在可能世界语义下内涵相同的表达式在命题态度语境和引号语境之外通常能相互替换而保持真值，为何在命题态度句中不能相互替换且保真？换言之，为何在模态算子内有效的变换在态度动词（attitude verb）内无效呢？思考这个问题，人们联想到，超内涵问题也是命题态度句问题之一。②

如贝乐（George Bealer）指出的那样，经典内涵逻辑无法解决的问题还包括③：

（1）内涵语境中共外延表达式的替换失效。

$$
\text{一般形式}\quad \begin{array}{l} e(t) \\ \underline{t=t'} \\ e(t/t') \end{array}
$$

其中，t=t’ 表示表达式 t 和 t’ 在现实世界中有相同的外延，e(t/t’) 表示用 t’ 替换 e(t) 中的 t 得到的表达式。

① 文学峰. 语境内涵逻辑［D］. 广州：中山大学，2007：15.

② 文学峰. 语境内涵逻辑［D］. 广州：中山大学，2007：15.

③ 经典内涵逻辑无法解决的问题（1）—（3）的论述请参见文学峰. 语境内涵逻辑［D］. 广州：中山大学，2007：11—15.

例（1）　X 相信所有有心的动物都有肾。
　　　　<u>对任何 x 而言，x 有心当且仅当 x 有肾。</u>
　　　　X 相信所有有心的动物都有肾。

例（2）　X 想知道施耐庵是不是《水浒传》的作者。
　　　　<u>《水浒传》的作者是施耐庵。</u>
　　　　X 想知道施耐庵是不是施耐庵。

例（3）　X 怀疑茅盾就是沈雁冰。
　　　　<u>沈雁冰就是茅盾。</u>
　　　　X 怀疑茅盾就是茅盾。

以上的一般形式推理在经典外延逻辑中是有效的，但是给出的 3 个例子在直观上却存在反例。为了解决这个问题，内涵逻辑通过允许表达式在不同可能世界有不同的外延，并且提高同一替换标准，也就是在所有可能世界中外延同一才能替换，这样才能使得例（1）和例（2）的推理成为无效推理，而且对专名的处理也是存在困难的。

（2）内涵语境中必然等价表达式的替换失效。

一般形式　e(t)
　　　　　<u>□(t=t')</u>
　　　　　e(t/t')

其中，□(t=t') 表示 t=t' 是必然真的。

例（1）　X 想知道有没有一个三边形不是三角形。
　　　　<u>必然地，有且只有三边形是三角形。</u>
　　　　X 想知道有没有一个三角形不是三角形。

如果认为必然真就是在所有可能世界中都真，那么问题（2）可以看作是问题（1）的一种特殊情况。而上面一般形式的推理在经典外延逻辑和经典内涵逻辑中都是有效的，但直观上却存在反例。假定坚持专名的严格指称论，那么也可把前面的例（3）看作是这里的一个反例。内涵语境中必然等价表达式的替换失效是经典内涵逻辑的核心问题，又可叫作超内涵问题。

（3）量入问题（quantifying in）。

一般形式 $\dfrac{e(t)}{(\exists x)e(x)}$

例（1） 不存在 Pegasus（飞马）这样的东西。
存在某个东西 x 使得不存在 x 这样的东西。

例（2） X 知道吴承恩是《西游记》的作者。
存在某个人 x 使得 X 知道 x 是《西游记》的作者。

例（3） A 相信 B 相信一些东西。
存在某个人 x 使得 X 相信 x 相信一些东西。

以上形式的推理在经典外延逻辑中是有效规则，但也存在反例，比如例（1）—例（3）。奎因甚至认为，凡是对外延同一替换失效的位置进行量入都是无意义的①。但并非所有的量入都是无意义的，相反，像例（2）和例（3）这样的量入是完全有效的。

由此可以看出，超内涵问题并不只限于命题态度语境等问题，而是广泛存在于各种自然语言的直观推理与经典内涵逻辑的矛盾之中。只不过在命题态度语境中，超内涵问题暴露得更加明显罢了②。

弗雷格的困惑也就是外延逻辑或者经典逻辑所面临的困惑。对于上述论及的一些问题，不仅外延逻辑解决不了，而且内涵逻辑也显得无能为力。弗雷格涵义和指称理论的主要目的就是为了解决直接与逻辑理论和构建弗雷格“概念文字”③ 紧密相关的问题。虽然涵义和指称的理论允许弗雷格保

① 文学峰. 语境内涵逻辑［D］. 广州：中山大学，2007：14.

② 文学峰. 语境内涵逻辑［D］. 广州：中山大学，2007：17.

③ 说明：这里出现的“概念文字”（不加引号）指逻辑语言；《概念文字》指弗雷格的著作《概念文字：一种模仿算术语言构造的纯思维的形式语言》。

持莱布尼兹规律，能对数学等式（mathematical equation）等使用等号（identity sign），也能有效处理一些问题，但是有学者认为，弗雷格为了在概念文字中彻底把握语义学理论的内核原则（core tenet）而没有充分发展概念文字。涵义和指称的理论对于发展概念文字非常重要，即便这样弗雷格涵义和指称理论仍需发展，接下来以涵义与指称理论为前提，讨论弗雷格概念文字的局限以及对它的扩张的困难。

二、概念文字的不足

弗雷格认为一个人不能在一个晚上创建一套理想的科学语言，他觉得应该一步一步实现这个理想，他的“概念文字”就是他迈向理想的、普遍的科学语言的第一步。在《概念文字》这本著作中，弗雷格宣称他的概念文字在创建一种理想的语言上仅是迈出了一小步，却是非常重要的一步，因为逻辑符号代表了一种理想语言的核心。

《概念文字》代表了弗雷格首次努力发展他概念文字的首要成果。在这部著作中，弗雷格设计了逻辑记法的基本原理，但是还没有明确提出而只是暗示了逻辑记法是如何用于证明算术的真的。虽然弗雷格在《算术基础》中非形式地解释了他的逻辑主义计划，但是进一步发展他的形式逻辑的研究则是推迟到他的《算术的基本规律》第一卷上。

在弗雷格看来，有必要改变概念文字以反映这些变化的观点。从直观上看，《概念文字》和《算术的基本规律》的两个逻辑系统似乎完全一样。但是仔细观察，便可发现虽然《概念文字》中所有的初始符号在《算术的基本规律》中也出现了，但它们有不同之处，《算术的基本规律》的逻辑系统增加了两个新的符号。虽然只是增加了两个符号，但是这种在句法上很小的变化，却掩饰了在语义上较大的变化，这些变化集中在函数、概念、涵义和指称的思想的观点上。也正是这些变化迫使弗雷格完全放弃了几乎完成了的《算术的基本规律》。

《概念文字》中早期的概念文字介绍了弗雷格在逻辑上的绝大部分的主要技术革新，但只有《算术的基本规律》中的逻辑系统能代表弗雷格成熟的逻辑理论。更进一步说，只有《算术的基本规律》中的逻辑系统完全与弗雷格其他的著名哲学观点相一致。因此，我们应当主要关注弗雷格哲学上的观点和《算术的基本规律》的逻辑系统。

弗雷格构建的概念文字，其中的每个符号都有同样的指称，即主要指称，但概念文字中没有间接语境。经过研究发现，弗雷格创建概念文字的一个主要原因，是日常语言有模糊性和歧义性。比如“晨星”这个表达方式在某些语境下指的是行星，而在另外的语境下指的是涵义，弗雷格把这种情况视为日常语言的缺陷。面对这种情况，弗雷格打算把概念文字设计成一种语言，在这种语言中，每个符号都有一个明晰的和意义明确的指称。但是，如果不允许有间接语境在概念文字中出现，就会出现这样的问题：概念文字能表达日常语言表达的一切东西吗？有学者指出，弗雷格发展的概念文字是不完全的，因为它只表达了它的逻辑内核（logical core）。另外，如果禁止间接语境在概念文字中出现，那么问题就变为：扩张了的概念文字能不能把握命题态度的陈述和其他日常语言的陈述？如果这样做了会不会产生间接语境呢？

还有这样一个问题，假设“$\mathcal{P}(\ )$”①是一个函数的概念文字的符号，如果它的自变元是一个行星，那么它的值则为真，否则为假，令“$\mathfrak{m}$”是晨星的符号，那么会有：

（7） $\vdash \mathcal{P}(\mathfrak{m})$②

这是用概念文字命题表达晨星是一个行星的思想。但问题是我们如何表达“哥特罗布相信晨星是行星”的这个思想呢？在弗雷格看来，相信是相信者和被相信的思想之间的关系。假定“g”是哥特罗布的符号，“$\mathcal{B}(\ ,\ )$”是关系符号，并且假如第二个自变元是思想，这个思想是第一个自变元相信的内容，那么这个关系为真，否则为假。假设“哥特罗布相信晨星是行星”翻译为弗雷格的概念文字则是：

（8） $\vdash \mathcal{B}(\mathfrak{g},\ \mathcal{P}(\mathfrak{m}))$③

---

① Kevin C. Klement. Frege and The Logic of Sense and Reference [M]. New York: Routledge, 2002: 15. 需要说明的是：本书中出现的部分符号、定义、规则、公式、公理和证明，除了做特殊说明的之外，均引自该书。

② Kevin C. Klement. Frege and The Logic of Sense and Reference [M]. New York: Routledge, 2002: 15.

③ Kevin C. Klement. Frege and The Logic of Sense and Reference [M]. New York: Routledge, 2002: 15.

但实际情况并非我们想象的这样，其实表达式“$\mathcal{P}(\mathbb{m})$”并不是指谓思想：晨星是行星，它只是表达了它。“$\mathcal{P}(\mathbb{m})$”的指称为真，而真根本不是一个思想，更不是哥特罗布认为的思想。相信包含日常语境中的间接语境，如果不把它当作概念文字中的间接语境对待的话，就会遇到问题。

弗雷格指出，不能在概念文字中用同样的符号有时指真值有时指思想，而是要引入新的初始常项（primitive constant），用来指谓思想，而不是表达思想。例如，克莱门特引入符号“$\mathbb{p}$”作为晨星是行星这一思想的指称。与（8）相反我们会得出：

（9）$\vdash \mathcal{B}(\mathfrak{g}, \mathbb{p})$[①]

（9）表达的内容同日常语言（5）表达的一样，即哥特罗布相信晨星是行星。但有可能出现这种情况：语言自身没有间接语境用以把握思想。现在人们普遍还在争论：如果用日常语言表达的话，就会产生间接语境。因此，在概念文字中禁止模糊性不会带来麻烦。但问题是用不同的符号指谓日常语言的主要指称和次要指称的话，则不像日常语言那样，符号之间明显的关系就会消失。比如刚才那个例子中，表达式“$\mathcal{P}(\mathbb{m})$”的涵义是符号“$\mathbb{p}$”的指称。前一个表达式表示的内容是由后一个表达式指谓出来的，只是两者之间的联系一点也不明显了。在自然语言中，出现于间接语境表达式“晨星是行星”与出现在间接语境中相同的表达式的关系是明显的。这样，在自然语言中，可从（3）和（5）推出这样的结论：

（10）哥特罗布相信某物为真。[②]

我们不能以（7）和（9）为前提推出相应的结论，尽管（7）和（9）是从（3）和（5）翻译过来的概念文字，但同（3）和（5）不一样，（7）和（9）不包含共同的组成部分，并且在弗雷格的系统中，没有规则能应用

① Kevin C. Klement. Frege and The Logic of Sense and Reference [M]. New York: Routledge, 2002: 16.

② Kevin C. Klement. Frege and The Logic of Sense and Reference [M]. New York: Routledge, 2002: 16.

到这些表达式以获得预期的结论。正是上述这种情况有时使得学界反对弗雷格涵义和指称理论与次要指称学说，这也是弗雷格不得不回应的①。因此，面对概念文字的不足时，我们只能转向对概念文字的扩张的研究上。

三、概念文字扩张的困难

克莱门特认为，弗雷格的概念文字需要补充，甚至在“纯粹”逻辑的部分也是如此。前文提到，弗雷格涵义和指称的理论与他的逻辑理论是一致的，但是，这并没有完全反映到他发展的概念文字中。弗雷格认为，概念文字没有符号能表达涵义和它对应的指称之间的关系，也包括思想和它对应的真值之间的关系。概念文字包含的公理也不能表明思想或涵义的更为一般的同一条件。所以克莱门特认为，给弗雷格的概念文字增加逻辑符号和公理，就能直接处理涵义和指称的理论了，这样，这一理论就会变得强大，能够按照弗雷格自己的打算而应用它了。丘奇首先试图按照弗雷格的语义学理论扩张逻辑系统，创建了“涵义和指称”的理论。

但是弗雷格自己从未按照这种方式扩张他的概念文字，假设弗雷格这样做了，我们就能客观地判断弗雷格是如何回应布莱克布恩（Simon Blackburn）和科德（Alan Code）的异议的。在此，我们假设其中一种做法是，引入一个二元函数（two-place function）符号“$\Delta(,)$”代表一个函数，第一个自变元是决定第二个自变元为指称的涵义，这时它的值为真。我们在这种情况下就能把握下面命题“$\mathcal{P}(\mathbb{m})$”和“$\mathbb{p}$”之间的关系：

(11) $\vdash \Delta(\mathbb{p}, \mathcal{P}(\mathbb{m}))$②

如果（11）和某些公理能支配“$\Delta(,)$”，那么我们就能以（7）和（9）为基础进行推理。

以上的推理目前在弗雷格概念文字中是一种不可能进行的推理，但是

① Kevin C. Klement. Frege and The Logic of Sense and Reference [M]. New York: Routledge, 2002: 16.

② Kevin C. Klement. Frege and The Logic of Sense and Reference [M]. New York: Routledge, 2002: 18.

克莱门特认为，如果能把概念文字扩张到包括涵义和指称的逻辑，那么就能进行这样的推理。如果概念文字中包括几种处理日常语言的间接语境的方法，就能对这样的语境使用“量入”的方法，包含“量入”的推理能以（5）为基础推出：

（12）存在着哥特罗布相信是行星的某物。

正如卡普兰（David Kaplan）指出的那样，弗雷格认为，信念语境（以及与此类似的语境）包含间接指称/晦涩指称（oblique reference）或者转换指称（shifted reference），只要用于这种量化的变元代表涵义，那么间接语境中出现量入应该是可能的。

除了通过上述的（5）和（6）举例说明的“de dicto”信念之外，我们有可能把握奎因所谓的“de re”或“关系的”信念。这种关系信念的例子是：

（13）这个晨星使得哥特罗布相信它是行星。

然而，如果没有“Δ”函数，那么在弗雷格的概念文字中就完全不可能把握（13）。（13）中的“它”是在间接语境中出现的，（13）中的“晨星”并不是在间接语境中出现的。因此，弗雷格认为，“晨星”和“它”不能有相同的指称。这在概念文字中意味着它们不能用相同的符号表示。但是，通过使用不同的符号和“Δ”关系，就能解决这个问题。没有这个方法（不同的符号和“Δ”关系），就不能把握命题（13）。克莱门特把它当作弗雷格涵义和指称理论的一个严重的缺陷。

随着涵义和指称的逻辑的发展，弗雷格能对反对他观点的理论作出回应。但是，有关弗雷格观点的其他几个异议，只有把涵义和指称理论从逻辑上阐明，才能对他的观点进行表述和评价。例如，奎因质疑弗雷格的意义理论，因为弗雷格的意义理论不能清楚地说明意义的相同性（sameness）或同一性（synonymy）。不巧的是弗雷格自己也未深入地说明涵义和思想的同一条件（identity condition）。但是，要说明涵义和思想的同一条件必须建立在涵义和指称的逻辑的公理之上。奎因好像反对这样解释涵义的同一条件，认为它是一种特设性（ad hoc）的解释，因为这种公理是在特设的基础上引入的。但是，这些指责有无道理呢？只有在确定这些公理并在公理系统中充分探讨了其动机之后才看得出来。

另外一种评价弗雷格观点的方法是全面发展涵义和指称的理论，以包含涵义和指称的本体论承诺（ontological commitments）。在完成《算术的基本规律》时，弗雷格保留了抽象的、复杂的本体论，包括函数、函数的值域、类、真值、涵义和思想。克莱门特的观点是：只有在弗雷格发展的概念文字中才能切实地把握函数、值域和真值。评价弗雷格的观点，有一点很重要，那就是弗雷格本体论的范围应包含概念文字的承诺。罗素悖论证明，弗雷格对函数和类的承诺不能在没有任何改变的情况下保持在一起。把涵义和思想的承诺加到弗雷格逻辑系统中有可能产生另外的悖论和难题。

从历史的角度探讨这一问题，我们可追溯到罗素。虽然罗素在《数学原则》中坚持命题的本体论思想，但是，罗素最终认识到这一承诺有时与他坚持的其他逻辑观点不一致。这归因于他在《数学原则》的附录 B 中讨论的矛盾。1902 年 9 月罗素在写给弗雷格的信中谈到这个悖论，他指出，这是另外一个困惑弗雷格逻辑的悖论。但是弗雷格并不赞成罗素主张的命题本体论观点，在给罗素的回信中表明了此意，而且建议罗素的这个悖论可由涵义和指称的理论解决。

弗雷格研究者普遍认为，在《算术的基本规律》的概念文字中，不能形式表述悖论，但是如果把系统扩张到包括涵义和指称的逻辑，那悖论就可能不会出现。把推理规则形式化本身不是罗素的工作，但是当把它扩张到包括涵义和思想的承诺的时候它适合于弗雷格的概念文字。我们知道，罗素和弗雷格的本体论不同。如果弗雷格在他的概念文字中包括了涵义和思想的符号，以及公理和规则，那么弗雷格自己是否就能判断悖论是否困惑了他的研究？但实际情况是，弗雷格没有发展涵义和指称的逻辑，也就不能决定这一悖论或类似的悖论是否会困惑他的逻辑系统。在此需要特别说明的一点是，克莱门特认为，弗雷格的逻辑和语义学观点只能在为涵义和指称的理论构建一个逻辑演算的情况下，才能被全面地加以评定。

所以在此还有必要再次强调把弗雷格的概念文字扩张到包括涵义和指称的逻辑的 6 个原因：① 使得概念文字能表达陈述句，它的表达式在自然语言中包括间接语境；② 使得概念文字能把握包括间接语境的推理；③ 能为反对弗雷格观点的某些异议提供完全的回应；④ 断定反对弗雷格观点的异议是否能够承受得住；⑤ 使得概念文字能全面反映弗雷格的本体论承诺；⑥ 判定弗雷格的形而上学的承诺是否在形式上与另一个一致。然而弗雷格从未进行这样的扩张（或者说，即便他扩张了，其研究也在二战期间被摧毁了），不过可以从弗雷格对涵义和指称的理论研究的非形式的工作中提炼出这一内核。实际上，从下文中我们将会看到克莱门特对弗雷格理论所作的扩张：弥补弗雷格为涵义和指称的理论建立逻辑演算的失败，并构造一个系统使得它与弗雷格的系统（如果弗雷格有自己涵义和指称的逻辑构造系统的话）尽可能贴近。克莱门特进行这样的研究的目的不是为了纠正处理间接语境问题的逻辑演算问题，而是在仔细解读弗雷格著作的基础上，为涵义和指称发展一个全面的弗雷格逻辑演算。

弗雷格把他的概念文字视为迈向一个更为全面的、综合的科学语言的第一步。无疑，弗雷格已经看出了涵义和思想的真、意义的真以及命题态度的真是能够和值得科学研究的领域。事实上，整个科学，比如心理学，是不可能在概念文字中获得的，除非把其扩张为能表达相信陈述句之类的逻辑系统。为了包括这样一个研究领域，克莱门特按照这种方式扩张概念文字。但是，把概念文字扩张为包括涵义和指称的理论时，他并没有从整体上考虑把概念文字的扩张等同于包含天文学、医学这样的科学。在弗雷格看来，涵义和指称的理论是逻辑自身的一部分。因此，在概念文字中就没有包括涵义和指称的理论，而且弗雷格在他的语言特征中也没有成功把握纯粹逻辑内核。

弗雷格研究者认为，弗雷格曾经暗示要从事这个计划。弗雷格的这个想法在他与罗素的信中有所体现。弗雷格和罗素之间的联系集中在对《数学原则》附录 B 的悖论的讨论上。因为缺乏涵义和指称理论的支持，所以弗雷格发展“特殊符号”用于“间接引语”，特殊符号与相应符号在间接引语中的联系很容易识别。总结了间接引语中次要指称的理论之后，弗雷格向罗素表示歉意，因为在概念文字中不包括处理间接语境的符号。弗雷格指出“在概念文字中没有引入间接引语，因为在当时没有必要这样做”[①]。

---

① Kevin C. Klement. Frege and The Logic of Sense and Reference [M]. New York: Routledge, 2002: 22.

具体来说则是：弗雷格指的概念文字——逻辑记法——是在《算术的基本规律》中发展的。不管怎样弗雷格在《概念文字》中没有发展涵义和指称的理论，这可能就是在此没有包括间接引语的真正的原因，但是《算术的基本规律》的概念文字中没有包含间接引语就是另外一件事了。《算术的基本规律》的概念文字最初打算用于实行逻辑主义计划，以证明算术的真来自纯粹的逻辑原则。但是，数学并不要求间接引语或命题态度的表达式。这就是为什么概念文字没有以涵义和指称的理论支配的方式扩张：它并不要求给出《算术的基本规律》的限定的目标。但是，在给罗素的信中，弗雷格同意在他的概念文字中包含充分的条件，用以把握间接引语和他的语义学理论的其他方面。

克莱门特认为把弗雷格概念文字扩张到包括涵义和指称的逻辑应该能获得弗雷格研究者的支持。但是，这里存在一个问题，即当弗雷格的概念文字按照他自己的语义学理论、以他建议的方式扩张时，新的内部问题和困难就显露出来了。特别是弗雷格的逻辑理论属于类似于罗素悖论的康托尔矛盾，但它独立于弗雷格的基本规律 V，在弗雷格现存的概念文字中这一公理导致罗素悖论。在面对这些困难时，克莱门特认为弗雷格的思想观点中出现某些缺憾是因为弗雷格没有成功地在他的逻辑系统中包括对涵义所做的哲学上的承诺。弗雷格作为一名对“真”感兴趣的哲学家，我们只能假设他很想试着揭露有关他观点的困难。这就是当罗素第一次揭露这种困难时，弗雷格作出那样的回应的原因。在此有必要引用罗素自己的话：

> 因为我考虑了完善和优雅的行为，我意识到我的知识里没有什么能与弗雷格献身于真相比较。他一生的研究都在完美的边缘，他的许多研究忽略了人不可能获得的无穷的利益，他的第二卷即将出版，但发现他的基本假设是错的，他以知识的愉悦明确地回应了但却陷入了个人失望的情感当中。他几乎是超人，告诉我们哪些人能够这样做到，如果他们置身于创造性的工作和知识当中。①

① Kevin C. Klement. Frege and The Logic of Sense and Reference [M]. New York: Routledge, 2002: 24.

从逻辑史的角度看，我们知道弗雷格在他的《概念文字》中提出了实现他逻辑主义的计划，但是弗雷格最终是在他的《算术的基本规律》中对此进行了形式描述。所以，我们首先要知道出现在《算术的基本规律》中的逻辑概念，在此基础上，我们才能进一步理解弗雷格的思想，特别是涵义和指称理论的思想对内涵逻辑的产生发展所起的重要作用。克莱门特在这方面有过比较详细的论述，下面一章就要展开对出现在《算术的基本规律》的逻辑概念的讨论。

《算术的基本规律》的概念文字既有其创新之处，也表现出强大功用。实际上，在 1902 年的时候，弗雷格已经几乎完成了第二卷，对弗雷格而言，他似乎已成功实现他的逻辑主义计划以至于完成了他的逻辑演算。其实不然。我们知道，《算术的基本规律》第一卷详细说明了概念文字，接着就要用它来定义自然数，证明它们的性质。在第二卷，弗雷格转移到对实数的研究上，并且按照他的方法证明了实数在逻辑上的性质——弗雷格打算在第三卷完成他的计划。

就在《算术的基本规律》第二卷准备出版之际，罗素写信给弗雷格，在肯定了弗雷格工作的同时指出弗雷格的研究成果陷入了类的悖论，这个悖论就是以罗素的名字命名的“罗素悖论”。这就表明，弗雷格的《算术的基本规律》中的概念文字是不一致的，即给定真-函数的性质，逻辑语言中的每个命题公式（proposition formular）也能在系统中证明。也就是说在弗雷格成功创建的逻辑演算中，自然数和实数的真能被证明，但是，自然数和实数的真的否定也能得到证明。因此，弗雷格的计划破灭了。

弗雷格的研究大概持续了 5 年左右，但是他最终没有再设计出一种恰当的方案以解决悖论，因此《算术的基本规律》第三卷也没有再写。到了 1906 年年底，弗雷格几乎彻底失望了。

关于罗素悖论，逻辑学家们已经证明它是一个智力难题，而弗雷格本人也没找到解决它的方法。这些难题和疑问向他的逻辑主义计划和成功创建概念文字的方案提出了挑战，在这种情况下，弗雷格总是从基础理论出发试图应付这些挑战。克莱门特认为，弗雷格的意义理论就是通过解决某些纯粹逻辑难题而提出的，而这些逻辑难题与构建概念文字的关系非常紧密。基于此，现在转向讨论罗素悖论。

第二节 罗素悖论

"对不幸的人而言，在悲痛中还有一个同伴也是让人感到安慰的"[①]。弗雷格在他的《算术的基本规律》的附录中流露出了这种感情，这也是他对罗素悖论做出的回应。实际上，不仅仅弗雷格一个人不得不面对悖论，其他人也得面对悖论，这或许能减轻弗雷格的悲痛心情。弗雷格已经意识到他的涵义和指称理论中的这个问题了，但是其他的理论中也有类似的问题。本节考察有关逻辑实体和语言的某些理论，它们在一定程度上与弗雷格涵义和指称的理论有关，也面对着与之同样的挑战。对于试图解决罗素悖论的思想家来说，考察这些理论可以从两方面受到启发：一方面是困难的最终原因是什么；另一方面是如何通过弗雷格哲学来解决这些困难。

一、罗素与弗雷格

罗素自称是第一个仔细研读弗雷格并使学界开始重视弗雷格的人，他在和怀特海（A. N. Whitehead）合著的《数学原理》的序言里说："在逻辑分析的所有问题上，我们主要应该感谢弗雷格"[②]。的确，罗素应该感谢弗雷格。因为弗雷格主要的哲学计划就是为逻辑主义进行辩护，而罗素是逻辑主义的坚定拥护者。从这个意义上看，也只有罗素能理解弗雷格的逻辑主义的目标以及策略。不过，弗雷格的逻辑主义和罗素的逻辑主义之间有很大不同，而且他们在逻辑和哲学上的观点也不一样。但是他们共同的核心观点是值得我们关注的。就逻辑实体而言，弗雷格和罗素都是实在论者，所以他们不支持当时普遍盛行的一个观点，即逻辑没有本体论含义(ontological import)。弗雷格对客观存在的逻辑实体做出承诺，这类实体包括真值、概念、函数、值域（包括类）以及涵义之类的第三域实体，只是这些承诺为弗雷格带来了很严重的问题。罗素对逻辑实体的承诺在他不同的时期表现有所不同，早期的罗素是一位实在论者，正因为如此，他也不

---

① Kevin C. Klement. Frege and The Logic of Sense and Reference [M]. New York: Routledge, 2002: 171.

② 陈嘉映. 语言哲学 [M]. 北京：北京大学出版社，2003：98.

得不面对弗雷格所面临的难题。

然而，只有罗素意识到在一个逻辑系统包含这样的承诺会导致产生悖论的结果。在他发现悖论和他的《数学原则》第一卷出版之间的几年里，罗素很少从事与《数学原则》有关的研究，而是考察困扰逻辑基础悖论的根源，以及思考可能的解决方法。罗素主要是从哲学上寻找解决的办法。他在寻找解悖方案的过程中，获得了一些成功，却陷入了这样一种困境：每当他解决一个悖论时紧随其后又会出现另一个悖论。所以罗素在给弗雷格的信中抱怨说："从康托尔命题可以看出，任何类不只包含子类，还有对象，我们能不断地引出新的矛盾。"①

对于罗素，我们的问题是：他的思想中存在哪些矛盾？这些矛盾是如何产生的？又是采取了什么方法解决它们的？弗雷格对罗素所关注的一些矛盾所作的回应又是什么？我们将从弗雷格涵义和指称逻辑的角度来探讨罗素的困扰。

首先，罗素对命题的理解存在一个阶段性的变化，主要体现在1900—1907年这段时间。罗素意义上的命题和弗雷格意义上的命题不同。弗雷格的命题一般指陈述句，罗素的命题更加接近事情的状态（states to affair）或者可能的事实（possible facts）。罗素认为命题存在于心灵和语言之中。比如，他把"苏格拉底是聪明的"这个命题理解为是由"苏格拉底是人"和"聪明的"两部分构成的一个整体，是一个柏拉图式的全域（a Platonic universal）。罗素命题的组成部分表示该句子中命名的实体。特别是，在1905年前后，或许是由于他的指谓概念理论（theory of denoting concept），或许是由于他的摹状词理论，总之，罗素把对命题的分析变得复杂化了。

接着，我们看罗素早期是如何看待命题和变元的。开始，罗素认为逻辑中变元是不受限制的，命题作为实体属于量词，这种情况也不难在罗素的著作中发现。比如，表达式"$(p)(p \supset p)$"的情况，在罗素看来，它的意思是，P蕴涵P，而不管P是什么。这里稍作分析，如果说罗素是把命题理解为实体，那么在他早期的逻辑中则把"$\supset$"联结词理解为初始关系符号，这样的话在"$p \supset q$"的表达式中，"p"和"q"被理解为表示命题的（或其

① David Bell, Gottlob Frege. Philosophical and Mathematical Correspondence [J]. Philosophical Books, Volume 22, 1 April, 1981.

他实体）词项，这样就把“$p \supset q$”理解为与一个关系表达式“$a\mathrm{R}b$”有相同逻辑形式的表达式。但是因为“⊃”可以理解为一个两侧带有词项的关系符号，而复合表达式“$p \supset (q \supset r)$”的后件“$(q \supset r)$”必须理解为表示一个命题的词项。通过这样的解释，罗素系统的每个合式公式（well-formed fomular）都是适用的，也因为如此，罗素对相应于它的一个命题的存在做出了承诺。罗素研究者主张把名词性符号“{”和“}”放在这类命题的词项公式两边，不过，罗素自己不用这个符号。罗素早期逻辑的系统中，把表达式“$p = \{q \supset r\}$”理解为：p 是 q 蕴涵 r 的一个命题，由于变元在罗素早期的逻辑中是不加以限制的，所以就可以把它们例示为使用括号而形成的词项。

然后，我们关注罗素与弗雷格在逻辑上的一些相似特征。在标准逻辑中，词项和公式之间存有不同，相应地关系符号的句法（两侧是词项）和逻辑联结词（两侧是公式）的句法之间也存有不同。比如，“$(1+2=3)=(4=4)$”和“$2 \supset 1$”是不合式的（ill-formed）。一个关系符号“=”只能把个体变元或者其他的词项放在它两侧；而联结词“⊃”，只能把公式放在它的两侧。若是把这种不同放在罗素和弗雷格的逻辑中加以区分，情况有点复杂。简单说来，罗素早期的逻辑系统中，联结词被理解为有相同句法的关系，而且可以通过增加名词性括号（nominalizing bracket）把公式转为词项。但是在弗雷格的概念文字中，则是通过使用函数符号改写关系和联结词，就所有的对象而言，两者都可被定义为自变元。这样，关系符号和联结词就有相同的句法了。稍微复杂的解释是，弗雷格承认在词项和句法之间有不同之处，出现在弗雷格判断线之后的表达式可以理解为词项所表示的对象的真值，而且弗雷格逻辑中的罗马字母可被例示为任何合式表达式。因此，罗素逻辑的某些特征恰恰与弗雷格逻辑相似，但是与大部分当代逻辑系统却又不同。

此外，弗雷格和罗素对“$2 \supset 1$”和“$(1+2=3)=(4=4)$”的语义理解虽然不同，但他们都把这两个式子当作合式公式看待。对弗雷格而言，这两个公式都是真的名称。第一个条件表达式是说，如果条件函数的第一个自变元不是真值，那么条件函数的值为真；第二个等式表示真，因为等号两侧的表达式：“$1+2=3$”和“$4=4$”自身是真的名称，而真是自我等同的。对于罗素而言，第一个公式说明 2 蕴涵 1。但是，假设罗素在《数学原则》中使用马蹄符号“⊃”，那么罗素则会将其视为假，这是因为如果这个观点成立，仅当命题在真蕴涵（true implication）中成立。根据罗素著作中有关这个问题的讨论推测，大概是在 1905 年罗素撰写“蕴涵的理论”那个时候，重新解释了马蹄符号，也可能是更早的时候，罗素认为要把“$x \supset y$”视为真，仅当 x 不是一个命题。第二个等式说明 $1+2=3$ 与 $4=4$ 是自我同一，往往这类命题是相同的命题，而它们是假的。

一般地，人们通常认为弗雷格对思想的理解与罗素对命题的解释最接近。但是在《数学原则》的附录中，罗素写道，“思想是一个我称之为没有断定的命题”[①]。这句话对于认识弗雷格的思想和罗素的命题之间的不同非常重要。就罗素而言，一个命题是一个句子的“意义”，与弗雷格不同的是，罗素不会在意义和命题两者之间摇摆不定，命题的作用在某种情况下是弗雷格涵义的作用，而在其他情况下则是弗雷格指称所起的作用。一个罗素命题，如“苏格拉底是聪明的”这样的命题，是由词项命名的真实实体（actual entity），把这些实体组合在一起形成一个整体。但是对弗雷格而言，一个句子中的词项所命名的真实的实体的指称决定整个句子的指称，它们不是实体组合在一起形成的一个整体意义下的结果。对于弗雷格而言，只有在涵义的领域中，句子相应的部分组合在一起才能形成一个整体，即思想。比如，在弗雷格看来，苏格拉底自己不是“苏格拉底是聪明的”这个句子表达的思想的一个部分，而是名字苏格拉底（苏格拉底是整体的一部分）的涵义。弗雷格逻辑系统中，在任何情况下都没对一个整体做出承诺，这个整体包含苏格拉底，或者这个整体包含在涵义之中抑或是包含在指称之中。

总之，在没有采纳涵义和指称之间的区分的情况下，人们认为罗素的本体论是简单的本体论。在罗素看来，不管一个句子出现在直接语境还是间接语境中，这个句子的意义就是一个命题。对罗素而言，相信包含一种相信者和一个命题之间的关系，正如对弗雷格而言相信包含一种相信者和一个思想之间的关系一样。对待命题态度方面，罗素认为命题词项两侧是

① Kevin C. Klement. Frege and The Logic of Sense and Reference [M]. New York: Routledge, 2002: 174.

一种相信关系，这个词项与出现在逻辑联结词两侧的命题的名称没什么不同。因为罗素把一个表达式的意义视为它每次的出现都相同，所以他对信念和量入的难题需要不同的解决方法。对这类难题罗素在不同阶段采用的处理方式也是不同的。

二、罗素悖论

一般地，人们都知道有罗素悖论，是谁首先让大众知道这个悖论的呢？有人认为是罗素自己，但实际并不是，而是弗雷格。1902 年，在弗雷格的《算术的基本规律》第二卷即将出版之际，他接到了罗素关于发现悖论的信，他得知公理V出了问题，因此增加了一个附录，提出了修改方案。这样使得悖论随该书的出版而被正式公布，人们也随之知道了这个悖论，因为是罗素发现的，因此以罗素的名字命名了这个悖论。罗素悖论说的是：

> 没有一个人想要断定人的类是一个人。这里我们有一个不属于自身的类。当某物归属于一个类为其外延的概念时，我就说它属于这个类。现在让我们集中注意这个概念：不属于自身的类。因此这个概念的外延（如果我们可以谈论它的外延的话）就是，不属于自身的那些类构成的类。为简短起见，我们称它为类K。现在让我们问，这个类K是不是属于自身。首先，让我们假定它属于自身。如果一个东西属于一个类，那么它就归属于以这个类为其外延的概念。这样，如果类K属于自身，那么它就是一个不属于自身的类。因此我们的第一个假定导致自相矛盾。第二，让我们假定类K不属于自身，这样它就归属于以自身为其外延的概念，因此就属于自身。这里我们又一次得到同样的矛盾。①

罗素悖论也是素朴集合论中的一个悖论，用自然语言复述罗素悖论则为：

把所有的集合分为两类：① 正常集合。例如，所有中国人组成的集合，

① 威廉·涅尔，玛莎·涅尔. 逻辑学的发展［M］. 张家龙，洪汉鼎，译. 北京：商务印书馆，1985：808.

所有自然数组成的集合，所有英文字母组成的集合。这里，“中国人的集合”不是一个中国人，“自然数的集合”不是一个自然数，“英文字母的集合”不是一个英文字母。所以这类集合的特点是：集合本身不能作为自己的一个元素。② 非正常集合。例如，所有集合所组成的集合，所有抽象东西的集合。这里，“所有集合所组成的集合”也是一个集合，“所有抽象东西的集合”也是一个抽象东西。所以这类集合的特点是：集合本身可以作为自己的一个元素。现在假设由所有正常集合组成的一个集合 S，那么 S 本身属不属于 S 自身？或者说 S 究竟是一个正常集合还是一个非正常集合？如果 S 属于自身，则 S 是非正常集合，所以它不应是由所有正常集合组成的集合 S 的一个元素，即 S 不属于它自身；如果 S 不属于它自身，则它是一个正常集合，所以它是由所有正常集合组成的集合 S 的一个元素。于是得到悖论性结果：S 属于 S 当且仅当 S 不属于 S。[①]

通过对罗素悖论的描述，我们发现，弗雷格和罗素一样很少用“集合”这个词，而更多地使用“类”这个词，可能在他们看来，“类”这个表述更具逻辑的色彩。针对一般的逻辑悖论，人们又是作何理解呢？“逻辑悖论指谓这样一种理论事实或状况，在某些公认正确的背景知识之下，可以合乎逻辑地建立两个矛盾语句相互推出的矛盾等价式。”[②] 这是陈波给出的解读，也是人们理解逻辑悖论的一个基本框架。就罗素悖论来说，虽然罗素在本体论上的认知非常严苛，他毅然举起“奥卡姆剃刀”，对本已拥挤的实在论世界中的虚存对象一刀砍出，因此与弗雷格的本体论世界比较起来相对简单些。但是这并不能规避罗素对命题所做的承诺而引发的困难，这个困难就是罗素悖论。人们在谈论罗素悖论的时候，经常提及他的本体论思想，这是由于罗素悖论突出了弗雷格和罗素在逻辑实体上的不同观点，而逻辑实体恰是本体世界所要关注的内容。

罗素对命题性质的态度，使得他对命题性质及其同一条件和逻辑联系做出了本体论承诺。只是罗素自己没有公理化逻辑演算中命题的同一条件，而是从非形式角度理解支配同一性的逻辑原则。倒是一些研究罗素的学者，比如丘奇，试图通过设计支配命题内涵逻辑的一些原则，以明确罗素对命

① 陈波．逻辑哲学［M］．北京：北京大学出版社，2005：101．
② 陈波．逻辑哲学［M］．北京：北京大学出版社，2005：96．

题的承诺。这些内涵逻辑原则在罗素的《数学原则》和那个时期的其他著作中都成立。然而，在一些相关的论文中，安德森（A. R. Anderson）通过提供另外的公式，批评了丘奇提出的原始公式的细节，并把一些原则组成的公式作为附加的公理增加到标准高阶系统当中。

我们尝试以偏离丘奇和安德森句法的方式解读这些原则。首先，这里使用名词性括号的目的是为了更加凸显作为词项出现的命题。丘奇把他形式化了的罗素内涵逻辑建立在从分支类型论到简单类型论的简化版《数学原则》的重构系统上。在重新构建的过程中，丘奇把个体变元或者常项放到等号两边，而不把复合公式放到等号的两边，为此丘奇引入一个新的初始符号“≡”，用于表达命题的同一（等值），但是，这个符号的引入也只是联结词的句法而并非关系的句法。由于罗素在他早期逻辑系统中，没有区分联结词和关系符号，而是允许等号两边有复合表达式，所以这里通过使用名词性符号以明确作为词项出现的命题表达式，不用符号“≡”，而用“=”代替“≡”。这种情况下考虑下面有关命题同一的原则的例子（罗素内涵逻辑的 RIL）：

Principle RIL1.　$p = q. \supset.\ p \equiv q$

Principle RIL2.　$\{p \supset q\} = \{r \supset s\}. \supset.\ p = r$

Principle RIL3.　$\{p \supset q\} = \{r \supset s\}. \supset.\ q = s$

Principle RIL4.　$\{(x)Fx\} = \{(x)Gx\}. \supset.\ (x)(\{Fx\} = \{Gx\})$①

克莱门特对罗素内涵逻辑的 RIL 给出的解释是：Principle RIL1 说明等值命题实质上是等同的。也就是 p 和 q 是相同的命题，当且仅当另一个为真，那么另一个也为真。Principle RIL2 和 Principle RIL3 说明等值条件命题有相同的实体。Principle RIL4 说明如果每一事物是 F 这个命题与每一事物是 G 这个命题相同，那么对任何个体 x，x 是 F 这个命题与 x 是 G 这个命题相同。丘奇和安德森提出的一系列原则中包含这 4 个原则，或者说能从这一系列原则中推导出这 4 个原则，当把这些原则组合在一起时就是罗素的定义：等值

① Principle RIL1—RIL4 见 Kevin C. Klement. Frege and The Logic of Sense and Reference[M]. New York: Routledge, 2002: 177.

命题是由作为部分的等值组成部分构成的。

其次，这些原则可以表明《数学原则》附录 B 的悖论在罗素内涵逻辑中是如何被形式表达的。悖论包含一个命题和命题类之间的一个康托尔式的对角构建（Cantorian diagonal construction）。首先要定义 w，即所有命题的类说明某些类的逻辑积不在 w 中。可以写为[1]：

$$(\text{Df. } w)\, w =_{\text{df}} \hat{p}:(\exists m)[p = \{(q)(q \in m \supset q)\} \;\&\; p \notin m]$$

“$\hat{p}$：…”读作“所有 P 的类满足…”，然后定义命题 r，用于说明 w 的逻辑积，如下：

$$(\text{Df. } r)\, r =_{\text{df}} \{(q)(q \in w \supset q)\}$$

于是就证明了下面的缩写式（contraction）：

$$r \in w \;\&\; r \notin w$$

这显然是一个悖论。罗素很早就认识到了困扰他的哲学的这个悖论，但是为了证明这个悖论，罗素倍受挫折，主要因为罗素已经认识到这个悖论同罗素悖论不一样，不能通过简单类型论解决[2]。

罗素在随后的几年中把工作的重心放在探寻一个能从哲学上完全解决罗素悖论、命题悖论和相类似的矛盾的方法之上。他极力想为我们今天称之为集合论—语形悖论和语义悖论的问题找到一种同一的解决方案，但他并没有如愿在短期内找到出路。罗素后来提出了“矩阵逻辑”，这种方法为罗素悖论提供了真正的解决办法，但是对命题悖论，比如《数学原则》附录 B 中的悖论，借助“矩阵逻辑”仍不能解决。事实上，这种康托尔式的

---

① 以下 2 个定义和缩写式见 Kevin C. Klement. Frege and The Logic of Sense and Reference [M]. New York：Routledge，2002：177.

② Kevin C. Klement. Frege and The Logic of Sense and Reference [M]. New York：Routledge，2002：178.

命题悖论的形式有多种版本，其中的一个版本由兰迪尼（Kluwer. G. Landini）命名为 p_o/a_o 悖论。这类悖论暂时还不能完全解决。

接着，罗素为了解决这个问题，于1906年发表了《逻辑的悖论》一文，文中给出的办法是：没有一般的命题，只有一般的断言（assertions）。通过《逻辑的悖论》一文而构建的逻辑系统能避免《数学原则》附录B中的悖论。在这种情况下，有问题的命题 r 被定义为一般命题。由于放弃了一般命题，r 变为不可定义的了。这样，罗素就能解决《数学原则》附录B中的悖论了。至此，罗素把自己的探索定格为“分支类型论”。[①]

但是，这个成功是短暂的。由于放弃了一般命题，在很大程度上削弱了《逻辑的悖论》所构建的系统。考虑到此，罗素为了重新获得数学的希望，增加了一个“节制公理（mitigating axiom）”：对任何系统的公式（一般的或者非一般的），一个（非一般的）命题的存在为真当且仅当公式成立[②]。但是，不久之后，罗素发现这个公理虽能处理《数学原则》附录B中的悖论的传统版本，但会导致“p_o/a_o 悖论”，它类似于《数学原则》附录B中的悖论的命题函数的一个康托尔式的矛盾。

总之，由于罗素不能解决命题悖论，因此只能把命题作为当初在《数学原则》中采用的逻辑实体了。实际上，罗素不得不采用一种事实本体论的方法，也即他不再对假命题的本体论做出承诺。在他看来，假命题应该被理解为“不完全符号”同限定摹状词（definite descriptions）一样不能指谓某物[③]。但是，无论怎样，只要罗素迈出采用这种方法的这一步，那么他就迈出了距弗雷格抽象对象本体论更远的一步。

三、弗雷格的涵义与指称理论不能消解罗素悖论

再回到弗雷格，我们知道罗素在1902年9月给弗雷格写了一封关于悖论的信。虽然弗雷格几乎被罗素的悖论摧垮，但是，弗雷格好像并没有对这个悖论十分在意。弗雷格认为这个矛盾是由于罗素没有很好地把握涵义

① 张建军. 逻辑悖论研究引论［M］. 南京：南京大学出版社，2002：55.

② Kevin C. Klement. Frege and The Logic of Sense and Reference［M］. New York：Routledge，2002：180.

③ Kevin C. Klement. Frege and The Logic of Sense and Reference［M］. New York：Routledge，2002：181.

和指称之间的区别的重要性而导致的，但情况是不是如弗雷格所说呢？

我们首先来看弗雷格就悖论给出的回应。从上文可以看到，在罗素的公式中，矛盾从下面两个定义推引出来[①]：

(Df. w) $w =_{df} \hat{p}$: $(\exists m)[p = \{(q)(q \in m \supset q)\}\ \&\ p \notin m]$

(Df. r) $r =_{df} \{(q)(q \in w \supset q)\}$

在罗素的逻辑中对矛盾或悖论的证明要求假定 $\{(q)(q \in w \supset q)\} = \{(q)(q \in m \supset q)\}$，即，命题 $\{(q)(q \in w \supset q)\}$ 等同于命题 $\{(q)(q \in m \supset q)\}$，从而我们就能得出 w 和 m 是相同的类的结论。这在罗素的逻辑中是没有问题的，因为等值命题必须有等值的组成部分。但是，弗雷格会把 $\{(q)(q \in w \supset q)\} = \{(q)(q \in m \supset q)\}$ 视为真值等同，而不是命题的等同。很明显，不能得出 w 和 m 是相同的类的结论。

我们知道，弗雷格区分涵义和指称是为了解释日常语言推理中的发生的错误，如：

（1）哥特罗布相信晨星是行星。

（2）晨星＝暮星

因此，（3）哥特罗布相信暮星是行星。

在弗雷格看来，这个推理不是有效推理，因为，在（1）中，“晨星”出现在间接引语中，它指谓一个涵义。而在（2）中，它指谓的是晨星自身。因为“晨星”的两次出现并不指谓相同的东西，所以这个推理是无效的。在弗雷格看来，罗素所说的矛盾（antinomy）要求用“w”和“m”有时不明确地表示类，有时不明确地表示涵义。罗素认为，一个命题的组成部分是在表达命题的句子中命名的实体，他认为 w 既可以是一个类也可以是一个命题的组成部分。但是，从弗雷格的观点看，如果 r 是 w 的一个成员的话，那么 w 必定是一个类，而如果 w 是思想 $\{(q)(q \in w \supset q)\}$ 的一个组

① 2个定义见 Kevin C. Klement. Frege and The Logic of Sense and Reference [M]. New York: Routledge, 2002: 182.

成部分的话，那么 w 必定是一个涵义，因为只有涵义是思想的组成部分。弗雷格毫无疑问会坚持，没有一个符号在概念文字形成中既充当一个类又充当一个涵义的角色。所以弗雷格得出结论：这个悖论是因为罗素没有成功地区分他的逻辑系统中涵义和指称的区别而导致的。

在他们的通信中，弗雷格把有关悖论形式表达的疑问交给了罗素。结尾处，弗雷格写道：

> 我完全不知你是怎么得出这个等式的“$r \varepsilon w. = .r \sim \varepsilon w$”[“$r \in w. = .r \notin w$”]，也不知道它的意义：是否是一个思想的巧合或者是真值的巧合。你是通过什么推理方法得到这个等式的？①

但是，对这个问题，罗素没有给出可以让弗雷格接受的答案。对于罗素来说，“推理方法”会涉及命题的性质和它们的等值条件。如果一个类似的矛盾出现在弗雷格逻辑中，则会涉及思想的性质和它们的等值条件。可是，罗素没办法告诉弗雷格什么“推理方法”适用于涵义和思想。

在这个问题上，弗雷格自己也没有充分发展他的逻辑系统。《算术的基本规律》的概念文字只包含公理、支配真值的规则、真值函项和值域。确实，在没有增加常项的情况下，语言不足以丰富到能表达关于每一事物的真值。这样，《数学原则》附录 B 中的悖论在弗雷格现在的逻辑系统中是不能形式化表达的。但是，这只是因为那个系统不够丰富到足以表达关于思想的性质的真值，而这样做对于形式表达悖论又是必要的。于是，这个问题变成：如果它按照涵义和指称的理论扩张，在弗雷格的概念文字中是否能形式化表达矛盾？我们知道，米赫（John Myhill）发现困惑丘奇涵义和指称的逻辑的矛盾，这与系统 FC^{+SB+V} 是相同的情况吗？从结果来看，答案是肯定的。系统 FC^{+SB+V} 实际上给出的是弗雷格从罗素那儿想要的“推理方法”，这也正是罗素所缺失的“推理方法”。

事实上，《数学原则》附录 B 中的悖论困惑了弗雷格。但是弗雷格并没有通过涵义和指称的逻辑解除这一困惑，弗雷格又是怎么错失机会的呢？

---

① Kevin C. Klement. Frege and The Logic of Sense and Reference [M]. New York: Routledge, 2002: 183.

克莱门特的看法是，弗雷格把太多的精力集中在罗素形式化表达悖论的方法上，而没有把足够的精力放到隐藏在罗素悖论之后的康托尔式的对角构建上。正如罗素对每个命题都承诺一个类，对每个类都承诺一个命题，违背了康托尔式原则一样，弗雷格对每个思想承诺一个类，对每个类承诺一个思想也是违背康托尔式原则的。

在克莱门特看来，对《数学原则》附录 B 中悖论的形式表达，在罗素和弗雷格那儿是不同的。在罗素那儿，悖论的形式表达涉及命题的内涵逻辑，它不是一个语义矛盾，不涉及真或意义这样的概念。在弗雷格那儿情况就不同了，在不用函数符号“Δ”表达涵义和指称（涵义决定指称）之间的关系的情况下，不能形式化表达悖论，准确地说这是一个语义矛盾。弗雷格式的思想和罗素悖论之间的不同在于前者是语义学实体而后者不是，这点很重要。我们在考虑各种各样可以解决这种矛盾的方法时必须考虑这点。

由于弗雷格在他自己的哲学中没看出这些矛盾，所以他从未试图用形式表达的方法解决它们。但是，罗素看出了这些矛盾。在此有必要提出这样一个问题：弗雷格是否接受罗素考虑的解决办法呢？

罗素首先提出的解决《数学原则》附录 B 中的悖论的方法是分支类型论方法，按照这个方法，罗素否定了一般命题的存在。弗雷格希望在他的哲学中通过否定一般思想的存在消除这些矛盾吗？这种做法又如何得到哲学的辩护呢？我们注意到，在放弃指称概念的理论之后，罗素陷入了一般命题组成部分的困境。但是，一般思想的组成部分对弗雷格而言却不是什么神秘的东西。思想是由表达式的涵义构成的，表达式组成了表达思想的命题。弗雷格把量词理解为以高层级函数（high-level functions）作为其指称的东西；量词的涵义决定这些函数的不完全涵义，它们同其他的涵义相比没什么特别之处。在这里，我们并不打算避开矛盾，而是想从弗雷格和罗素的推演错误上获得哲学上的洞见。

罗素解决“命题悖论”的方法是采用分支类型论，弗雷格把思想的本体作为第三领域实体使得他很难为这个断言进行辩护。理查德（J. Richard）在 1905 年提出了他本人的解决办法：限定一个总体中不能含有那种只能借助于这一总体才能定义的元素。也就是说，不允许如下情况存在：借助于一个总体来定义一个对象，而该对象本身又属于这一总体。这一思想得到了著名数学家庞加莱（H. Poincaré）的高度评价，他把理查德所要拒斥的定义称为“非直谓”（inpredicative）定义，认为所有悖论（集合论—语形悖论）的根源，都在于这种非直谓的定义。庞加莱由此得出结论：集合论和罗素等人钟爱的符号逻辑都不可能摆脱这种定义，因而都应予以抛弃。罗素在看到庞加莱的有关文章后，也迅速地接受了非直谓定义的思想，并在此基础上提出了“恶性循环原则”（也就是“拒斥恶性循环原则”，类似于亚里士多德把“不矛盾律”称为“矛盾律”）。但与庞加莱恰好相反，罗素认为这个原则非但不会导致抛弃数理逻辑，恰恰可以拯救数理逻辑以及超限集合论之精华[①]。

但是人们普遍认为，类型论在哲学上的问题就是它的特设性，即它禁止任何形式的“恶性循环”，也就是禁止任何形式的自我指称或自我关涉。但是并非一切形式的循环都是恶性的，也并非一切形式的自我指称都导致悖论。更有人这样断言：若禁止一切形式的循环或自我指称，则会牺牲掉大部分数学，或至少是使得许多数学表述变得极其复杂、笨重和烦琐[②]。确实，当罗素从根本上改变他的命题本体论的时候，阶（order）变成可以证明的，在《数学原则》中，罗素的命题本体论非常接近弗雷格思想的本体论，罗素提出这样一个建议，即来自不同的阶的命题作为“人工”的（harsh and highly artificial）（命题）[③]。

这样，我们通过检验罗素所建议的办法，就能找到一个弗雷格式解决困难的恰当方法了。但是，这并不意味着我们从罗素那里汲取不到关于弗雷格式的矛盾对角的教训。更加重要的是，从一开始，罗素已经意识到这个矛盾的康托尔式的起因了。康托尔表明，某个域中的实体的类的基数（cardinal number）总是大于那个域中实体的数。这样，命题的类的数必须大于命题的数。但是，对于命题的每个类而言，罗素对一个命题做出承诺，诸如说明它的逻辑积的命题。这样，对罗素而言，命题的基数和命题的类

---

① 张建军. 逻辑悖论研究引论［M］. 南京：南京大学出版社，2002：56.

② 陈波. 逻辑哲学［M］. 北京：北京大学出版社，2005：102—103.

③ Kevin C. Klement. Frege and The Logic of Sense and Reference［M］. New York：Routledge，2002：189.

的数一样大，就与康托尔的结果相违背了。这种情况同弗雷格的情况很相似，弗雷格承诺的是思想与思想的类一样多。

可以得出结论：任何包含对内涵实体的本体论承诺的逻辑系统，如罗素的命题或者弗雷格的思想，必须要仔细地关注内涵的基数。如果这个数量足够大，只要能形成一一对应地映射到类或者函数的类上，矛盾就很容易解决了。

对于罗素和弗雷格而言，他们的系统对内涵的数量承诺都很大。就罗素而言，对任一公式 α，系统对一个命题 $\{\alpha\}$ 做出了承诺。弗雷格对相似的某物通过“涵义—转换”（Sinn — transformation）对其做出承诺。对系统 FC 的任一表达式，我们能形成一个涵义的名称，这个涵义用涵义的常项来表达。对在扩张的语言中的具有名称的每一事物而言，公理 $FC^{+SB}35$、$FC^{+SB}36$、$FC^{+SB}37$ 的系统对涵义做出承诺。应该注意，对每个表达式而言，对内涵实体做出承诺是没有问题的，仅当这种内涵的同一条件非常严格才会出问题。对罗素来说，如果“$\{(q)(q \in w \supset q)\}$”和“$\{(q)(q \in r \supset q)\}$”表示相同的命题且 w 和 r 不是相同的类的情况下，《数学原则》附录 B 中的悖论不会发生。同样地，如果“$(\Pi x^{*})(x^{*} \in \boldsymbol{\omega}^{*})$”和“$(\Pi x^{*})(x^{*} \in m^{*})$”表示相同的思想且“$\boldsymbol{\omega}^{*}$”和“$m^{*}$”指谓决定相同的涵义的情况下，弗雷格的逻辑中也不会有悖论。弗雷格和罗素对思想与命题各自都要求严格的同一条件，否则问题就不会出现了。

于是，我们可以这样考虑，所讨论的困难或许可通过放松假定的内涵实体的等值条件而解决。就思想而言，如果弗雷格理解的信念状态是一个相信者和被相信的思想之间的一种关系，那么弗雷格需要严格的同一条件。命题的解释，需要由真值或从逻辑上相等时，它可被理解为表达相同的思想。由此得出的结论就与弗雷格的间接指称的理论相冲突，因为 A 和 B 在逻辑上等值的话对任何相信 A 必须也相信 B 的人来说不是真的。思想的同一条件必须比逻辑的必然性更严格。克莱门特认为涵义和指称的理论所发展的逻辑演算的最主要的目的是允许改写命题态度和相关的推理的陈述句。如果使思想的同一标准减弱的话，那么我们的逻辑系统就不足以完成这些任务了。

总之，通过对罗素悖论的分析，我们得出罗素悖论是基于以下几个前提或假定的："(1) 素朴集合论中的概括原则，即任一性质 F(x) 决定一个集合 S；(2) 对任一集合 S，$S \in S$ 自身是一个有意义的命题；(3) 任一集合 S 可作为元素属于另外的集合或属于 S 自身；(4) 一阶逻辑是集合论的基础逻辑。"[①]一般认为，作为集合论的基础逻辑的一阶逻辑是不可动摇的。所以要避开悖论，就只有否定前 3 个前提或假定中的至少 1 个。

由罗素悖论产生的 4 个前提可以推出康托尔悖论产生的两个前提："(1) 存在大全集，即由一切集合组成的集合；(2) 由任一集合可以生成其幂集，即由该集合的所有子集构成的集合。"[②]

罗素提出解决悖论的方案只要满足以下 3 个条件就是合理的，它们是：① 让悖论消失；② 尽可能让数学保持原样；③ 非特设性。由此看来，罗素提出解决悖论的方案除了"能避免悖论"这一理由之外，还应有其他的理由。基于这 3 个条件，罗素在解决悖论方面做过了很多不同的尝试，其中类型论的解决影响最大。从技术上说，类型论否定的是罗素悖论赖以产生的前提 (3)；从哲学上说，类型论的基础是罗素提出的"恶性循环原则"，即没有一个整体能够包含只能借助于这个整体才能定义的元素[③]。

第三节　奎因对弗雷格涵义和指称理论的质疑

弗雷格涵义和指称的理论观点对 20 世纪的逻辑哲学影响深远，而且，这个问题是从弗雷格和罗素以来的分析哲学家用力最大、争论不已的问题。有人说专心致力于意义理论的研究可谓 20 世纪英语世界哲学家的"职业病"。[④] 其中一些逻辑学家完全接受了弗雷格所做的涵义和指称区分的理论，并在此基础上发展了关于涵义和指称的内涵逻辑系统，为涵义和指称理论的研究与发展拓宽了范围，体现了它的重要意义。奎因在这个问题上也发表了自己的看法。

---

① 陈波. 逻辑哲学 [M]. 北京：北京大学出版社，2005：102.
② 陈波. 逻辑哲学 [M]. 北京：北京大学出版社，2005：102.
③ 陈波. 逻辑哲学 [M]. 北京：北京大学出版社，2005：102.
④ 陈波. 奎因哲学研究——从逻辑和语言的观点看 [M]. 北京：生活·读书·新知三联书店，1998：55.

一、奎因拒绝承认内涵实体

奎因躲避涵义的意思是指奎因不承认意义、概念、命题这些内涵性实体，为了避免把涵义视为独立的精神实体，奎因甚至主张拒斥涵义，而以另外的方式谈了语言的意义问题①。奎因指出：

> 如果我们讨厌意义（meaning）这个词，我们就可以直接地说这些话语是有意思的（significant）或无意思的（insignificant），是彼此同义或异义的。以某种程度的清晰性与严格性来解释“有意义的”和“同义的”这些形容词的问题——按照我的看法，最好根据行为来解释——是重要的，又是困难的。但是被称为“意义”的这些特殊的、不可归约的媒介物的说明价值确实是虚妄的。②

奎因以上所说，表明他不承认像意义、概念、命题这样的内涵性实体，也不承认所谓的可能实体、感觉材料以及事实等等的存在；同时也拒绝承认像性质、关系、数等这样的共相存在。奎因之所以不承认它们，是因为这几类对象不能满足以下这 3 个条件，特别是其中的第一条，它们是：第一，能够为其提供外延同一性的标准，它们因而就能够个体化，成为独立自在的实体；第二，在理论上有用，即它们为自然科学特别是数学理论所需要；第三，能在经验上被证实。奎因的本体世界中包含着两类成员：四维时空中的物理实体和数学中的类。奎因只承认这两类实体，因为它们能满足上面的这 3 个条件③。

然而，语言表达式的涵义问题一直以来都是分析哲学探讨的核心问题。原因在于，我们说话和写作要用到各种各样的语言表达式：单词、短语、从句、完全的句子等等，换言之，都会用到专名、句子和概念词，通常也会假定这些语言表达式都有涵义。而且，由于它们具有涵义，所以才能通过

① 陈波．奎因哲学研究——从逻辑和语言的观点看［M］．北京：生活·读书·新知三联书店，1998：59.

② 奎因．从逻辑的观点看［M］．江天骥，等，译．北京：中国人民大学出版社，2007：12—13.

③ 陈波．奎因哲学研究——从逻辑和语言的观点看［M］．北京：生活·读书·新知三联书店，1998：289.

它们进行表达、实现交流，也就是说，涵义正是我们所表达、所交流的东西，此外，涵义是表达式本身所具有的，因而是内涵的。所以抛开内涵不管，或者不承认内涵，至少在日常表达与沟通层面是不可行的。

从哲学史的角来看，内涵从来就是一个非常重要的概念，但是对于这个概念的理解则是因人而异的。内涵是否存在？弗雷格的答案是明晰的，他明确区分了表达式的涵义和指称，而且指出各类表达式不仅有指称，而且也有涵义。表达式的涵义是不依赖主体而存在的客观实体，它存在于物质世界和精神世界之外的第三领域。只是，弗雷格的这一观点遭到了以奎因为代表的哲学家的反对，奎因认为表达式的涵义作为隐晦的中介物应该被抛弃掉[①]。这也再一次印证奎因以上所说，他躲避内涵概念，但是仅是躲避，就能解决内涵问题吗？

西方哲学的“语言学转向”之后，人们通过语言分析进行哲学探讨成为哲学研究的主流。分析哲学家们认为，语言是思想的载体，而思想是关涉世界的，所以，通过分析语言表达式的涵义便可澄清思想，进而获知关于世界的信息。于是，对语言表达式的涵义进行分析便成了分析哲学家的首要任务，但是这种分析似乎是建立在这样的假定之上：涵义是实际存在着的，是一种需要从语言表达式中发掘出来的实体，早期的分析哲学家大都持有这样的假定。

但是奎因是这种观点的反对者，他于 1951 年发表的《经验论的两个教条》是一篇声讨旧经验论的檄文。在这篇文章中，奎因明确提出了要破除涵义作为实体的神话。在随后的著述中，奎因反复论及涵义，并从不同角度重申和论证自己的坚定立场。他紧握在手的是一把“奥卡姆剃刀”，欲将一切不必要的精神实体从哲学的基本假定中清除出去。首当其冲的就是作为内涵实体的各种所谓“涵义”属性（作为属性词的意义）、关系（作为关系词的意义）、命题（作为句子的意义）等等。奎因认为，假定这样一些实体不仅无助于理论构造，而且会妨碍理论的进步，因此，最好把它们全部清除掉。

涵义和指称的问题自弗雷格与罗素以来，成为分析哲学家们争论不休

---

① 荣立武．内涵逻辑的哲学基础［D］．广州：中山大学，2006：8.

的主题。在这个问题上，分析哲学家中间有两种传统的对立的观点：一种是弗雷格的观点，认为涵义和指称是不同的，不可混淆；一种是罗素的观点，认为涵义和指称是同一的，涵义即指称。就奎因而言，他站在弗雷格的立场上理解涵义和指称，也即，一定程度上奎因支持弗雷格而反对罗素。用他自己的话说则是："让我们不要忘记，意义不可以和命名等同起来；在意义和命名之间有一道鸿沟，甚至在真正是一个对象的名字的单独名称那里也是一样。"① 实际上，奎因反对把涵义和指称混淆的看法其目的是"拒绝承认意义"②。他说，"'至于意义自身，当作隐晦的中介物，则是可以完全丢弃'，我们不需要'被称为意义的这些特殊的和不可归约的媒介物的说明价值确实是虚妄的'"③。在此值得指出的是，奎因躲避内涵性实体的主要理由就是不能为它们提供同一性标准，因而不能使它们个体化④。

二、奎因的同一性标准

同一性问题作为哲学困惑之一，奎因对它的探讨是从这个问题开始的："如果我经过实际经历的变化，怎么能说我还是我自己呢？"为了回答这个问题，奎因在《语词和对象》中这样描述同一性：

> 英语用"is"或其扩充形式"is the same object as"（"和……是同一物"）来表示同一性。我们也可以方便地把"="符号当作是英语的一个附加部分，这样我们可以使事情变得简单明了而无歧义。但不管采用哪种写法，同一性概念确是我们语言和概念结构中基本的东西。同一性符号"="是一个关系词，我们可以说它是一个及物动词，而不必为其直接宾语采取主格形式感到困惑。像任何这类词（关系词）一样，同义性符号也把单独词项联结起来构成一个句子。如此构成的句子是真的，当且仅当作为其构成成分的词指称同一对象。⑤

---

① 奎因．从逻辑的观点看［M］．江天骥，等，译．北京：中国人民大学出版社，2007：23.

② 奎因．从逻辑的观点看［M］．江天骥，等，译．北京：中国人民大学出版社，2007：24.

③ 奎因．从逻辑的观点看［M］．江天骥，等，译．北京：中国人民大学出版社，2007：24.

④ 陈波．奎因哲学研究——从逻辑和语言的观点看［M］．北京：生活·读书·新知三联书店，1998：300.

⑤ 奎因．语词和对象［M］．陈启伟，等，译．北京：中国人民大学出版社，2005：123.

奎因在《语词和对象》中给出的有关同一性的这段描述，表明了奎因在本体论方面的立场。

奎因的同一性标准指的是什么呢？实际上，奎因通过提出“类间分类（inter-sortal）”和“类内分类（intra-sortal）”的区分引出了“同一性标准”问题，也就是通过对自然语言的分类词项和非分类词项而引出的①。奎因认为，自然语言中有两类词项，即分类词项和非分类词项。它们之间的区别可以通过它们在用法和语义上的不同而区分出来。从用法上来说，分类词项的前面可以加上定冠词，如：香蕉、橘子、数等等；而非分类词项的前面则不能用定冠词，如：水、红色等等。从语义的角度来看，分类词项和非分类词项出现在句子中时会导致对句子的真值条件有不同的分析。例如，对分类词项“香蕉”而言，我们说“这是一个香蕉”是真的，不仅要求“这”是香蕉而不是橘子，也就是说要知道“这是香蕉”的真值条件；而且要求“这”指称的是一个特定的香蕉而不是另外一个香蕉。但是对于非分类词项而言，我们说“这是红色”是真的，只要知道“这是红色”的真值条件即可，而不必再去关注“这”的特定指称了②。

奎因在划分出分类词项和非分类词项之后进一步指出，有的词项可以划分到这个词项的对象而有的则不能。然后奎因提出了“类间分类”和“类内分类”的区分③，把水、火、香蕉、数等归为类间分类；把这个香蕉、那个香蕉、这个数、那个数等归为类内分类。我们可以把奎因所说的“同一性标准”理解为：对适合于某个分类的词项的对象，我们能够对它们进行类内分类。但是我们关注的是，像“性质”“命题”这样的内涵表达式的抽象的名称是不是属于分类词项呢？人们一般都会说“这个性质”“那个命题”，给人的感觉是它们属于分类词项④。

具体说来，奎因反对表达式有内涵的理由是：“性质”“命题”等不是分类词项，因为没有适合它们的同一性标准。根据奎因的解释，如果没有“性质”“命题”间的同一标准，那么“性质”“命题”这类词项就不是一

① 荣立武．内涵逻辑的哲学基础［D］．广州：中山大学，2006：16.
② 荣立武．内涵逻辑的哲学基础［D］．广州：中山大学，2006：16.
③ 荣立武．内涵逻辑的哲学基础［D］．广州：中山大学，2006：16—17.
④ 荣立武．内涵逻辑的哲学基础［D］．广州：中山大学，2006：8.

个分类词项。但是，我们也不能把“性质”“命题”当作非分类词项。这是因为，在日常使用中，对于“水”“红色”这样的非分类词项，我们不用区分“这种水”“那种水”；但是我们在使用“性质”这个词项时，总是说到“这个性质”“那个性质”。①

奎因又是如何对“同一性标准”的描述做出规定的呢？首先，奎因认为，对象的同一性标准必须是实质充分的。这个规定主要针对性质间的同一标准必须在事实上正确地描述了性质间的等同条件。依据这个条件，外延等值就不能成为性质间的同一标准，原因在于有外延等值的不同性质，比如“单身汉”和“未婚男子”。其次，同一性标准的描述不能是循环的。对于这个规定奎因区分了两类循环，我们把它们叫作直接循环和间接循环。直接循环的例子就是戴维森对事件的等同条件的描述：事件是同一的，当且仅当它们被同一类事件引起并引起同一类的其他事件。奎因认为，在描述事件的等同条件时出现事件这个概念是不能接受的，因为，这就预设“事件”这一概念已经被我们所把握。根据奎因的认识论原则，我们只有把握了一个概念的同一性标准之后，才能够说我们把握了这个概念。因此我们不能把握戴维森的预设“事件”这个概念。间接循环的例子是卡尔纳普对性质的等同条件的描述。奎因认为，在描述性质的等同条件时预设了“必然性”这个概念，但是当我们解释“必然性”时我们又会用到性质的等同条件，从而构成间接循环。因为，有时候奎因把对象的同一性标准的描述叫作对象的个体化，所以在奎因看来，两者是同一个问题，由此，也能把“同一性标准”的描述规定叫作个体化原则②。

“在奎因看来，没有同一性就没有实体，因此命题就不能个体化，不能作为精神性的内涵实体而存在。”③

三、奎因的观点

一般说来，同一是指对象的同一，而同义是指表达式之间的同义。弗

① 荣立武. 内涵逻辑的哲学基础［D］. 广州：中山大学，2006：16—17.

② 荣立武. 内涵逻辑的哲学基础［D］. 广州：中山大学，2006：17—18.

③ 陈波. 奎因哲学研究——从逻辑和语言的观点看［M］. 北京：生活·读书·新知三联书店，1998：298.

雷格把表达式的涵义当成一种客观存在的对象而对其做出承诺，这样的话就会有表达式之间的同一性问题变为表达式涵义的同义性问题这一变化发生。

奎因认为，本体论承诺属于指称理论的范围，也就是说被承诺下来的只能是外延实体。奎因坚决反对把“意义”这样的内涵实体作为可承诺的对象而纳入理论体系中，他强调必须把意义问题与指称问题区分开：“就意义理论来说，一个显著的问题就是它的对象的本性问题：意义是一种什么东西？可能由于以前不曾懂得意义与所指有区别的，才感到需要有被意谓的东西。一旦把意义理论与指称理论严格分开，就很容易认识到，只有语言形式的同义性和陈述的分析性才是意义理论要加以探讨的首要问题；至于意义本身，当作隐晦的中介物，则完全可以丢弃。”① 在《语言学中的意义问题》一文中，奎因对意义理论的主要任务做了说明，并明确主张用“significant”一词取代“meaningful”，因为后者容易给人造成有“意义（meanings）”这类实体存在的印象。

奎因的基本观点是：这两种探讨都不用假定作为内涵实体的意义。在《指称之根》一书中，奎因根据他的语言习得理论对分析性从正面做过一些说明，他指出，卡尔纳普以及弗雷格都坚持认为，逻辑规律纯粹依赖于语言而成立，换句话说就是它依赖于逻辑词语的意义。可见，它们是分析的。而奎因本人也不止一次地指出，没有给意义这个概念赋予任何经验意义，从而也就没有给这种关于逻辑的语言学理论赋予任何经验意义。

以上讨论了弗雷格的困惑、罗素悖论及奎因对弗雷格涵义和指称理论的质疑。弗雷格的涵义和指称理论是重要的，但是进一步讲，它在面对上述问题时却不能给出一个很好的答案。所以接下来我们就要讨论如何应对弗雷格涵义与指称理论所面对的困境和难题。我们首先探讨克莱门特对弗雷格涵义和指称理论的逻辑阐释。

---

① 奎因. 从逻辑的观点看［M］. 江天骥，等，译. 北京：中国人民大学出版社，2007：24.

第三章　克莱门特对弗雷格涵义与指称理论的逻辑阐释

弗雷格对逻辑的研究并不在于只创建一个形式系统或者是逻辑演算，而是要以一种新的逻辑为基础创建一种更为敏锐的语言。在弗雷格看来，只要给出严格的形式规则、公理和导出规则，并在此基础上把对概念文字的研究当作没有给出解释的形式系统看待即可。但是弗雷格的研究者都知道，弗雷格正是出于对算术的基础的执着追寻才有《概念文字》等一系列相关的逻辑著作问世，因此，可以认为弗雷格是以这样一种方式或者出发点研究概念文字。下面首先要讨论作为一种逻辑语言的概念文字。

第一节　作为逻辑语言的概念文字

弗雷格的概念文字实际上是一种普遍的逻辑语言，逻辑的真被认为是“分析的”，因此，概念文字是一种分析的、与真有密切关系的逻辑语言。

一、概念文字的能力

在弗雷格看来，概念文字具有一种能力，它能非常准确清晰地表达逻辑和数学的思想。弗雷格的思想中，概念文字表达真的能力不是表现为它在句法上的一个特征，而是表现在它为包含在其中的每个符号都提供了一种语义解释。弗雷格也认真地解释了概念文字的语义，并且这种解释在弗雷格看来是一种固定的和无模糊性的解释。

弗雷格对逻辑系统持有的这种态度完全不同于现今流行的把形式逻辑演算作为句法系统进行的研究，而且要从意定的解释中把它分离出来进行研究。这样的研究方式源自数学的形式主义学派。具体地，逻辑实证主义者和证实主义者认为，命题的意义是从其经验的确定或不确定的条件中获取的，假定逻辑的真不受经验测试的影响，那么它们将会以没有内容的形式出现。尽管证明主义者的观点不占哲学的主流，但他们中的许多人仍坚持认为逻辑没有内容，而且认为不能把对一个特定逻辑系统的确认看作是对任何特定的形而上学实体或其他的逻辑观点做出的承诺。在他们看来，逻辑联结词不能被看作是代表任何事物的“真”，它们被理解为纯粹的虚的标记（syncategorematic mark）。例如，依据维特根斯坦的理论，逻辑联结词更像是标点符号而不是把逻辑对象作为其意义的符号①。

一般地，人们把逻辑的真认为是“分析的”，它们本身不能揭示有关真实性的信息，弗雷格持有此种观点和立场。在弗雷格看来，逻辑是一门有自己研究对象的纯科学。尽管，逻辑的真是分析的、能传递信息的、能告诉人们有关客观存在的逻辑实体，比如：值域（value-range），真值函项与为真和为假的对象。但是弗雷格指出，“否定”是与人类和智慧有着相同本体论地位的一个概念，在他看来，逻辑科学与真有特殊的关系，就如同美学与美、伦理与善、物理与运动的关系一样。有关逻辑科学与真的特殊关系，弗雷格在《概念文字》开篇处给了很好的说明，他说：

> 认识一种科学的真一般要经历许多阶段，这些阶段的可靠性是不同的。首先可能是根据不够多的个别情况进行猜测，当一个普遍句子通过推理串与其他真句子结合在一起时，它的确定就变得越来越可靠，无论是从它推出一些以其他方式证明的结论，还是反过来将它看作是一些已经确立的句子的结果，都没有关系。由此一方面可以询问逐渐获得一个句子的途径，另一方面可以询问这个句子最终牢固确立起来的方式。第一个问题对于不同的人也许一定会得到不同的回答。第二个问题比较确定，对它的回答与所考虑的句子的本质有关。最有力的

---

① Kevin C. Klement. Frege and The Logic of Sense and Reference [M]. New York: Routledge, 2002: 26.

论证显然是纯逻辑的论证，它不考虑事物的特殊性质，只依据构成一切认识的基础的那些规律。①

逻辑这门科学最突出的特征是它包含纯逻辑的论证，而不考虑事物的特殊性质。所以要把概念文字设计成为一种用于表达这些真的语言。真值函项的符号以及类似的东西不能仅仅当作虚的符号来看待，也没有人会把英语单词“cat”重新解释为表示狗或什么都不是。每个概念文字的命题都设计为用于表达一个唯一的思想，而且在弗雷格看来，不能对思想加以修改，进行多重解释。

弗雷格被誉为是现代逻辑的创始人，特别是他首次发展了高阶谓词逻辑演算。从逻辑的发展历史角度可以肯定地说弗雷格的著作带有逻辑理论的革命性，是许多重要见地的源头，它们都具有现代高阶逻辑的特征。然而，弗雷格的概念文字，在许多方面同二阶谓词演算有相似之处，需要重视弗雷格在逻辑的性质、谓词的性质、意义的性质这些方面的观点，在某种程度上也不能简单地忽略谓词逻辑标准系统的地位，而要把它同弗雷格其他观点相联系起来进行研究，并要对这些观点给予足够的重视。如果要把概念文字作为一种逻辑语言来理解概念文字的独特地位的话，我们必须发现弗雷格的概念文字同当代的逻辑系统比较而言，它们的语义和句法之间有着很重要的区别。研究弗雷格逻辑著作的这些方面时，我们必须站在弗雷格在逻辑、哲学以及数学发展历史上的地位这个高度来看待问题。在弗雷格之前，没有人尝试着要创建与弗雷格的逻辑语言一样的语言，我们也不能持有这样的观点，即认为弗雷格对语词的说明不能与现行的术语相匹配，或者不能为他的这一系统提供语义说明。后来有研究证明弗雷格的这个系统与后来的塔斯基的形式语义学很相近。

但是，弗雷格把他的概念文字作为一种语言来理解，这种语言带有一种固定的、有意图的解释，这同现代人对逻辑演算的理解也不同。虽然弗雷格概念文字中的量词遍及所有的对象和存在的函项，然而由于它有固定的解释，所以不能把它视为允许改变讨论的论域，或者不能考虑在特定时

① 王路. 走进分析哲学［M］. 北京：生活·读书·新知三联书店，1999：276.

间或者在特定语境中的实体只有一个特定的子集。这种理解与布尔（George Boole）、德·摩根（Augustus de Morgan）这样的逻辑学家的旧的方法形成鲜明的对比，也同现代形式语义学的方法形成鲜明的对比。布尔和德·摩根认为，就一个逻辑系统的语义来说，形式语义学的当代的研究方法典型地包含了不同可能的“模型”的讨论，而弗雷格允许讨论的只有一个论域：真实的全域（the actual universe）。

当概念文字的论域涉及普遍性时，并不意味着弗雷格会把元系统问题（metasystematic questions）当作不可能的或是没有意思的。事实上，弗雷格是第一个明确提出“对象语言”和“元语言”区分标准的人，前者是指被研究的语言，后者是指在这种语言中用来讨论那个语言的语言。用弗雷格自己的术语来表述则为：“被解释语言”（Darlegungssprache）和“帮助解释的语言”（Hilfssprache），两者都是语言（sprachen）。被解释语言包含所有对象范围中的量词，这样，在某种意义下，它的论域包含每一事物。特别是，如果那种语言是一种形式语言，它仍然能够“从外面”（from the outside）充分讨论该语言和它的语义。在研究弗雷格思想的二手文献中，人们越来越支持这样一种观点：弗雷格的概念文字中以一种独特的方式表达了他的形式语义学。由于弗雷格把他的概念文字理解为一种逻辑语言，现在转而考虑有关细节则更能加深对概念文字的理解。

二、量词和哥特式字母

弗雷格的逻辑系统较他之前的逻辑系统一个很重要的进步是将全称量词引入系统，同样重要的还有弗雷格对量化的理解与现在对变元的理解不一样。弗雷格认为变元不是算术或逻辑中真正的研究内容，他的逻辑中不包含自由变元。出现在弗雷格概念文字中的罗马字母和哥特式字母，在当代逻辑的意义下不能看作是变元，实际上这些罗马字母和哥特式字母分别等同于现代逻辑中的自由变元和约束变元。只是弗雷格所理解的罗马字母和哥特式字母同塔斯基以后的逻辑学家所理解的罗马和哥特式字母不同，它们之间没有相似的地方。在这种情况下，不知弗雷格是否接受我们现在所称的“客观的”或者“本体论”的量化理论。

为了洞悉弗雷格对罗马字母和哥特式字母的理解，有必要仔细考察弗雷格在《算术的基本规律》中引进它们时始终存在的争论情况。弗雷格首先讨论了一般性（generality）。对于某些函数，如，由“$\xi \cdot (\xi - 1)$”和“$\xi^2 - \xi$”表示的函数，不仅要断定某些特定的自变元有相同的值（如“$5 \cdot (5 - 1) = 5^2 - 5$”），而且也要断定所有的自变元也有相同的值。数学家把这样的等式写为“$x \cdot (x - 1) = x^2 - x$”这种形式。在这个式子中代替一个常数的是罗马字母 x，这就使得一个特称命题变成了一个一般的命题。弗雷格从数学中获得这种启示之后，为了把握一般性，他决定把字母应用到他的概念文字中。弗雷格在含有一个罗马字母“x”的概念文字中定义一组符号的指称如下：对于每个自变元而言，如果函数 $\Phi(\xi)$ 的值为真，那么“$\Phi(x)$”为真，否则为假。①

由于这个定义会有范围模糊的嫌疑，弗雷格很快就放弃了该定义。比如，表达式“┬$2 + 3x = 5x$”令人迷惑的是它的指称是真还是假？如果把“$\Phi(x)$”的定义运用到函数“$2 + 3\xi = 5\xi$”上，之后再运用“┬ξ”的定义，那么这个表达式为真。但是，如果把“$\Phi(x)$”的定义用到函数“┬$2 + 3\xi = 5\xi$”上，则为假。因此需要回应否定范围和一般性范围到底哪个更为宽泛这个问题，否则，弗雷格就要放弃该定义，另外即使重新定义一组符号的指称，也不能定义包含这种变元的表达式的指称。②

为了解决范围的模糊性问题，弗雷格引入了包含哥特式字母和凹处符号的表达一般性的新方法。弗雷格引入了如下的定义，很明显，这个定义同上面的那个定义有些相似之处：对每个自变元而言，如果 $\Phi(\xi)$ 函数的值为真，那么“$\urcorner\!\overset{\mathfrak{a}}{\smile}\!-\ \Phi(\mathfrak{a})$”为真，否则为假。③

通过这种记法就能解决范围模糊性问题，对于一般性的范围可被理解为凹处右边的任一事物。这样克莱门特认为，“$\urcorner\!\overset{\mathfrak{a}}{\smile}\!$┬ $2 + 3\mathfrak{a} = 5\mathfrak{a}$”表示假，对所有的自变元而言，“┬$2 + 3\xi = 5\xi$”不为真，而“┬$\urcorner\!\overset{\mathfrak{a}}{\smile}\!-$ $2 + 3\mathfrak{a} = 5\mathfrak{a}$”表示真，因为对所有的自变元而言，$2 + 3\xi = 5\xi$ 也不能为真。如果通过把否定

① Kevin C. Klement. Frege and The Logic of Sense and Reference [M]. New York: Routledge, 2002: 33.

② Kevin C. Klement. Frege and The Logic of Sense and Reference [M]. New York: Routledge, 2002: 34.

③ Kevin C. Klement. Frege and The Logic of Sense and Reference [M]. New York: Routledge, 2002: 34.

符号放到凹处的前面和后面来把握存在命题，例如，由“2 + 3ξ = 5ξ”表示的函数的某表达式的值为真时，可以把它写为“$\top\!\overset{\mathfrak{a}}{\smile}\!\top$ 2 + 3α = 5α”①。

因此可以认为，哥特式字母从性质上说同现代的约束变元有明显的相似之处。但有个例外需要注意，弗雷格不允许空量化（vacuous quantification）。从句法上讲，它们在所有方面都相等，哥特式字母能填补一级函数符号的句法变元位置，但是，从语义上来说，“约束变元”这个术语错误地放在了弗雷格的哥特式字母的位置上，而哥特式字母从未出现在“约束变元”出现的位置上，同样，包含它们（哥特式字母）的表达式的指称的“变元”也没有出现过。所以，从语义上来讲，看待哥特式字母的最好方式是：对一般性的二级函数而言（second-level function of generality），应当把哥特式字母看作是较大表达式的一部分。

弗雷格在《算术的基本规律》§21 解释了应该把全称量词（universal quantifier）理解为一个“二级概念”。函数的层次（level）分离以这个断言（弗雷格式的）为基础：函数的不饱和性来自不同的变元依赖它所采用的各种自变元。具体地，一级函数，如真值函数，把对象作为它们的自变元。然而，二级函数把一级函数作为它们的自变元。弗雷格把符号“ϕ”用于二级函数，就如他用“ξ”表示一级函数、用“ϕ”表示二级函数的主目位一样。当自我同一（self-identity）（ξ = ξ）的概念和 4 的平方根（“$\xi^2 = 4$”）分别作为自变元时，可用“$-\!\overset{\mathfrak{a}}{\smile}\!-$ α = α”和“$-\!\overset{\mathfrak{a}}{\smile}\!-$ $\alpha^2 = 4$”表达式指谓的真值“$-\!\overset{\mathfrak{a}}{\smile}\!-$ $\phi(\alpha)$”（一般性的概念）表示二级函数的值，“$\top\!\overset{\mathfrak{a}}{\smile}\!\top$ α = α”和“$\top\!\overset{\mathfrak{a}}{\smile}\!\top$ $\alpha^2 = 4$”指谓的是由“$\top\!\overset{\mathfrak{a}}{\smile}\!\top$ $\phi(\alpha)$”指谓的二级函数的两个值。在这些例子中，由于可以对逻辑主语进行谓述，所以一级概念起的作用类似于逻辑主语（logical subject）所起的作用。如果这个概念的值为真，那么这个对象则归属于一级概念之下，因为把对象作为了自变元；当二级概念的值为真，那么一级函数归属于二级概念之下，因为把一个一级函数作为了自变元。②

① Kevin C. Klement. Frege and The Logic of Sense and Reference [M]. New York: Routledge, 2002: 34.

② Kevin C. Klement. Frege and The Logic of Sense and Reference [M]. New York: Routledge, 2002: 34—35.

假定，当二级概念谓述一级函数的时候，后者起逻辑主语的作用。也许有人感到奇怪，为什么弗雷格没有选择用一个简单的符号如“Gen($\xi = \xi$)”（“Gen”表示一般性）表示任何事物都是自我同一的真值呢？克莱门特认为，这种记法并没有充分表明一级和二级函数是如何相互饱和（mutually saturate）的，因为“ξ”在表达式中出现是不完全的，而且使用哥特式字母的重要性在包含多元共性（multiple generality）的情况中尤其明显。每个数字都有后继的这一断言的真值，用概念文字表达就是：

$$\neg\overset{\mathfrak{a}}{\smile}\top\overset{\mathfrak{e}}{\smile}\top\ \mathfrak{e} = \mathfrak{a} + 1$$ ①

考虑到前面修正的记法的情况下，可写为：

$$\mathrm{Gen}(\top\mathrm{Gen}\top(\xi + 1 = \zeta))$$ ②

这种表达会让人感到模糊，这是因为“Gen”正好出现在由“$\xi + 1 = \zeta$”表示的不饱和函数的空白处，而“Gen”表示的二级概念又是饱和的造成的。一个不同的哥特式字母与凹处联结起来用于表示如何由一级概念饱和二级概念。如果可以的话，弗雷格或许能从下面这个不同的表达式区分出上面的表达式：

$$\neg\overset{\mathfrak{e}}{\smile}\top\overset{\mathfrak{a}}{\smile}\top\ \mathfrak{e} = \mathfrak{a} + 1$$ ③

这个表达式表示每个数字的前趋（predecessor）的真值。对二级函数和一般性而言，哥特式字母只起到复杂符号的部分作用，它的任务就是表明

① Kevin C. Klement. Frege and The Logic of Sense and Reference [M]. New York: Routledge, 2002: 35.

② Kevin C. Klement. Frege and The Logic of Sense and Reference [M]. New York: Routledge, 2002: 35.

③ Kevin C. Klement. Frege and The Logic of Sense and Reference [M]. New York: Routledge, 2002: 35.

二级函数同一级函数是如何相互饱和的。

人们按照自变元对象函数，而非表达式的真解释一般性概念。从这方面来看，人们似乎不能完全接受弗雷格的解释。但事实上，弗雷格从未偏离对量化理论的客观理解，弗雷格的哥特式字母与一系列对象在语义上不相互联结。哥特式字母在弗雷格的概念文字中不表示对象，它们只是一个复杂符号的一部分。表达式“$\neg\overset{\mathfrak{a}}{\smile}-\ \mathfrak{a}=\mathfrak{a}$”中，“$\mathfrak{a}$”在凹处的右边出现，它并不表示对象，而只是指谓由二级函数相互饱和的自变元的位置。

很多弗雷格研究者都远离了弗雷格在一个表示某物的符号和一个具有指称的符号之间作出区别的这种看法，这种指示（indication）是一种关系，一种符号与对象之间的关系。弗雷格指出，罗马字母和哥特式字母的“指谓”是指：它们揭示了在不完全表达式中“需要补充（supplementation that is needed）”的类别；它们只表明了一个函数表达式的自变元的位。在此，罗马字母和哥特式字母从语义上不同于弗雷格的“ξ”和“ζ”符号。不同之处在于，哥特式字母与二级概念相连接，用于揭示一级函数的自变元位是由二级概念来相互饱和的。

从弗雷格理解事物的角度来看，他的概念文字只包含常项，不包含变元。按照弗雷格的理解，表达式“$\neg\overset{\mathfrak{a}}{\smile}-\ \mathfrak{a}=\mathfrak{a}$”被认为是由两个函数常项构成的，“$\xi=\xi$”表示自我同一的一级概念，而复杂的二级函数符号“$\neg\overset{\mathfrak{a}}{\smile}-\ \phi(\mathfrak{a})$”表示一般性，哥特式字母填充了一级函数符号的自变元位。对一般性，哥特式字母只是二级函数常项的一部分。高层级函数（higher-level functions）相互饱和的性质要求这样的函数的每一次出现都要与一个不同的字母相结合。弗雷格用哥特式字母表示全称量词，而对其他的高层级函数，弗雷格则是用了希腊字母。尽管这些符号与约束有明显的相似性，但是弗雷格并不认为这些字母就是变元。实际上，用什么样的术语都可以，只要本着弗雷格的语义学教义即可。在弗雷格看来，“$\neg\overset{\mathfrak{a}}{\smile}-\ \mathfrak{a}=\mathfrak{a}$”的涵义是思想，即自我同一归属于一般性，它由两部分构成，也就是“$\xi=\xi$”的不完全涵义和“$\neg\overset{\mathfrak{a}}{\smile}-\ \phi(\mathfrak{a})$”的不完全涵义。

作为高阶逻辑系统，弗雷格的概念文字包含了函数的量化理论。在把二级函数作为自变元的函数，并且它的真值作为值的函数的情况下，可以把函数量词理解为三级概念。这样的函数都用了哥特式字母如“f”和“g”

揭示它们是如何用二级自变元来相互饱和的。包括函数量词表达式的语义特征：

> “$\neg\!\overset{f}{\smile}\!-\ \mu_{\beta}(f(\beta))$”为真。对作为自变元的每个带有一元自变元位的一级函数而言，如果替换“$\mu_{\beta}(\ldots\beta\ldots)$”的二级函数的名称指谓值为真的一个二级函数，那么“$\neg\!\overset{f}{\smile}\!-\ \mu_{\beta}(f(\beta))$”为真；否则为假。①

克莱门特给出的解释是：符号“μ_{β}（… β…）”所起的作用同“ξ”或“ϕ”所起的作用相类似，“ξ”或“ϕ”表明一个三级函数的自变元位。把这个式子写成这种奇怪的样子是因为，它将会被一个二级函数的符号替换，如同对象量词（object quantifier）的情况一样，二级函数有复杂的符号用于揭示它们相互饱和的能力。如果用“$\neg\!\overset{\alpha}{\smile}\!-\ \phi(\alpha)$”替换“$\mu_{\beta}$（… β…）”，事实上，凹处替换了“μ”和“α”“β”。最后表达式写为“$\neg\!\overset{f}{\smile}\!\!-\!\!-\!\overset{\alpha}{\smile}\!-\ f\,(\alpha)$”，但这个表达式为假。这是因为对所有的值而言，并不是每个函数都为真。但是，以上的语义特征仅能用于一个自变元的函数。对带有多个自变元的二级函数而言，要求有不同的语义特征。比如对两个自变元而言可表达为：

> “$\neg\!\overset{f}{\smile}\!-\ \mu_{\beta\gamma}$（f（$\beta$，$\gamma$））”为真。对于作为自变元的带有二个自变元位的每个一级函数而言，如果替换“$\mu_{\beta\gamma}$（… β… γ…）”的二级函数的名称指谓值为真的一个二级函数，那么“$\neg\!\overset{f}{\smile}\!-\ \mu_{\beta\gamma}$（f（$\beta$，$\gamma$））”为真；否则为假。②

以上我们概览式地介绍了克莱门特对弗雷格系统中出现的量词和哥特式字母的理解与改进。这有助于深入理解弗雷格概念文字的用法以及意义，特别是有助于了解当代弗雷格研究者在有关弗雷格逻辑特别是弗雷格涵义

---

① Kevin C. Klement. Frege and The Logic of Sense and Reference［M］. New York：Routledge，2002：37.

② Kevin C. Klement. Frege and The Logic of Sense and Reference［M］. New York：Routledge，2002：37.

和指称理论方面研究的进展以及成果。需要注意的是，弗雷格本人只明确地谈到只有一个和两个自变元位的函数的量化理论，而要搞清楚对于两个自变元位以上的函数的量化理论，这样的语义解释将如何进行，需要转向对罗马字母的讨论。

三、罗马字母：表达一般性的符号

人们对概念文字中的罗马字母也存有争论。这些争论首先是关于自由变元的。达米特认为，事实上一个罗马字母是“由默认的初始的全称量词来约束的”。[1] 但是，克莱门特认为这一观点不成立。其中一种批评达米特的解释冠以“几乎普遍都误解了弗雷格使用罗马字母”[2] 为名。事实上，真实的情况介于这两个观点之间。弗雷格的罗马字母有现代自由变元的句法特征，但是含有罗马字母的表达式，其中的罗马字母受初始量词的约束。不过，还需对这种说法进一步研究。

克莱门特指出：弗雷格在《算术的基本规律》的§17中引入罗马字母。罗马字母的引入是为了把握没有它们就不能获得的推理，其中包括概念文字转录的词项逻辑（categorical logic）的一个证明。弗雷格举了个例子，用日常语言表述这个推理：“所有1的平方根是1的4次方根”和“所有1的4次方根是1的8次方根”，结论是“所有1的平方根是1的8次方根”。在§15中，弗雷格引入的这条推理规则，类似于很多自然演绎系统中假言三段论的规则，这条推理规则应该写在三段论推理（Barbara inference）下面。严格地说，规则允许从下面的前提推出结论：

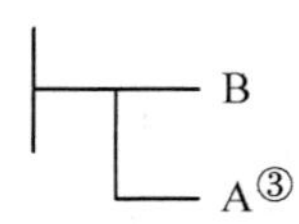

① Kevin C. Klement. Frege and The Logic of Sense and Reference [M]. New York: Routledge, 2002: 38.

② Kevin C. Klement. Frege and The Logic of Sense and Reference [M]. New York: Routledge, 2002: 38.

③ Kevin C. Klement. Frege and The Logic of Sense and Reference [M]. New York: Routledge, 2002: 38.

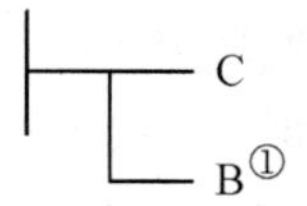

得出的结论是：

其中，A、B、C 是概念文字的合式表达式（well-formed expressions），但是，如果例子中的前提要是用凹处和哥特式字母来表示的话，这条推理规则就不能适用，因为前提没有合适的句法。

但是，弗雷格注意到，如果把前提写为 § 8 中反对的一般性概念的第一个记法，如：

$x^4=1$

$x^2=1$ ③

$x^8=1$

$x^4=1$ ④

那么 § 15 的推理规则肯定会推出这样的结论：

$x^8=1$

$x^2=1$ ⑤

① Kevin C. Klement. Frege and The Logic of Sense and Reference [M]. New York: Routledge, 2002: 38.

② Kevin C. Klement. Frege and The Logic of Sense and Reference [M]. New York: Routledge, 2002: 39.

③ Kevin C. Klement. Frege and The Logic of Sense and Reference [M]. New York: Routledge, 2002: 39.

④ Kevin C. Klement. Frege and The Logic of Sense and Reference [M]. New York: Routledge, 2002: 39.

⑤ Kevin C. Klement. Frege and The Logic of Sense and Reference [M]. New York: Routledge, 2002: 39.

所以克莱门特认为，弗雷格建议在他的系统中使用罗马字母来表达一般性是可行的，但是要有规定即“一般性的范围”总是被理解为包含整个命题，如：每一事物都要放在判断线的左边。这就消除了范围的模糊性（scope ambiguity），那么就会有这样一种情况：弗雷格能否在开始时就放弃一般性符号的使用呢？如弗雷格曾经写道：

> 概念脚本（concept-script）判断线，除了承载断定力，还用于划分罗马字母范围的界限。为了能缩小一般性扩张的范围，我用了哥特式字母，而且用凹处表明了范围的界限。①

弗雷格认为，在某些方面可用罗马字母和哥特式字母两种方式表达概念文字中的一般断言，对这两种方法而言，唯一不同之处在于如果想要限制一般性包含的不是整个命题的话，那么哥特式字母是必要的。

在此，很容易看出为什么达米特和其他人会认为弗雷格的概念文字中没有自由变元，因为罗马字母受到隐藏的量词（hidden quantifiers）的约束，哥特式字母表示一般的思想（general Gedanken），它的范围涵盖整个命题。但是，如果达米特把这个理解为包含罗马字母的表达式是对包含量词表达式的句法简化，那么达米特的这种看法就是错的。罗马字母的引入有助于表达这类推理。弗雷格的推理规则从句法上说是可以进行形式表达的，这样的话，必须把包含罗马字母的表达式理解为从句法上完全不同于包含哥特式字母的表达式。罗马字母的句法类似于自由变元的句法。

实际上达米特的观点是正确的，即包含罗马字母表达式的语义等同于含有初始全称量词表达式的语义。弗雷格在§17中引入了罗马字母，他希望保留§8中给出的“$\Phi(x)$”形式的表达式的定义。弗雷格把这个定义修改为：这个定义只能应用在“$\vdash \Phi(x)$”的语境中，因为判断线固定了一般性的范围。那么，我们就能把之前引用的定义再改为如下：

> 对每个自变元而言，如果函数 $\Phi(\xi)$ 的值为真，那么出现在

① Kevin C. Klement. Frege and The Logic of Sense and Reference [M]. New York: Routledge, 2002: 39.

"$\vdash \Phi(x)$" 语境中的"$\Phi(x)$"的值为真；否则为假。[1]

这样"$\Phi(x)$"的语义特征等同于上面给出的"$-\!\overset{\mathfrak{a}}{\smile}\!-\ \Phi(\mathfrak{a})$"的语义特征。

所以克莱门特认为，含有罗马字母的表达式的语义特征完全不同于现代谓词逻辑中含有自由变元表达式的语义特征。命题"$\vdash x = x$"断定了一个完全的一般思想，特别是每一事物都是自我同一的[2]。现代谓词逻辑中，像"$x = x$"这样的表达式根本不是一个一般的断言。事实上，当一个特定的解释和指派用于变元的时候，这样的表达式只表达了一个确定的思想，这种情况下，表达式的一个思想是关于被指定变元的思想。因此可以把这样的系统创建为：如果自由变元被包含在公理和定理中，那么，作为逻辑的真，公理和定理应当保持为真，而不管把哪一种解释赋予变元。于是，这些系统就能运用代换规则，那么，在这样的公理中，"$x = x$"可代换另一个词项"x"。但是，弗雷格严厉地批评了这种思想，即在一个公理系统中，应该有符号能被给予多种解释和指派（assignments）。弗雷格寻求逻辑的清晰性（clarity），这就使得弗雷格否认任何符号都能容纳各种解释、赋值和意义。弗雷格说，"没有明确指称的一个符号是没有指称的一个符号"[3]，在他的逻辑中，没有含有罗马字母的表达式的不明确的指称和变元，罗马字母表示的真值与相应的具有清晰的、初始的全称量词表达式的真值一样。

弗雷格概念文字中含有罗马字母的命题表达了完全的、一般的思想，这点非常有意义。如果不是这样，弗雷格逻辑的公理系统可能不会遵守他自己的标准，这样的话这个公理系统应该符合什么样的标准呢？克莱门特认为，弗雷格非常固执地认为，一个公理只能被正确理解为一个思想且它的真值是确定的。而且，弗雷格认为，推理中的每一步必须承认一个真的思想。从公理导出定理时，过程中每一步必须包含获得的一个真的思想。弗雷格全部的含有罗马字母的基本规律和他大部分定理的作用一样。如果

① Kevin C. Klement. Frege and The Logic of Sense and Reference [M]. New York: Routledge, 2002: 40.

② Kevin C. Klement. Frege and The Logic of Sense and Reference [M]. New York: Routledge, 2002: 40.

③ Kevin C. Klement. Frege and The Logic of Sense and Reference [M]. New York: Routledge, 2002: 41.

这样的命题没有表达完全的思想，那么弗雷格的公理系统按照他的标准的话，就是不合逻辑的。但是，在没有明确指称的情况下，如果从语义上把罗马字母解释为“变元”，那由罗马字母表达的思想也是不明确的。弗雷格公理中使用了罗马字母，他对其进行了辩护，他建议，虽然罗马字母并不能表示对象，然而它们却能为思想的表达式做出贡献，这是通过为罗马字母出现的命题赋予（conferfing）一般性内容而实现的。虽然含有哥特式字母的概念文字命题受初始量词的约束，而与含有罗马字母的概念文字在句法上是不同的，但是在语义上，它们表达了等同的思想。

用于表达一般性的含有罗马字母的逻辑系统不仅关注对象，而且也要关注一级、二级函数。克莱门特认为，如果按照弗雷格运思习惯，为有一个或者两个自变元的一级函数引入罗马和哥特式字母，并不表示弗雷格不承认有多于两个自变元的函数，而是弗雷格对算术的处理并不要求多于两个自变元的函数进行处理，而只是简化句法和系统规则来限制对简单函数的处理。同样克莱门特只为有一个自变元的二级函数引入罗马字母，它包括这样的两种情况：第一种情况是把一个一元一级函数作为自变元；第二种情况是把一个二元一级函数作为自变元。弗雷格承认不只带有一个自变元的二级函数，或者是把不只有两个自变元的一级函数作为自变元，所以弗雷格的逻辑系统通过保留限定的这些情况而变得简单了①。但是，克莱门特告诉我们的是，如何来扩张语言使其包括其他种类的函数，这就要看克莱门特对值域和句法规则扩张的讨论了。

第二节　值域和句法规则

从逻辑的角度看涵义和指称的理论，需要澄清一些基本的逻辑概念，如值域、句法规则，当然，这里主要是非形式的讨论。

一、函数的值域

克莱门特指出《概念文字》中弗雷格的逻辑与《算术的基本规律》

① Kevin C. Klement. Frege and The Logic of Sense and Reference [M]. New York: Routledge, 2002: 41.

中的弗雷格的修正系统之间不同之处的重要意义在于，后者引入了弗雷格所称的函数值域（Wertverläufe）的符号。就弗雷格而言，函数是不饱和的，而且也是因为这个原因，函数自身也不是对象，而且它们也不属于有标准［一级/第一层次（first level）］概念的谓词。但是，弗雷格认为每一个一级函数，都存在一个构成其值域的对象，这个值域在概念这种情况下等同于它的外延。概念的值域在弗雷格的逻辑中起类的作用，尽管弗雷格也非常清楚他并不理解值域或者概念的外延是集合体、集合或者是对象的集合，而是把它理解为“一个概念的外延并不是由个体构成的，而是由概念自身构成的”①。我们暂且明白了弗雷格所理解的值域并不是集合，但是还不十分清楚弗雷格到底把它们理解为什么了。弗录斯（Montgomery Furth）把一个值域理解为从自变元到由函数决定的值的一个完全映射。这样，概念的值域，4 的平方根构成了这样的有序对：2-真；0-假；-2-真；-4-假②。科克雷尔（Nino Cocchiarell）把值域理解为名词化了的谓词（nominalized-predicates）的指称。即便有这些人对值域的理解，但我们仍缺乏对值域的性质的说明。

当把一个对象包括在一个概念的外延中时意味着什么？对弗雷格而言，这并不意味它是一个集合的一部分，而是自变元的一部分（概念映射到真上）。而且弗雷格认为，值域不同，当且仅当它们相应的函数对某些自变元而言，在值上也不同。在此，弗雷格把它当作“无法证明”的但又都是“逻辑的基本规律”。③ 从事弗雷格思想研究的很多学者认为，弗雷格在关于如何理解一个符号对于值域指称这个问题上保持沉默，弗雷格在《算术的基本规律》中没有证明这个问题，这也表明每个概念文字表达式只有唯一的指称④。

在概念文字中，弗雷格用这个符号（’）（不送气音符号）作为二级函

① Kevin C. Klement. Frege and The Logic of Sense and Reference［M］. New York：Routledge，2002：42.

② Kevin C. Klement. Frege and The Logic of Sense and Reference［M］. New York：Routledge，2002：42.

③ Kevin C. Klement. Frege and The Logic of Sense and Reference［M］. New York：Routledge，2002：43.

④ Kevin C. Klement. Frege and The Logic of Sense and Reference［M］. New York：Routledge，2002：42.

数的符号，它把一级函数的值域作为自变元。也是这个原因，我们应该从上述对量词的探讨中明白，弗雷格把一个字母（这个字母是一个小写的希腊字母）同概念文字表达式中出现的不送气音符号相联结，用于揭示二级函数是如何同它的自变元函数相互饱和的。弗雷格给出如下包含不送气音符号表达式的语义特征：

“$\acute{\varepsilon}\Phi(\varepsilon)$”指谓函数 $\Phi(\xi)$ 的值域①

这样不送气音符号就表示一个二级函数，它把一级函数作为自变元，把它的值域作为值。

为了使用不送气音符号，弗雷格还引入另外一个初始的一级函数名称“$\backslash\xi$”，弗雷格把它描述为概念文字的“可替换定冠词”（substitute for the definite article）②。如果这个函数的自变元是有一个单独成分的值域的话，那么这个函数的值就是这个单独的成分；否则就以它的自变元作为值。

“$\backslash\xi$”对自变元而言，如果替换“ξ”所指谓的函数的值域为真，对含有该自变元的函数来说，它的值域就是通过替换“ξ”所指谓的值来作为函数的值域，那么“$\backslash\xi$”指谓该唯一的自变元；否则“$\backslash\xi$”指谓的和“ξ”相同。③

举一个数学上的例子用于说明“$\backslash\xi$”的用法。概念文字表达式“$\backslash\acute{\varepsilon}(\varepsilon=3^2)$”表示数字 9，因为它表示 3 的平方这个概念的外延的数字；表达式“$\backslash\acute{\varepsilon}(\varepsilon^2=4)$”与表达式“$\acute{\varepsilon}(\varepsilon^2=4)$”所指谓的东西一样，因为 4 的平方根的概念不只有一个对象归属它。④

二、概念文字的句法规则

结合克莱门特对概念文字的理解与认识，我们探讨了《算术的基本规律》中概念文字的初始符号的语义。接下来的工作则是提出一个重建的弗

① Kevin C. Klement. Frege and The Logic of Sense and Reference [M]. New York: Routledge, 2002: 43.

② Kevin C. Klement. Frege and The Logic of Sense and Reference [M]. New York: Routledge, 2002: 43.

③ Kevin C. Klement. Frege and The Logic of Sense and Reference [M]. New York: Routledge, 2002: 43.

④ Kevin C. Klement. Frege and The Logic of Sense and Reference [M]. New York: Routledge, 2002: 44.

雷格逻辑系统并把它作为一个形式系统看待，而且这个系统①是以合式表达式的形成规则开始的。从弗雷格的著作中可以发现，弗雷格自己不会在他的句法中进行表达式的递归刻画（recursive characterization of expressions），在这种情况下，克莱门特尝试对弗雷格的句法进行一个小的修改，这一修改包括增加撇号到希腊字母、罗马字母和哥特式字母上，以确保这些字母的无限供给（infinite supply），这样把弗雷格部分初始函数用便于印刷的符号来替代，简便了印刷工作，也方便以后的阅读与研究。如何应对弗雷格的条件线和否定线呢？克莱门特用罗素的“⊃”和“~”分别替换二者，同时克莱门特把这两个符号均保留了弗雷格函数的语义特征。同样，克莱门用更为常用的“(∀*a*)（… *a*…)”符号替换弗雷格的量词符号，也不改变它的原始语义特征。为了揭示罗马字母和哥特式字母函数自变元位的数量，也为了强调句法规则，克莱门特最后还增加了一个印在字符上面的上标来完成这两项工作。

接下来，克莱门特用罗马大写字母作为图示变元（schematic variables），表示字符串（the string of signs）的概念文字，这些符号不会与弗雷格二级罗马函数字母相混淆。这些符号有时候表示合式表达式，有时候表示合式表达式的组成部分，有时候依据不同情形规定，表示个体（individual）的或者是罗马字母、哥特式字母、希腊字母。例如，符号「A(B)˥ 意味着那个符号串由 B 出现的整个“「A(B)˥”的符号串表示。有了上述的符号及其保留的语义特征，克莱门特可以构建系统，首先从数的递归定义开始。

定义：罗马对象字母（Roman object letter）②

（ⅰ）任何 *a* 和 *e* 之间的且包括 *a* 和 *e* 与 *m* 和 *z* 间的且包括 *m* 和 *z* 的小写罗马字母是一个罗马对象，且，

（ⅱ）如果 A 是罗马对象字母，那么「A′˥ 是一个不同的罗马对象字母。

（ⅱ）中的定义，为我们提供了无穷的罗马对象字母，因为“*a*”是一

① 这个系统主要是由克莱门特（2002）构建的一个系统，该书的论述（含定义符号与规则）均围绕这个系统，主要述及克莱门特的工作。

② Kevin C. Klement. Frege and The Logic of Sense and Reference [M]. New York: Routledge, 2002: 44—45.

个罗马对象字母(由(ⅰ));所以,“a'”也是,这样,“a''”和“a'''”也是(由(ⅱ)),等等以至无穷(ad infinitum)。

定义:哥特式对象字母(Gothic object letter)①

(ⅰ)任何在𝔞和𝔢之间且包括𝔞和𝔢与𝔪和𝔷之间且包括𝔪和𝔷的小写哥特式字母是一个哥特式对象字母,且,

(ⅱ)如果A是一个哥特式对象字母,那么「A'」是一个不同的哥特式对象字母。

定义:希腊对象字母(Greek object letter)②

(ⅰ)任何小写的希腊元音(α,ε,η,ι,ο,υ,ω)是一个希腊对象字母,且,

(ⅱ)如果A是希腊对象字母,那么「A'」是一个不同的希腊对象字母。

定义:一元一级罗马函数字母(one-place first-level Roman function letter)③

(ⅰ)任何小写的罗马字母(f^1,g^1,h^1,i^1,j^1,k^1,l^1)(包括上标)是一元一级罗马函数字母,且,

(ⅱ)如果A是一元一级罗马函数字母,那么「A'」是一个不同的一元一级罗马函数字母。

定义:二元一级罗马函数字母(two-place first-level Roman function letter)④

(ⅰ)任何小写罗马字母f^2,g^2,h^2,i^2,j^2,k^2和l^2(包括上标)是一个二元一级罗马函数字母,且,

① Kevin C. Klement. Frege and The Logic of Sense and Reference [M]. New York: Routledge, 2002: 45.

② Kevin C. Klement. Frege and The Logic of Sense and Reference [M]. New York: Routledge, 2002: 45.

③ Kevin C. Klement. Frege and The Logic of Sense and Reference [M]. New York: Routledge, 2002: 45.

④ Kevin C. Klement. Frege and The Logic of Sense and Reference [M]. New York: Routledge, 2002: 45.

（ⅱ）如果A是一个二元一级罗马函数字母；那么「A′」是一个不同的二元一级罗马函数字母。

定义：一元哥特式函数字母（one-place Gothic function letter）①

（ⅰ）任何小写哥特式字母 $\mathfrak{f}^1$，$\mathfrak{g}^1$，$\mathfrak{h}^1$，$\mathfrak{i}^1$，$\mathfrak{j}^1$，$\mathfrak{k}^1$ 和 $\mathfrak{l}^1$（包括上标）是一个一元哥特式函数字母，且，

（ⅱ）如果A是一个一元哥特式函数字母，那么「A′」是一个不同的一元哥特式函数字母。

定义：二元哥特式函数字母（two-place Gothic function letter）②

（ⅰ）任何小写的哥特式字母 $\mathfrak{f}^2$，$\mathfrak{g}^2$，$\mathfrak{h}^2$，$\mathfrak{i}^2$，$\mathfrak{j}^2$，$\mathfrak{k}^2$ 和 $\mathfrak{l}^2$（包括上标）是一个二元哥特式字母，且，

（ⅱ）如果A是一个二元哥特式函数字母，那么「A′」是一个不同的二元哥特式函数字母。

定义：带有一元自变元的二级罗马函数字母（second-level Roman function letter with one-place argument）③

（ⅰ）任何 M 之后的且包括 M 的大写罗马字母，表示为带有下标 β 的 M_β，是一个带有一元自变元的二级罗马函数字母，且，

（ⅱ）如果A是一个带有一元自变元的二级罗马函数字母，那么「A′」是一个不同的具有一元自变元的二级罗马函数字母。

定义：带有二元自变元的二级罗马函数字母④

（ⅰ）任何 M 之后且包括 M 的大写罗马函数字母，表示为带有下标 β 和

---

① Kevin C. Klement. Frege and The Logic of Sense and Reference [M]. New York: Routledge, 2002: 45.

② Kevin C. Klement. Frege and The Logic of Sense and Reference [M]. New York: Routledge, 2002: 45.

③ Kevin C. Klement. Frege and The Logic of Sense and Reference [M]. New York: Routledge, 2002: 45—46.

④ Kevin C. Klement. Frege and The Logic of Sense and Reference [M]. New York: Routledge, 2002: 46.

γ 的 $M_{\beta\gamma}$ 是一个具有二元自变元的二级罗马函数字母，且，

（ⅱ）如果 A 是一个具有二元自变元的二级罗马函数字母，那么「A′˥是一个不同的具有二元自变元的二级罗马函数字母。

由于以上这些定义是合适的，所以能定义一个合式概念文字表达式：

定义：合式表达式（well-formed expression（wfe））①

(i) 罗马对象字母是合式表达式；

(ii) 如果 A 是一个合式表达式，那么「—A˥ 是一个合式表达式；

(iii) 如果 A 是一个合式表达式，那么「～A˥ 是一个合式表达式；

(iv) 如果 A 是一个合式表达式，那么「\A˥ 是一个合式表达式；

(v) 如果 A 和 B 是合式表达式，那么「(A⊃B)˥ 是一个合式表达式；

(vi) 如果 A 和 B 是合式表达式，那么「(A=B)˥ 是一个合式表达式；

(vii) 如果 A 是一个合式表达式，且 B 是一个一元一级罗马函数字母，那么「B(A)˥ 是一个合式表达式；

(viii) 如果 A 和 B 是合式表达式，且 C 是一个二元一级罗马函数字母，那么「C(A,B)˥ 是一个合式表达式；

(ix) 如果「A(B)˥ 是一个包含 B 在内的合式表达式，B 自身也是一个合式表达式，且 C 是一个不包含在「A(B)˥ 中的哥特式字母，那么「(∀C)A(C)˥ 是一个合式表达式，用 C 替换 B 在「A(B)˥ 中的一次或者多次出现；

(x) 如果「A(B)˥ 是一个包含 B 在内的合式表达式，B 自身也是一个合式表达式，且 E 是一个不包含在「A(B)˥ 中的希腊对象字母，那么「ἘA(E)˥ 是一个合式表达式，用 E 替换 B 在「A(B)˥ 中的一次或多次出现；

(xi) 如果「D(A(B))˥ 是一个包含「A(B)˥ 在内的合式表达式，且「A(B)˥ 自身也是一个包含 B 在内的合式表达式，B 自身也是一个合式表达式，且 C 是一个不包含在「D(A(B))˥ 中的一元哥特式函数字母，那么「(∀C)D(C(B))˥ 是一个合式表达式，用 C 替换 A 在「D(A(B))˥ 中的一次或者多次出现；

---

① Kevin C. Klement. Frege and The Logic of Sense and Reference [M]. New York: Routledge, 2002: 46—47.

(xii) 如果「D(A(B,E))」是一个包含「A(B, E)」在内的合式表达式，且「A(B, E)」自身也是一个包含B和E在内的合式表达式，B和E自身也是一个合式表达式，且C是一个不包含「D(A(B,E))」中的二元哥特式函数字母，那么「(∀C)D(C(B,E))」是一个合式表达式，用C替换A在「D(A(B,E))」中的一次或者多次出现；

(xiii) 如果「A(B)」是一个包含B在内的合式表达式，B自身也是一个合式表达式，且C是一个带具有一元自变元的二级罗马函数字母，那么「C(A(β))」是一个合式表达式，用β替换B在「A(B)」的一次或者多次出现，而且，

(xiv) 如果「A(B, C)」是一个包含B和C在内的合式表达式，B和C自身也是合式表达式，且D是一个具有二元自变元的二级罗马函数字母，那么「D(A(β, γ))」是一个合式表达式，用β替换B在「A(B, C)」中的多次出现，用γ替换C在「A(B, C)」中的一次或者多次出现。

定义： 对象名称（object name）[①]

如果A是一个不包含任何层级的罗马字母的合式表达式，那么A是一个对象名字。

定义： 概念文字命题（Begriffsschrift proposition）[②]

如果A是一个合式表达式，那么「⊢A」是一个概念文字命题。

为了理解这些递归定义（recursive definitions）是如何应用的，我们通过一个例子“⊢～(∀a)～(∀b)(—(a=b)⊃(b=a))”加以说明。通过上面的定义我们知道“*a*”和“*b*”是罗马对象字母。因此，由规则（ⅰ），它们是合式表达式：因为它们是合式表达式，由规则（vi），“(*a*=*b*)”和“(*b*=*a*)”是合式表达式；因为（*a*=*b*）是一个合式表达式，由规则（ii），“—(*a*=*b*)”也是一个合式表达式；通过规则（v），因为“—(*a*=*b*)”和

① Kevin C. Klement. Frege and The Logic of Sense and Reference [M]. New York: Routledge, 2002: 47.

② Kevin C. Klement. Frege and The Logic of Sense and Reference [M]. New York: Routledge, 2002: 47.

“$(b=a)$”是合式表达式，那么“$(—(a=b)\supset(b=a))$”也是合式表达式。通过以上的定义，“a”和“b”是哥特式对象字母。“$(—(a=b)\supset(b=a))$”是合式表达式，它包含合式表达式“b”，而且“b”是一个哥特式对象字母；由规则（ix），“$(\forall b)(—(a=b)\supset(b=a))$”是一个合式表达式；由规则（iii），“$\sim(\forall b)(—(a=b)\supset(b=a))$”同样也是合式表达式，这个合式表达式包含“$a$”，而“$a$”自身也是一个合式表达式；再由规则（ix），“$(\forall a)\sim(\forall b)(—(a=b)\supset(b=a))$”也是合式表达式；因此，由规则（iii），“$\sim(\forall a)\sim(\forall b)(—(a=b)\supset(b=a))$”是一个合式表达式。通过定义，“$\vdash\sim(\forall a)\sim(\forall b)(—(a=b)\supset(b=a))$”就是一个概念文字命题。①

采用以下处理，在句法上较为便利：

（1）借助语境，可以知道罗马字母和哥特式字母，因此可以把罗马字母和哥特式函数字母的上标去掉；

（2）「$(A\supset B)$」或者「$(A=B)$」的合式表达式中，在相应的命题「$\vdash A\supset B$」和「$\vdash A=B$」中能把放在最外面的括号去掉；

（3）连续的全称量词与一个符号相结合，如“$(\forall ab)\ldots$”代替“$(\forall a)(\forall b)\ldots$”；

（4）为避免复合表达式中的括号带来的麻烦，克莱门特有时候会忽略括号，而利用点围绕联结词用以表示它们重要性（围绕一个联结词的点的数量越多，它的范围就越大）；

（5）克莱门特有时也会用不同类型的括号以帮助找到匹配的括号。②

在给出明推理规则的时候，要求有如下的定义：

定义：一元一级函数名称（one-place first-level function name）③

如果「$A(B)$」是包含B在内的一个合式表达式，且B也是一个合式表达式，那么「$A(\xi)$」是一个一元一级函数的名称，用ξ表示去掉B在

① Kevin C. Klement. Frege and The Logic of Sense and Reference [M]. New York: Routledge, 2002: 47.

② Kevin C. Klement. Frege and The Logic of Sense and Reference [M]. New York: Routledge, 2002: 47.

③ Kevin C. Klement. Frege and The Logic of Sense and Reference [M]. New York: Routledge, 2002: 48.

「A(B)˥ 中的一次或者多次出现而造成的缺口（gap）。在此，ξ 意味着函数名称中的开空位，这个开空位是去掉 B 出现的空位。

定义：二元一级函数名称（two-place first-level function name）①

如果「A(B，C)˥ 是一个含有 B 和 C 的合式表达式，B 和 C 都是合式表达式。那么「A(ξ，ζ)˥ 是一个二元一级函数名称，用 ξ 表示去掉 B 在「A(B，C)˥ 中的一次或者多次出现而造成的缺口，用 ζ 表示去掉 C 在「A(B，C)˥ 中的一次或者多次出现而造成的缺口。在此，ξ 和 ζ 的出现表示在函数名称把 B 和 C 去掉之后成立的开空位。

定义：带有一元自变元的二级函数名称（second-level function name with one-place argument）②

如果「A(B)˥ 是含有 B 的一个合式表达式，B 本身也是一个一元一级函数名称，那么「A(ϕ)˥ 是一个具有一元自变元的二级函数名称，用 ϕ 表示去掉 B 在「A(B)˥ 中的一次或者多次出现而造成的缺口。在此，ϕ 的出现表示在函数名称中把 B 去掉之后成立的开空位。

定义：带有二元自变元的二级函数名称（second-level function name with two-place argument）③

如果「A(B)˥ 是一个含有 B 的合式表达式，B 本身也是一个二元一级函数名称，那么「A(ϕ)˥ 是一个具有二元自变元的二级函数的名称。用 ϕ 表示去掉 B 在「A(B)˥ 中一次或多次出现而造成的缺口。在此，ϕ 的出现表示在函数名称中去掉 B 之后成立的开空位。

通过这些定义，克莱门特指出，任何表达式都是从一个复杂的合式表达式移出的一个或者两个组成部分的结果，而移出的组成部分自身也是一

---

① Kevin C. Klement. Frege and The Logic of Sense and Reference [M]. New York: Routledge, 2002: 48.

② Kevin C. Klement. Frege and The Logic of Sense and Reference [M]. New York: Routledge, 2002: 48.

③ Kevin C. Klement. Frege and The Logic of Sense and Reference [M]. New York: Routledge, 2002: 48.

个一级函数名称。这样，像“$(\forall\alpha)(\alpha\supset(\xi\supset\alpha))$”这样的一个复杂表达式也被视为一个函数名称。同样，任何从合式表达式移出的一个一级函数名称的表达式是一个二级函数名称，如：“$(\forall\alpha)\sim\phi(\alpha)$”，而在这种情况下，它表示二级概念能谓述无任何归属的一级概念。①

第三节　对弗雷格形式系统的扩张

这一节讨论克莱门特对弗雷格形式系统的扩张，并指出这种扩张的目的是为了解决悖论问题。

一、克莱门特的改进

弗雷格在《算术的基本规律》中给我们呈现了包含 7 个基本规律和 10 个推理规则的逻辑系统。克莱门特要在弗雷格明确的公式表示法上再增加两个公理。由于这两个公理对于弗雷格证明数理论的真是不必要的，所以成为弗雷格将其遗漏的原因所在了。克莱门特首先把弗雷格的系统分为两个子系统。第一部分表示弗雷格逻辑的核心：它与处理高阶逻辑是一致的。第二部分表示对弗雷格逻辑的扩张，它包括处理值域的公理。对于函数演算而言，克莱门特的第一个系统是由这些公理和 FC 的规则构成的。这个系统有 6 个公理②：

Axiom FC1.　$\vdash a\supset(b\supset a)$　（弗雷格基本规律 I）

Axiom FC2.　$\vdash\sim(-a=\sim b)\supset(-a=-b)$　（弗雷格基本规律 IV）

Axiom FC3.　$\vdash(\forall\alpha)f(\alpha)\supset f(a)$　（弗雷格基本规律 IIa）

Axiom FC4.　$\vdash(\forall \mathfrak{f})M_{\beta}(\mathfrak{f}(\beta))\supset M_{\beta}(f(\beta))$　（弗雷格基本规律 IIb）

Axiom FC5.　$\vdash(\forall \mathfrak{f})M_{\beta\gamma}(\mathfrak{f}(\beta,\gamma))\supset M_{\beta}(f(\beta,\gamma))$

Axiom FC6.　$\vdash g(a=b)\supset g((\forall \mathfrak{f})(\mathfrak{f}(b)\supset \mathfrak{f}(a)))$（弗雷格基本规律 III）

① Kevin C. Klement. Frege and The Logic of Sense and Reference [M]. New York: Routledge, 2002: 48—49.

② Kevin C. Klement. Frege and The Logic of Sense and Reference [M]. New York: Routledge, 2002: 49.

克莱门特对这些公理给出的解释是：Axiom FC1 是一个真值函项重言式；在许多公理系统中都包含了与它类似的公理。Axiom FC2 说明如果对于对象 a 的水平函数的值与对于对象 b 的否定函数的值不一样，那么，水平函数对于 a 和 b 有相同的值。这一公理的真值可视为是出于以下的考虑：如果 a 为真且 b 是真以外的其他情况，或者如果 b 为真且 a 为真以外的其他情况，那么这个条件的后件（—a = —b）只能为假，以上两种情况，无论哪种情况下，前件 ~（—a = ~ b）都为假。在第一种情况下，因为—a 和 ~b 两个都为真，而在第二种情况下，因为—a 和 ~b 两个都为假。①

Axiom FC3 说明每个对象 a，对所有对象而言，如果函数 $f(\xi)$ 的值为真，那么对 a 来说，它的值为真。Axioms FC4 说明对每个一元一级函数 $f(\xi)$ 而言，如果二级函数从 M 的值对所有的一元一级函数而言为真，那么对于 $f(\xi)$ 而言，M 的值为真。Axioms FC5 是弗雷格省略的公理，它说明的是与二元一级函数相同的内容。Axioms FC4 和 FC5 说明与函数相类似的内容。②

Axiom FC6 反映了弗雷格对莱布尼兹规律的承诺。如果莱布尼兹规律成立，那么（a = b）的真值（即，a 和 b 的真值是等同的）与（$\forall$ f)(f(b) ⊃ f(a)) 的真值相同，归属于每个概念之下的 a 的真值也归属于 b。因为（a=b）和（$\forall$ f)(f(b) ⊃ f(a)) 有相同的真值，对任何函数 $g(\xi)$ 而言，如果$g(\xi)$ 的值对自变元真值（a=b）为真，那么 $g(\xi)$ 的值对真值（$\forall$ f)(f(b) ⊃ f(a)) 而言也为真，这就是 FC6 要说明的内容。这一公理可用于形式系统中用于证明同一的不可识别性（indiscernibility of identicals）（如果 $g(\xi)$ 可被例示为水平函数）和不可识别的同一（identity of indiscernibles）（如果 $g(\xi)$ 可被例示为否定函数）。同一的不可识别性使得在任何保值替换（salva veritate）语境下的同一替换成为可能。弗雷格的系统同许多逻辑系统不一样，它对等值替换（同一替换）并不要求有一个特殊的推理规则。只是克莱门特给出的系统 FC 包含如下这些推理规则：③

① Kevin C. Klement. Frege and The Logic of Sense and Reference [M]. New York: Routledge, 2002: 49.

② Kevin C. Klement. Frege and The Logic of Sense and Reference [M]. New York: Routledge, 2002: 50.

③ Kevin C. Klement. Frege and The Logic of Sense and Reference [M]. New York: Routledge, 2002: 50.

水平合并规则［Horizontal amalgamation rules（hor）］：

下面几组概念文字表达式可以相互替换。A 和 B 是任何合式表达式，C 是任何哥特式字母，且 D（C）是包含哥特式字母 C 的任何表达式，这样（∀C）D（C）是一个合式表达式。

⌜——A⌝	::	⌜—A⌝
⌜～—A⌝	::	⌜～A⌝
⌜—～A⌝	::	⌜～A⌝
⌜—(A ⊃ B)⌝	::	⌜(A ⊃ B)⌝
⌜(—A ⊃ B)⌝	::	⌜(A ⊃ B)⌝
⌜(A ⊃ —B)⌝	::	⌜(A ⊃ B)⌝
⌜—(A = B)⌝	::	⌜(A = B)⌝
⌜—(∀C)D(C)⌝	::	⌜(∀C)D(C)⌝
⌜(∀C)—D(C)⌝	::	⌜(∀C)D(C)⌝ ①

相互替换 Interchange（int）：②

其中 A，B 和 C 是合式表达式，从⌜⊢A⊃(B⊃C)⌝推出⌜⊢B⊃(A⊃C)⌝。

换质位法 Contraposition（con）：③

A、B 和 C 是合式表达式，从⌜⊢A⊃B⌝推出⌜⊢～B⊃～A⌝。

前提合并 Antecedent amalgamation（amal）：④

A、B 是合式表达式，从⌜⊢A⊃(A⊃B)⌝推出⌜⊢A⊃B⌝。

分离规则 Detachment（mp）：⑤

---

① Kevin C. Klement. Frege and The Logic of Sense and Reference［M］. New York：Routledge，2002：50.

② Kevin C. Klement. Frege and The Logic of Sense and Reference［M］. New York：Routledge，2002：50.

③ Kevin C. Klement. Frege and The Logic of Sense and Reference［M］. New York：Routledge，2002：50.

④ Kevin C. Klement. Frege and The Logic of Sense and Reference［M］. New York：Routledge，2002：51.

⑤ Kevin C. Klement. Frege and The Logic of Sense and Reference［M］. New York：Routledge，2002：51.

A、B 是合式表达式，从「⊢A⊃B⌝ 和「⊢A⌝ 推出「⊢B⌝ 。

假言三段论 Hypothetical syllogism（syll）：[1]

A、B 和 C 是合式表达式，从「⊢A⊃B⌝ 和「⊢B⊃C⌝ 推出「⊢A⊃C⌝

不可避免性 Inevitability（inev）[2]：

A、B 是合式表达式，从「⊢A⊃B⌝ 和「⊢~A⊃B⌝ 推出「⊢B⌝ 。

一般性符号的改变 Change in generality notation（gen）：[3]

a)「A(B)⌝ 是含有 B 的一个合式表达式，B 是一个罗马对象字母，而 C 是不包含在「A(B)⌝ 中的一个哥特式对象字母，那么从「A(B)⌝ 推出「⊢(∀C)A(C)⌝，用 C 替换 B 在「A(B)⌝ 中的每次出现。

b)「A(B)⌝ 是含有 B 的一个合式表达式，B 是一个罗马对象字母，C 是不包含在一个不包含在「A(B)⌝ 中的哥特式对象字母，且 D 是一个不包含 B 的合式表达式，那么从「⊢D⊃A(B)⌝ 推出「⊢D⊃(∀C)A(C)⌝，用 C 替换 B 在「A(B)⌝ 中的每次出现。

c)「A(B)⌝ 是含有 B 的一个合式表达式，B 是一个一级罗马函数字母，C 是不包含在「A(B)⌝ 中的与 B 有相同数量的自变元位的一个哥特式函数字母。那么从「⊢A(B)⌝ 推出「⊢(∀C)A(C)⌝，用 C 替换 B 在「A(B)⌝ 中的每次出现。

d)「A(B)⌝ 是含有 B 的一个合式表达式，B 是一个一级罗马函数字母，C 是不包含在「A(B)⌝ 中的与 B 有相同数量的自变元位的一个哥特式函数字母，且 D 是不包含 B 的一个合式表达式，那么从「⊢D⊃A(B)⌝ 推出「⊢D⊃(∀C)A(C)⌝，用 C 替换 B 在「A(B)⌝ 中的每次出现。

罗马例示 Roman instantiation（ri）：[4]

a)「A(B)⌝ 是一个含有罗马对象字母 B 一次或者多次出现的合式表达式，C 是一个不包含「A(B)⌝ 中的哥特式字母或希腊字母的任何合式表达式，从

---

① Kevin C. Klement. Frege and The Logic of Sense and Reference [M]. New York: Routledge, 2002: 51.

② Kevin C. Klement. Frege and The Logic of Sense and Reference [M]. New York: Routledge, 2002: 51.

③ Kevin C. Klement. Frege and The Logic of Sense and Reference [M]. New York: Routledge, 2002: 51.

④ Kevin C. Klement. Frege and The Logic of Sense and Reference [M]. New York: Routledge, 2002: 51—52.

「A(B)˥ 推出「⊢A(C)˥，用C替换B在「A(B)˥ 中的出现。

b)「A(B)˥ 是一个含有一元一级罗马函数字母B一次或者多次出现的合式表达式，C是任何不包含「A(B)˥ 中的哥特式字母或希腊字母的一元一级函数名称，从「⊢A(B)˥ 推出「⊢A(C)˥。用C替换B在「A(B)˥ 中的每次出现，C的空位 ξ 用「A(B)˥ 中B的相应的自变元来填充。

c)「A(B)˥ 是一个含有二元一级罗马函数字母B的一次或者多次出现的合式表达式，C是任何不包含「A(B)˥ 中的哥特式字母或希腊字母的二元一级函数名称，从「⊢A(B)˥ 推出「⊢A(C)˥，用C替换B在「A(B)˥ 中的每次出现，C的空位 ξ 和 ζ 用「A(B)˥ 中B的相应的自变元来填充。

d)「A(B)˥ 是含有B的一次或者多次出现的合式表达式，其中B是一个具有一元自变元的二级罗马函数字母，C是不包含「A(B)˥ 中的哥特式字母或希腊字母的任何具有一元自变元的二级函数名称，从「A (B)˥推出「⊢A(C)˥，用C替换B在「A(B)˥ 中的每次出现，C的空位 ϕ 用「A(B)˥ 中B的相应的自变元来填充，而且任何用于C中的相互饱和的符号都用于替换 β 在「A(B)˥ 中的全部出现。

e)「A(B)˥ 是含有B的一次或者多次出现的一个合式表达式，其中B是一个具有二元自变元的二级罗马函数字母，C是不包含「A(B)˥ 中的哥特式字母或希腊字母的任何具有二元自变元的二级函数名称，从「⊢A(B)˥ 推出「⊢A(C)˥，用C替换B在「A(B)˥ 中的每一次出现，C的空位 ϕ 用「A(B)˥ 中B的相应的自变元来填充，而且任何用于C的相互饱和的符号都用于替换 β 和 γ 在「A(B)˥ 的全部出现。

哥特式字母或希腊字母的改变 Change of Gothic or Greek letter (cg)：①

a)「D(A(B))˥ 是一个含有「A(B)˥ 的合式表达式，且「A(B)˥ 自身是一个含有哥特式字母B的合式表达式，C是一个不包含在「A(B)˥ 中的不同的哥特式对象字母，那么从「⊢D(A(B))˥ 推出「⊢D(A(C))˥，用C替换全部的B在「A(B)˥ 中的出现。

b)「D(A(B))˥ 是一个含有「A(B)˥ 的合式表达式，且「A(B)˥ 自身也是一个含有希腊对象字母B的合式表达式，C是一个不包含在「A(B)˥

① Kevin C. Klement. Frege and The Logic of Sense and Reference [M]. New York: Routledge, 2002: 52.

中的不同的希腊对象字母，那么从「⊢D(A(B))˥ 推出「⊢D(A(C))˥，用C替换B在「A(B)˥ 中的全部出现。

c)「D(A(B))˥ 是含有「A(B)˥ 的一个合式表达式，且「A(B)˥ 自身是一个含有哥特式函数字母B的合式表达式，C是一个不包含在「A(B)˥ 中的不同的哥特式对象字母，它与B有相同的数量的自变元位，那么从「⊢D(A(B))˥ 推出「⊢D(A(C))˥，用C替换B在「A(B)˥ 中的全部出现。

以上就是克莱门特呈现的有关弗雷格逻辑的核心内容。克莱门特的改进，表明弗雷格在处理命题逻辑和一阶函数逻辑（first-order functional logic）这两个方面既是完全的也是一致的。弗雷格在二阶逻辑的处理上尽管是不完全的（因为高阶系统不能完全），但确是一致的①。以上给出的推理规则的叫法都是克莱门特自己命名的，他认为在某种意义下，这也可算作一个发明（比如，不可避免“inevitability”）。但是，像“罗马例示”和“一般性符号的改变”要求有进一步的解释。克莱门特在此命名的规则“一般性符号的改变”总是被其他人认为是“全称概括”规则，相当于从表达一般思想的一个符号移到另一个符号上。与此相似，也有人把克莱门特所称的“罗马例示”认为是“代换规则”（the rule of substitution）。从句法上来说，这一规则与出现在许多系统中包含自由变元的代换规则完全相似。但是，因为罗马字母表达一般命题，用特定的词项代换一个罗马字母，必须从语义上把它理解为是从一般向特殊的转移。确实，弗雷格把一个命题中代换一个罗马字母理解为从一般到特殊的推理②。就像克莱门特那样理解，它是“罗马例示”，并不是公理FC3和FC4，它能代表弗雷格真正的例示原则（Frege’s real instantiation principle）③。

克莱门特认为，应该关注（*ri*）规则，它的功能很强大。这一规则允许用一个罗马对象字母代换任一合式表达式，重要的是可用一个罗马函数字

① Kevin C. Klement. Frege and The Logic of Sense and Reference [M]. New York: Routledge, 2002: 53.

② Kevin C. Klement. Frege and The Logic of Sense and Reference [M]. New York: Routledge, 2002: 53.

③ Kevin C. Klement. Frege and The Logic of Sense and Reference [M]. New York: Routledge, 2002: 53.

母代换任一函数名称。上一节定义函数名称的方法很宽泛，体现在它包括了每个开公式（open expression）。弗雷格的逻辑系统包括一个定理，理解CP的每个例证：

(CP) $\vdash \sim (\forall \mathfrak{f}) \sim (\forall \mathfrak{a})(\mathfrak{f}(\mathfrak{a}) = A(\mathfrak{a}))$，其中A（$\mathfrak{a}$）是包含“$\mathfrak{a}$”的但不包含“$\mathfrak{f}$”的任何概念文字表达式，那么整个表达式就是一个合式表达式。[①]

对能在语言中形式描述（formulable）的每个一元一级函数名称而言，在忽略它的复杂性的情况下，这一原则可以假定一个函数的存在。类似的原则也可假定相应于二元函数名称的函数的存在。这种对多种函数的承诺确实在逻辑系统中非常强大，它自身并不导致矛盾。

像所有标准的公理系统一样，弗雷格逻辑系统也不包含存在例示规则。一个初始概念文字符号的出现不能保证理解所有函数的假定，即使如此，弗雷格也不允许无限引入定义符号，用于表示定义概念文字表达式的涵义和指称。有人把定义用规定线“$\Vdash$”表示，弗雷格的研究需要引入定义并给出规则，克莱门特把它归纳如下：[②]

定义规则：

a）A是某一新的至今未用于概念文字的符号，B是某一不含罗马字母的合式表达式，那么可以规定符号A通过「$\Vdash A = B$」缩写为B。

b）A是某一新的至今未用于概念文字的符号，B（ξ）是某一不包含罗马字母的一元一级函数，那么可以规定符号A通过「$\Vdash A(x) = B(x)$」缩写为B。

c）A是某一新的至今未用于概念文字的符号，B（ξ，ζ）是一个不包含罗马字母的一个二元一级函数名称，那么可以规定符号A通过「$\Vdash A(x,y) = B(x,y)$」缩写为B。

---

① Kevin C. Klement. Frege and The Logic of Sense and Reference [M]. New York: Routledge, 2002: 54.

② Kevin C. Klement. Frege and The Logic of Sense and Reference [M]. New York: Routledge, 2002: 54.

d）A_τ 是某一新的至今尚未用于概念文字的复杂符号，B（ϕ）是一个不包含罗马字母的一元二级函数名称，那么可以规定符号 A_τ 通过 ⌜$\Vdash A_\tau(f(\tau)) = B(f)$⌝ 缩写为 B。

弗雷格注意到一个定义了的规定可用于规定符号，这样就可把它视为系统的一个原则，这时判断线与规定线就可交换①。接下来，一方面为了阐述的方便，一方面为了说明定义原则对研究工作的意义，在此给出克莱门特通过这些规则定义的一些符号②：

(Df. $\neq$)　$\Vdash(x \neq y) = \sim(x = y)$

(Df. $\vee$)　$\Vdash(x \vee y) = (\sim x \supset y)$

(Df. &)　$\Vdash(x \,\&\, y) = \sim(x \supset \sim y)$

(Df. $\equiv$)　$\Vdash(x \equiv y) = (—x = —y)$

(Df. $\exists$a)　$\Vdash(\exists \mathfrak{a})f(\mathfrak{a}) = \sim(\forall \mathfrak{a}) \sim f(\mathfrak{a})$

(Df. $\exists$b)　$\Vdash(\exists \mathfrak{f})M_\beta(\mathfrak{f}(\beta)) = \sim(\forall \mathfrak{f}) \sim M_\beta(\mathfrak{f}(\beta))$

(Df. $\exists$c)　$\Vdash(\exists \mathfrak{f})M_{\beta\gamma}(\mathfrak{f}(\beta,\gamma)) = \sim(\forall \mathfrak{f}) \sim M_{\beta\gamma}(\mathfrak{f}(\beta,\gamma))$

前文描述的 FC 既是强大的也是一致的系统，但令人失望的是，它并不代表《算术的基本规律》中一个完全的逻辑系统。事实上，弗雷格的逻辑系统由 FC 加上附加的处理值域的公理构成。针对为函数加值域演算这种情况（function plus value-range calculus），克莱门特把这个系统称为扩张的系统 FC^{+V}，他添加了公理如下③：

Axiom FC^{+V}7.　$\vdash(\grave{\varepsilon}f(\varepsilon) = \grave{\alpha}g(\alpha)) = (\forall \mathfrak{a})(f(\mathfrak{a}) = g(\mathfrak{a}))$

（弗雷格基本规律 V）

① Kevin C. Klement. Frege and The Logic of Sense and Reference [M]. New York: Routledge, 2002: 55.

② Kevin C. Klement. Frege and The Logic of Sense and Reference [M]. New York: Routledge, 2002: 55.

③ Kevin C. Klement. Frege and The Logic of Sense and Reference [M]. New York: Routledge, 2002: 55.

Axiom FC^{+V} 8. $\vdash a = \backslash \dot{\varepsilon}(a = \varepsilon)$ （弗雷格基本规律 VI）

Axiom FC^{+V} 9. $\vdash (\forall b) \sim [a = \dot{\varepsilon}(b = \varepsilon)] \supset (\backslash a = a)$

公理 FC^{+V}7 是《算术的基本规律》中最著名的逻辑系统公理，它说的是对所有自变元而言，有相同值域的函数 $f(\xi)$ 和 $g(\xi)$ 的真值与有相同值域的函数 $f(\xi)$ 和 $g(\xi)$ 的真值相同。如果把值域理解为从自变元到值的完全映射，则可认为是合理的。其他的增加的公理用来处理由"$\backslash \xi$"命名的描述函数。当这个函数的自变元是一个处于一个单独对象之下的概念的值域的时候，那么这个函数的值是这个单独对象，公理 FC^{+V}8 对此进行了说明。但是，如果自变元不归属于一个单独自变元之下的一个概念的值域的话，这个函数则把自变元作为值，公理 FC^{+V}9 对此进行了说明，这个公理也被弗雷格忽略掉了，因为它对于证明算术的真没有太大的用处。①

事实上，克莱门特认为正是包含的这些公理把类朴素理论（naive class theory）引入了系统中。实际上，弗雷格自己首先证明了类朴素抽象（naive class abstraction）的一个原则，它是通过如下定义一个成员符号来完成的：

$$(\text{Df. } \cap) \Vdash (x \cap y) = \backslash \dot{\alpha} \sim (\forall \mathrm{f})[(y = \dot{\varepsilon}\mathrm{f}(\varepsilon)) \supset \sim (\mathrm{f}(x) = \alpha)]$$ ②

下面的这个类抽象原则（class abstraction principle）会导致 FC^{+V} 的一个定理：

$$(\text{CA}) \vdash f(a) = (a \cap \dot{\varepsilon}f(\varepsilon))$$ ③

这个定理说明对象 a 是函数 $f(\xi)$ 的值域的一个成员，它与 a 作为 $f(\xi)$

---

① Kevin C. Klement. Frege and The Logic of Sense and Reference [M]. New York: Routledge, 2002: 55.

② Kevin C. Klement. Frege and The Logic of Sense and Reference [M]. New York: Routledge, 2002: 56.

③ Kevin C. Klement. Frege and The Logic of Sense and Reference [M]. New York: Routledge, 2002: 56.

的自变元的真值相同。如果把 $f(\xi)$ 例示为概念 ~（$\xi \cap \xi$），通过（ri），就能获得：

$$\vdash \sim (a \cap a) = (a \cap \dot{\varepsilon} \sim (\varepsilon \cap \varepsilon))$$ ①

那么，通过把 a 例示为 $\dot{\varepsilon}\sim(\varepsilon\cap\varepsilon)$ 概念的值域，就能得到：

$$\vdash \sim (\dot{\varepsilon} \sim (\varepsilon \cap \varepsilon) \cap \dot{\varepsilon} \sim (\varepsilon \cap \varepsilon)) = (\dot{\varepsilon} \sim (\varepsilon \cap \varepsilon) \cap \dot{\varepsilon} \sim (\varepsilon \cap \varepsilon))$$ ②

这就说明概念外延的真值等于这一真值相反的东西，因此，FC^{+V} 的不一致是由于罗素悖论导致的。

二、扩张的目的：解决悖论难题

当弗雷格解决困扰他的《算术的基本规律》的逻辑系统悖论的时候，《算术的基本规律》的第二版也正在出版，于是他就写了一个附录。在附录中，他讨论了悖论，同时也建议对他的系统进行修改，而所修改的系统等同于 FC^{+V}，除了用如下的公理取代公理 $FC^{+V}7$（基本规律 V）之外：

$$\text{Axiom } FC^{+V'}7:\ \vdash(\dot{\varepsilon}f(\varepsilon) = \dot{\alpha}g(\alpha)) = (\forall a)[a \neq \dot{\varepsilon}f(\varepsilon).\&.$$
$$a \neq \dot{\alpha}g(\alpha):\supset: f(a) = g(a)]$$ ③

克莱门特把这个系统叫作 $FC^{+V'}$。因为要面临更加复杂的悖论，因此这个系统也是不一致的④，但是就 $FV^{+V'}$ 同 FC^{+V} 比较而言，前者相对好一些。

① Kevin C. Klement. Frege and The Logic of Sense and Reference [M]. New York: Routledge, 2002: 56.

② Kevin C. Klement. Frege and The Logic of Sense and Reference [M]. New York: Routledge, 2002: 56.

③ Kevin C. Klement. Frege and The Logic of Sense and Reference [M]. New York: Routledge, 2002: 56.

④ Kevin C. Klement. Frege and The Logic of Sense and Reference [M]. New York: Routledge, 2002: 57.

实际上，除了克莱门特之外，也有其他研究者对 FC^{+V} 进行过修改。达米特指出，FC^{+V} 系统矛盾的焦点并不在于值域的不容贯（incorporation），而是从（*ri*）而产生的理解原则的无谓述性①。为了支持达米特这种论证，艾克（Richard Heck）表明 FC^{+V} 的谓词成分（甚至加上它附加的公理）是一致的②。系统 PFC^{+V} 谓词函数加值域演算等同于 FC^{+V}，因为（*ri*）会改变罗马函数字母，而这些罗马函数字母只能被不包括函数量词的表达式替代。科赫艾拉（Nino B. Cocchiarella）也发展了重建的弗雷格系统，这些系统包括对理解原则的修改，这表明相对于弱的策梅洛集合论（Zermelo set theory）而言是一致的。为了支持通常解释出错的地方，乔治·布罗（George Boolo）指出弗雷格系统的无谓述性（impredicative nature）只会在一个系统中导致矛盾，而这个系统包含值域的附加公理。③ 所以乔治·布罗更倾向于系统 FC。

弗雷格逻辑的错误在于什么？“他逻辑的错误在于对值域记法的使用，在于他认为作为概念外延的对象是由语言创造的一种错觉。但是有一个问题，也即弗雷格即采用了 PFC^{+V} 也采用了 FC。这对于传达逻辑主义计划显得太弱了，因此，弗雷格只是在某一阶段拒绝了值域，最终他还是放弃了逻辑主义计划。”④

一个逻辑系统不仅对包括非谓述函数（impredicative functions）的很多函项做出承诺，而且对值域也要做出承诺，但都很难得到支持。在决定如何正确修改这一承诺之前，应当关注值域、函项和真值不是弗雷格从哲学上要承诺的抽象对象，他的涵义和指称的理论是他从本体论上对“涵义的第三领域”做出的承诺。只是与其他的承诺不同，这一承诺没有合并到 FC^{+V} 中。通过以上给出的 FC^{+V} 符号的语义特征，弗雷格逻辑的每一个完全的合式表达式或者指谓值域或者指谓真值，而每一个不完全的表达式指谓

① Michael Dummett. Frege: Philosophy of Mathematics [M]. Cambridge: Harvard University Press, 1981: 217—222.

② Kevin C. Klement. Frege and The Logic of Sense and Reference [M]. New York: Routledge, 2002: 57.

③ Kevin C. Klement. Frege and The Logic of Sense and Reference [M]. New York: Routledge, 2002: 57.

④ Kevin C. Klement. Frege and The Logic of Sense and Reference [M]. New York: Routledge, 2002: 57.

某一个类的函数。因此，这些只是对象的种类，对系统而言需要做出特别的承诺。不完全表达式包含弗雷格对逻辑实体的承诺会导致形式上的困难，可以推测出全部包含这些承诺会导致更多的困难。克莱门特认为一旦窥见到困扰弗雷格哲学和形而上学的逻辑的问题的全部，就会有一个平台可以讨论对其问题的可能的修正。

弗雷格涵义和指称理论的提出对于弗雷格解决悖论难题、解决他所面临的异议无疑是有意义的。弗雷格在他的逻辑理论中从始至终贯穿的一个重要概念就是真，而真是外延逻辑的一个典型的特征，然而涵义和指称理论提出之后，弗雷格对涵义的探讨使得我们更加关注对表达式内涵的理解，关注弗雷格指出的思想等内涵的实体，属于第三领域而非物质的和精神的世界的实体的思想。弗雷格对第三领域的实体所做的承诺对扩张弗雷格的逻辑系统，从哲学上为它进行辩护、为我们深刻理解内涵实体等概念，甚至为内涵逻辑的产生发展起到了重要的作用。

以上我们探讨了克莱门特对弗雷格涵义和指称理论的逻辑阐释，也明确了涵义和指称理论对弗雷格逻辑的重要性，接下来就要讨论丘奇、克莱门特等研究者在弗雷格逻辑系统的基础上对它所做的改造与重建，当然这些系统目前来说还存有争议，但它们毕竟是对弗雷格的逻辑系统的发展和深化。下面我们转向讨论丘奇的涵义与指称的理论。

第四章　偏离弗雷格：丘奇的涵义与指称理论

弗雷格区分涵义和指称的逻辑思想以及后来以该理论为基础构建或者扩张弗雷格逻辑系统，对内涵逻辑的产生与发展起到了重要推动作用。本章在检验前面几章探讨如何把握逻辑演算中涵义和指称的区别的基础上简要给出以丘奇为代表的研究者改造和创建的系统。这些系统首先是丘奇在他的“涵义和指称的逻辑”（The Logic of Sense and Denotation）中发展的系统，其中涉及卡普兰（David Kaplan）、安德森（C. A. Aderson）、蒂奇（Pavel Tichy）和帕森斯（Charles Parsons）对这些系统的修正与形式表述。在这样的背景前提下讨论这些系统是为了解答两个问题：第一，为了把涵义和指称理论的承诺合并到一个逻辑系统中，新发展的系统提供了什么样的策略（这个策略会在下一章以整体的形式出现）；第二，这些系统是如何反映弗雷格在逻辑学和语义学上的理论的，这些系统为逻辑演算的发展到底提供了什么洞见。

第一节　丘奇的涵义与指称理论

丘奇最初形式表述涵义和指称的逻辑并不打算设计一个全面的弗雷格式的涵义指称的逻辑，而是出于对内涵逻辑的兴趣采取了一些做法。丘奇知道弗雷格的逻辑系统（甚至是在扩张前的逻辑系统）有错的地方，因此他在形式表述时有几个地方很明显地偏离了弗雷格的方法。由此，我们认为丘奇形式化涵义和指称的工作所得出的结论，并没有充分反映弗雷格的观点。克莱门特指出，不能因为丘奇的方法与弗雷格观点的背离就批评他，只要记住研究工作的目的之一是按照弗雷格的观点去建立逻辑演算就可以了。但是，丘奇作为广义弗雷格语义学的最主要的支持者之一，他也主张语言表达式的涵义和指称的之间应该有区别。

一、内涵逻辑的方法

在建立内涵逻辑的过程中，丘奇设计了一种逻辑语言，它能改写或转录命题态度之类的语句，这就需要关注内涵与外延的关系问题。在克莱门特看来，设计一种逻辑语言，有两种方法可以实现在这种语言中转录命题态度之类的语句。第一种方法叫作间接引语（indirect discourse）①，按照这种方法，可以把相同的日常语言表达式转录为用相同符号表达的逻辑语言。同日常语言一样，逻辑语言也有间接语境（oblique context），因而出现在这个间接语境中的符号的指称依赖于它所在的语境，往往逻辑系统的推理规则对这些语境模糊性较为敏感。在这样的逻辑系统中，莱布尼兹规律的成立必须满足这个条件，也即当涉及间接语境的时候就要限制或者禁止对它的应用。

第二种方法是直接引语（direct discourse），这种方法提倡另外一种不同的转录方法。现有理论提示，日常语言表达式在不同的语境下有不同的指称，这种方法采用日常语言表达式出现的语境不同的记法，改写相同的日常语言表达式。虽然弗雷格的系统中，可把完全的命题“晨星是行星”改写为“$\vdash \mathcal{P}(m)$”，但是，当“晨星是行星”是作为命题的组成部分出现的时候，即作为“哥特罗布相信晨星是行星”的组成部分出现的时候，就要使用不同的符号进行改写，因为组成部分短语“晨星是行星”并没有表达晨星是行星的思想，也没有指谓为真，它只指谓思想自身。应该注意，引入某些表明不同符号（如关系符号“Δ”）之间的关系的方法还是很有必要的。

虽然间接引语方法的某种天然属性使得它与自然语言的方法更为相似，但直接引语方法也有很多优势，比如，语言自身可避免语境模糊性、相同的表达式总是有相同的指称等等，这也是弗雷格比较偏爱的一

① Kevin C. Klement. Frege and The Logic of Sense and Reference [M]. New York: Routledge, 2002: 97.

种方法[①]。弗雷格也描述过自然语言的语境模糊性，认为它的不足可以在研究精确推理规则相关的语言中可以纠正。此外，弗雷格没提到把他的概念文字扩张以包括间接引语的想法，他只是提倡使用“特殊符号”以“避免模糊性”。实际上，丘奇在他的《涵义和指称的逻辑》中采用的就是直接引语的方法。

但是这样做的结果是，一个系统在一个定义之下是“内涵的”，而在另外一个定义之下则是“外延的”，看来很有必要明晰“内涵的”和“外延的”这两个术语，否则在不对它们下定义和规定使用方式的情况下，可能会引起相当大的混淆。通常，“内涵逻辑”和“外延逻辑”被认为是相互排斥的两个研究领域，但是卡普兰却不这样认为，一个典型的例子就是卡普兰在《内涵逻辑的基础》中的逻辑语言都是以丘奇的逻辑为基础的，卡普兰把它们全部定义为“外延的”[②]，该如何理解卡普兰的做法呢？

现有研究提示，在内涵领域中有精粒度实体（finely grained entity），如罗素命题，以及共相、性质、心理表征（mental representation）和各种精致的意义或者涵义的形式；在外延领域中有粗粒度实体（coarsely grained entity），如集合、类和一般物理对象。按照实体粒度的不同把内涵和外延截然二分的理解，自然会让人们认为内涵逻辑是有关精粒度实体的内涵及其同一条件的推理。根据安德森所说，一个逻辑系统是外延的，仅当它：

> ……要求的只是诸如真假概念、（语句或者命题）真值的同一和不同，（谓词或者性质）集或者类以及共同外延或者分歧（coextensiveness or divergence）的一般原则的陈述和辩护。[③]

相应地，一个逻辑系统是内涵的，仅当它要求除了以上罗列的之外，还要有“诸如同义关系，内涵的同一和不同、命题、性质或者概念

---

① Kevin C. Klement. Frege and The Logic of Sense and Reference [M]. New York: Routledge, 2002: 97.

② Kevin C. Klement. Frege and The Logic of Sense and Reference [M]. New York: Routledge, 2002: 98.

③ Kevin C. Klement. Frege and The Logic of Sense and Reference [M]. New York: Routledge, 2002: 98.

之类的观念”①。

按照克莱门特所说，一个满足上述定义的系统分别叫作“外延 1”（Extensional 1）系统和“内涵 1”系统（Intensional 1）。在这些定义下，由于丘奇的逻辑系统中很多公理处理的是涵义和思想的同一条件以及它们的性质，即使在采用了直接引语的方法的情况下，丘奇的系统仍是“内涵 1”系统。因此该系统不是克莱门特期望的内涵逻辑系统，丘奇本人也只是把它看成是发展广义的弗雷格“内涵逻辑”的“临时开端”。

到底如何理解“外延”和“内涵”这两个概念？如果一个逻辑系统是“内涵 1”系统，那么这个逻辑系统将统一处理性质和概念，只要它们有共同的外延，因为在这个系统的基本原则中除了包含其共外延外没有别的东西。同样，如果一个逻辑系统是“外延 1”系统，那么这个系统也以相同的方式处理命题，如果这些命题有相同的真值的话。“外延 1”系统中，它的共外延的谓词和有相同真值的命题能保值替换，莱布尼兹规律在这个系统中成立，指谓相同对象的表达式是可以保值替换的。然而，当“外延 1”系统的这些特征被看作是“外延”逻辑系统自由的特征时，在某种程度上，可以说如果一个系统具备这些特征，那么这个逻辑系统是“外延 2”（Extensional 2）系统。当一个系统中，共外延的谓词（coextensive predicate）、共指称名称（coreferential names）或者真值相同的命题在不修改真值的情况下，总是能够相互替换的话，那么这个系统是“内涵 2”（Intensional 2）系统。借助内涵与外延概念的理解，在初步了解“外延 1”系统和“内涵 1”系统的基础上，再结合它们各自的特征，可以简单地从概念上区分“外延 2”系统和“内涵 2”系统。②

根据上述定义，不难看出，刘易斯（C. L. Lewis）的模态逻辑系统是“内涵 2”系统，因为它们是非真值函项的（non-truth functional），不能从命题“p≡q”和“□p”推出结论“□q”。如果把间接引语的方法用于涵义和指称的逻辑演算的话，那么它也是“内涵 2”系统，因为在信念语境或者类似

① Kevin C. Klement. Frege and The Logic of Sense and Reference［M］. New York：Routledge，2002：98.

② Kevin C. Klement. Frege and The Logic of Sense and Reference［M］. New York：Routledge，2002：98—99.

的语境中，有相同真值的命题表达式不能相互替换。然而，由于丘奇的涵义和指称的逻辑和克莱门特的扩张系统中使用了直接引语的方法，所以它仍然是“外延2”系统。在一个使用直接引语方法的“内涵1”系统中，如果“p”和“q”是有相同真值的命题的话，它们可在每个语境中彼此替换。

弗雷格对莱布尼兹规律做了这样的理解：有相同指称的表达式可以保值替换。按照弗雷格的理解，命题的指称是它们的真值，谓词的指称是它的同一条件仅依赖其外延的概念，而“外延2”系统的特征就是在弗雷格的概念文字推理规则的基础上建立的。实际上这些原则代表了卡尔纳普的所谓“弗雷格的可互换原则（Frege's principle of interchangeability）”①。间接指称的理论恰恰被当作通过“间接引语”（oratio obliqua）协调“外延2”原则的方法。因此，克莱门特认为，受弗雷格启发而提出的逻辑系统可能既是“外延2”系统也是“内涵1”系统。

帕森斯把内涵和外延描述为“外延语言中的内涵逻辑”，蒂奇使用了“透明内涵逻辑”（transparent intensional logic）的说法。克莱门特认为，蒂奇的说法更为贴切，因为这样的系统在透明的意义下是外延的，有相同指称的表达式在所有的语境下可互换。同时，蒂奇的透明内涵逻辑也表明这些系统可以完成通常属于内涵逻辑领域的任务，既能表达命题态度，也能处理如思想和涵义的同一条件之类的同义现象，此外，透明内涵逻辑的方法是丘奇的涵义和指称的逻辑的最重要贡献之一，尝试为涵义和指称理论建构一个弗雷格式的逻辑演算。②

然而，在使用“内涵”和“外延”表达式时必须格外小心，特别是在“内涵1”刻画有关“内涵”的概念时，有人往往把内涵—外延的区分等同于涵义—指称的区分。弗雷格就极力避免这种情况。一般地，按照内涵和外延的分解，一个性质或者柏拉图式的共相是它的内涵，具有该性质的事物的类是它的外延。然而，弗雷格的形而上学中与此最为类似的东西是概念，概念是语言学意义上谓词的指称，而不是涵义。实际上，弗雷格已经

---

① Rudolf Carnap. Meaning and Necessity [M]. Chicago: University of Chicago Press, 1956: 121—124.

② Kevin C. Klement. Frege and The Logic of Sense and Reference [M]. New York: Routledge, 2002: 98—99.

对它们作了较为细致的区分。但是克莱门特认为，按照弗雷格语义学使用“内涵”和“外延”的术语会导致误解。此外，作为“内涵的”的一些实体与作为“外延的”另一些实体之间的区分，一旦与涵义和指称之间的区分相联系的时候，就会产生一个提示，也即涵义和指称是弗雷格的理论中两个不同的实体范畴。但是，弗雷格认为，涵义本身是指称（例如在间接语境中就是这样），因此，涵义和指称并不能看成是完全不同的实体的类。这就是为什么克莱门特不喜欢用“弗雷格的内涵逻辑”而代之以“涵义和指称的逻辑”的原因。

二、可择系统(0)、(1)、(2)

现在依次讨论丘奇的3个可择系统、λ演算和简单类型论，以及涵义和指称的逻辑系统。

丘奇刻画的3个可择系统[①]在面对涵义的同一条件这个问题上有不同的处理方法，而且在构建这3个可择系统时，由于遇到了语义悖论和其他的困难，使得丘奇进行了多次修正甚至重述。丘奇把它们分别叫作“可择系统（0）”“可择系统（1）”“可择系统（2）”，其中“可择系统（2）”是最简单的一个系统。根据“可择系统（2）”，命题A和命题B表达了相同的涵义，仅当能在逻辑系统中证明“A=B”。当然，在一个函数演算中，比如弗雷格和丘奇的演算中，命题指谓真值，表明A和B有相同的真值，这样，就“可择系统（2）”而言，两个命题有相同的涵义，仅当它们是有相同真值（逻辑等值）的逻辑真理。在包含命题态度的语言中采用这个同一标准，如果有人相信某个逻辑真，他同时也必须相信所有其他的逻辑真，这是因为所有的逻辑真都有相同的涵义。丘奇提出“可择系统（2）”的最初想法，主要用于发展模态逻辑中的直接引语系统，在模态语境中，逻辑等值的互换性不会出现问题。丘奇发展了“可择系统（2）”系统，卡普兰和帕森斯也用到了“可择系统（2）”。联系弗雷格的涵义和指称理论的逻辑考虑，“可择系统系统（2）”与刘易斯发展模态逻辑有更大的关联。

相对于“可择系统（2）”，“可择系统（1）”和“可择系统（0）”更加

---

① Kevin C. Klement. Frege and The Logic of Sense and Reference [M]. New York: Routledge, 2002: 101—105.

引人注目，其中一个令人关心的问题是，“可择系统（1)”和“可择系统（0)”确保涵义的同一条件的核心是修正卡尔纳普内涵同构概念，丘奇把它叫作同义同构[①]（Synonymous isomorphism）。首先理解如何把这个概念应用到自然语言，再看它在形式语言层面的运作。自然语言中，命题A和命题B是同义同构的，当且仅当有限数量的同义替换能作用于B导致的A的表达式上。这样，如果表达式“兄弟”和“男性兄弟”被认为同构（在相同的语境中表达相同的涵义）的话，那么命题：

（1）一些单身汉有兄弟。

（2）一些单身汉有男性兄弟。

就是同义同构的，因为（2）是从（1）通过一个同义替换得到的。同样地，如果“单身汉”和“未婚男士”是同义的，那么（1）和（2）也可以同义同构，成为一个命题：

（3）一些未婚男士有男性兄弟。

在这里需要两个同义替换才能从（1）得到（3），但是（1）和（3）是同构的[②]。

达米特指出，这种对同义或者内涵的同构性映射（intensional isomorphism maps）的看法与弗雷格的思想可组合观点非常吻合[③]。弗雷格清楚地表明，不同的自然语言句子能表达相同的思想。然而，既然思想决定了对应于表达它们的句子结构的内部结构，那么不同的句子表达相同的思想至少必须要有结构上的共性。同样地，同义的同构命题就需要有合适的结构上的相似性。当然，弗雷格认为在同义命题的结构上出现这种偏离，比如主动与被动之间，至少是可能的。但是，也许有一种把这种偏离容纳到同义同构中的方式，例如，可以规定“ξ gives ζ to Y”可以看作是与“ζ is given to Y”同义，从而，从一个句子过渡到另一个句子就可看作是一个同义的替换。

当把同义同构当成涵义相同性的主要标准时，有一个比较明显的问题，

① Kevin C. Klement. Frege and The Logic of Sense and Reference [M]. New York: Routledge, 2002: 102.

② Kevin C. Klement. Frege and The Logic of Sense and Reference [M]. New York: Routledge, 2002: 102.

③ Kevin C. Klement. Frege and The Logic of Sense and Reference [M]. New York: Routledge, 2002: 102.

即作为标准它是不完全的。同义同构是对整个命题的涵义提供同一条件的说明，但是同义同构不能解释为什么“单身汉”和“未婚男性”是同义的，这种“同义对（synonym pairs）”完全是被规定的。这恰恰是奎因的著作中提出的对同义理论的批评。[①] 可见，建立在“可择系统（0）”和“可择系统（1）”之上的同义同构的概念不能给我们提供一个对同构的全面说明。

“可择系统（1）”和“可择系统（0）”之间的不同之处在于在包含“λ”抽象（lambda abstract）的形式语言中对待同义同构细节上的不同。在“可择系统（1）”下，“λ”转换被认为是保留一个公式的涵义，而在“可择系统（0）”下则并非如此。丘奇没有提出有关“可择系统（1）”还是“可择系统（0）”哪个更好地反映了弗雷格理解的同义关系的观点，尽管他暗示“可择系统（1）”或许更接近弗雷格的观点。

三、λ-演算和简单类型论

按照克莱门特的想法，“可择系统（0）”和“可择系统（1）”对目前的讨论极为有益，因此不必要探讨“可择系统（2）”的很多细节之处。但是他指出主要集中讨论“可择系统（1）”，原因在于，其一，它更像是弗雷格的选择；其二，它比较简单，但也不能完全忽略“可择系统（0）”。克莱门特认为，丘奇把主要精力都放在对涵义和指称的逻辑的研究上，而且把大部分精力都放在“可择系统（2）”上，最初的研究工作主要围绕“可择系统（2）”展开，对“可择系统（0）”和“可择系统（1）”只提出概要并没有详细展开，这是令人遗憾的地方。与丘奇不同的是，卡普兰和帕森斯的系统都以“可择系统（2）”为基础，“可择系统（1）”并没有受到重视。这种情况的改变是在丘奇于1903年发表了他最后一篇有关“可择系统（1）”的文章之后，人们才开始关注“可择系统（1）”。对于“可择系统（0）”，与丘奇相比，安德森在其著作中描述的细节更多些。但不管怎样，这些系统在很大程度上比较相似，所以克莱门特把讨论的焦点放在它们的共同的核心部分。

丘奇把他的涵义和指称的逻辑建立在经“λ”转换的一个函数演算上，也用到了简单类型论（simple theory of type），根据涵义的层级，需要进一步

① Kevin C. Klement. Frege and The Logic of Sense and Reference [M]. New York: Routledge, 2002: 103.

划分简单类型轮。非函数类型（type of non-functions）包括两个层级 ι_ω 和 o_ω。类型 ι_0 由个体构成，它不是涵义，类型 ι_{i+1} 由涵义构成，这个涵义决定或者呈现类型 ι_i 的个体。类型 o_0 由两个真值构成：真和假，类型 o_{i+1} 由涵义构成，这个涵义决定或者呈现类型 o_i 的个体。这样，思想作为决定指称真值之涵义，归属在类型 o_1 中。对任何类型 α 和 β，存在一个类型（αβ），它由类型 β 作为自变元和类型 α 的值构成。这样，概念有类型（$o_0\iota_0$），它把个体作为自变元，它的值为真。

在丘奇系统中，语言由每个类型 α 的无限可提供的变元（a_α，a'_α，a''_α,…，b_α，b'_α，等等）组成。系统的 4 个初始常项是：

C_{ooo}，$\Pi_{o(o\alpha)}$，$\iota_{\alpha(o\alpha)}$，$\Delta_{o\alpha\alpha_1}$①

第一，“C_{ooo}”是实质条件函数（material conditional function），严格地说，这个系统是用波兰记法表示的，但是引入系统中“$\boldsymbol{A}_o \supset \boldsymbol{B}_o$”被定义为“$C_{ooo}\boldsymbol{A}_o\boldsymbol{B}_o$”；第二，“$\Pi_{o(o\alpha)}$”表示全称量词；第三，“$\iota_{\alpha(o\alpha)}$”表示描述算子（description operator），这与弗雷格的描述算子“\”不同，弗雷格把值域作为自变元，丘奇的描述算子则是把函数作为自变元；第四，涵义和指称之间的关系用符号“$\Delta_{o\alpha\alpha_1}$”表示。

除了上面列出的常项之外，丘奇系统语言也包含对应于这些常项涵义的涵义—函数的常项层级（hierarchy of constants）。即：

$C_{o_n o_n o_n}$，$\Pi_{o_n(o_n\alpha_n)}$，$\iota_{\alpha_n(o_n\alpha_n)}$，$\Delta_{o_n\alpha_n\alpha_{n+1}}$②

接下来，丘奇把⌜$(\forall x_\alpha)\boldsymbol{A}_o$⌝定义为⌜$\Pi_{o(o\alpha)}(\lambda x_\alpha \boldsymbol{A}_o)$⌝，否定被定义为蕴涵了假命题“$(\forall a_o)\ a_o$”（所有的真值为真的命题）。此外，丘奇还定义了存在量词、析取符号和合取符号，把同一定义为语言中的不可识别性。

① Kevin C. Klement. Frege and The Logic of Sense and Reference [M]. New York: Routledge, 2002: 106.

② Kevin C. Klement. Frege and The Logic of Sense and Reference [M]. New York: Routledge, 2002: 107.

丘奇系统中的函数性质要求要有判断，但丘奇并没有像弗雷格那样，使用判断线。系统的推理规则包括约束变元字母的改变、全称概括、肯定前件式等的标准集（standard set）再加上“λ”转换规则。[①]

丘奇系统的公理随 3 种可择系统及其重述的变化而变化。这些公理只是一个简单的梗概，在设计这些系统的过程中，丘奇并不确信他列出的公理是全面的。在此，把涵义和指称的逻辑的第一个形式表述，即“可择系统（1）”系统叫作 LSD（1）[②]。公理分为 3 类，第一类是用了简单类型论的标准外延高阶函数演算的公理，考虑到这些公理对涵义和指称的逻辑来说没有特别之处，在此暂不讨论。第二类是引入涵义的常项公理，以处理涵义的概念，这些公理归属于下面的公理模式：

Axiom LSD(1) 11： $\Delta_{o(o_n o_n o_n)(o_{n+1} o_{n+1} o_{n+1})} C_{o_{n+1} o_{n+1} o_{n+1}} C_{o_n o_n o_n}$

Axiom LSD(1) 12： $\Delta_{o(o_n(o_n \alpha_n))(o_{n+1}(o_{n+1}\alpha_{n+1}))} \Pi_{o_{n+1}(o_{n+1}\alpha_{n+1})} \Pi_{o_n(o_n\alpha_n)}$

Axiom LSD(1) 13： $\Delta_{o(\alpha_n(o_n\alpha_n))(\alpha_{n+1}(o_{n+1}\alpha_{n+1}))} \iota_{\alpha_{n+1}(o_{n+1}\alpha_{n+1})} \iota_{\alpha_n(o_n\alpha_n)}$

Axiom LSD(1) 14： $\Delta_{o(o_n\alpha_n\alpha_{n+1})(o_{n+1}\alpha_{n+1}\alpha_{n+2})} \Delta_{o_{n+1}\alpha_{n+1}\alpha_{n+2}} \Delta_{o_n\alpha_n\alpha_{n+1}}$

Axiom LSD(1) 15： $(\forall f_{\alpha\beta})(\forall f_{\alpha_1\beta_1})(\forall x_\beta)(\forall x_{\beta_1})(\Delta_{o(\alpha\beta)(\alpha_1\beta_1)} f_{\alpha_1\beta_1} f_{\alpha\beta} . \supset .$
$\Delta_{o\beta\beta_1} x_{\beta_1} x_\beta \supset \Delta_{o\alpha\alpha_1}(f_{\alpha_1\beta_1} x_{\beta_1})(f_{\alpha\beta} x_\beta))$

Axiom LSD(1) 16： $(\forall f_{\alpha\beta})(\forall f_{\alpha_1\beta_1})[(\forall x_\beta)(\forall x_{\beta_1})(\Delta_{o\beta\beta_1} x_{\beta_1} x_\beta \supset$
$\Delta_{o\alpha\alpha_1}(f_{\alpha_1\beta_1} x_{\beta_1})(f_{\alpha\beta} x_\beta)) \supset \Delta_{o(\alpha\beta)(\alpha_1\beta_1)} f_{\alpha_1\beta_1} f_{\alpha\beta}]$

Axiom LSD （1） 17：$(\forall x_\alpha y_\alpha)(\forall x_{\alpha_1})(\Delta_{o\alpha\alpha_1} x_{\alpha_1} x_\alpha . \supset . \ \Delta_{o\alpha\alpha_1} x_{\alpha_1} y_\alpha \supset$
$x_\alpha = y_\alpha)$ [③]

具体看看克莱门特是怎么解释这些公理的。在克莱门特看来，公理 11—公理 14 非常简单，它们表达了常项“C_{ooo}”和常项“$C_{o_1 o_1 o_1}$”之间的关系，常项“$C_{o_1 o_1 o_1}$”表示前者的涵义。公理 11 的一个例子“$\Delta_{o(ooo)(o_1 o_1 o_1)}$

① Kevin C. Klement. Frege and The Logic of Sense and Reference [M]. New York: Routledge, 2002: 108.

② Kevin C. Klement. Frege and The Logic of Sense and Reference [M]. New York: Routledge, 2002: 108.

③ 系统 LSD （1） 11—17 见 Kevin C. Klement. Frege and The Logic of Sense and Reference [M]. New York: Routledge, 2002: 108—109.

$C_{o_1o_1o_1}C_{ooo}$”，断言 $C_{o_1o_1o_1}$ 是一个涵义，它选定 C_{ooo} 为指称。公理 15 和公理 16 是丘奇对涵义—函数观点做出的承诺。公理 15 是说，如果 f^* 选择一个函数 f 作为其指称的涵义，那么 f^* 就作为涵义的函数，对于任何涵义 x^* 都有值，相应地它的指称是 x。公理 16 表述的是公理 15 的逆。公理 17 是说有唯一指称的涵义。如果一个表达式的指称由其涵义单独决定，那么该公理则必不可少，涵义必然决定一个唯一的指称。当然，指称由唯一的涵义来决定并非如此，比如晨星和暮星的例子。

除了上述公理，丘奇还提出了第三类公理，比如，由不同组成部分构成的思想是不同一的（non-identical）这个公理：

$$\text{Axiom LSD(1) 39: } (\forall p_{o_{n+1}}q_{o_{n+1}})(\forall f_{o_{n+1}\alpha_{n+1}})(C_{o_{n+1}o_{n+1}o_{n+1}}p_{o_{n+1}}q_{o_{n+1}} \neq \Pi_{o_{n+1}(o_{n+1}\alpha_{n+1})}f_{o_{n+1}\alpha_{n+1}})$$ ①

这个公理说明条件思想不等同于普遍的思想。在形式语言中，这意味着“主要算子（main operator）”是一个条件算子的命题，不表达与其“主要算子”是全称量词的命题相同的思想。LSD（1）也包含类似的公理，它表明条件思想与描述涵义（表达式涵义的“主要算子”是描述函数 ι）不等值，条件思想与指谓思想（denotative Gedanken）（命题表达的思想的“主要算子”是指谓函数 Δ）不等值、普遍思想与描述的涵义不等值等等。

此外，还有一些表明等值的思想有等值的组成成分。如下面这两个公理：

$$\text{Axiom LSD(1) 45: } (\forall p_{o_{n+1}}q_{o_{n+1}}r_{o_{n+1}}s_{o_{n+1}})(C_{o_{n+1}o_{n+1}o_{n+1}}p_{o_{n+1}}q_{o_{n+1}} = C_{o_{n+1}o_{n+1}o_{n+1}}r_{o_{n+1}}s_{o_{n+1}} . \supset . \ p_{o_{n+1}} = r_{o_{n+1}})$$

$$\text{Axiom LSD(1) 46: } (\forall p_{o_{n+1}}q_{o_{n+1}}r_{o_{n+1}}s_{o_{n+1}})(C_{o_{n+1}o_{n+1}o_{n+1}}p_{o_{n+1}}q_{o_{n+1}} = C_{o_{n+1}o_{n+1}o_{n+1}}r_{o_{n+1}}s_{o_{n+1}} . \supset . \ q_{o_{n+1}} = s_{o_{n+1}})$$ ②

---

① Kevin C. Klement. Frege and The Logic of Sense and Reference [M]. New York: Routledge, 2002: 109.

② 系统 LSD（1）45—46 Kevin C. Klement. Frege and The Logic of Sense and Reference [M]. New York: Routledge, 2002: 110.

这两条公理表明，同一条件的思想有等同的思想作为它们的前件和后件。

$$\text{Axiom LSD(1) 47: } (\forall f_{o_{n+1}\alpha_{n+1}} g_{o_{n+1}\alpha_{n+1}})(\Pi_{o_{n+1}(o_{n+1}\alpha_{n+1})} f_{o_{n+1}\alpha_{n+1}} = \Pi_{o_{n+1}(o_{n+1}\alpha_{n+1})} g_{o_{n+1}\alpha_{n+1}} .\supset. f_{o_{n+1}\alpha_{n+1}} = g_{o_{n+1}\alpha_{n+1}})$$ ①

这条公理说明等同的普遍思想必须由选定了自变元概念的等同思想组成。举自然语言的一个例子，如果（假）命题“任何东西都是单身汉”和“任何东西都是未婚男性”这两个句子表达了相同的思想，那么“( ) 是单身汉”和“( ) 是一个未婚男性”必须表达相同的涵义。这个系统还包括与上述公理类似的描述涵义和指谓思想的公理。同普遍思想一样，等同描述涵义必须由选定相同的自变元函数的相同涵义组成。同样地，等同指谓思想也必须由等同涵义组成，等同涵义选定包含在 Δ-关系中的涵义和指称的对象。

最后，这个系统包含的这条公理表明，由不同类型的组成部分构成的涵义不能等同。在此，克莱门特给出一个相关的例子，要求其中的 α 和 β 为不同的类型：

$$\text{Axiom LSD(1) 53: } (\forall x_{\alpha_{n+1}})(\forall x_{\alpha_{n+2}})(\forall y_{\beta_{n+1}})(\forall y_{\beta_{n+2}})(\Delta_{o_{n+1}\alpha_{n+1}\alpha_{n+2}} x_{\alpha_{n+2}} x_{\alpha_{n+1}} \neq \Delta_{o_{n+1}\beta_{n+1}\beta_{n+2}} y_{\beta_{n+2}} y_{\beta_{n+1}})$$ ②

这条公理断定如果有两个指谓思想，且第一个是涵义 x^* 决定 x 为指称的思想，第二个是涵义 y^* 决定 y 为指称的思想，其中 x^* 与 y^* 不是相同的类型，且 x 与 y 也不是相同的类型，那么思想就不同一。

以上通过对几个公理的展示，克莱门特表明，丘奇最初提供的公理化是不完全的。事实上，丘奇在 1974 年重新表述了“可择系统（0）”，安德森提出了他对“可择系统（0）”系统的、完全的公理化③。至此，从克莱门

① Kevin C. Klement. Frege and The Logic of Sense and Reference [M]. New York: Routledge, 2002: 110.

② Kevin C. Klement. Frege and The Logic of Sense and Reference [M]. New York: Routledge, 2002: 110.

③ Kevin C. Klement. Frege and The Logic of Sense and Reference [M]. New York: Routledge, 2002: 108.

特视角零散地介绍了丘奇系统，这不足以充分理解丘奇系统，也不能感受该系统对发展弗雷格涵义和指称理论演算所起的作用，因此，有必要把丘奇的系统整体呈现出来。

四、丘奇的公理化系统

丘奇的公理化系统①可以简述如下：

简单类型论：

（1）基本类型：句子类型 O_0，O_1，$O_2\ldots$ 和个体类 ι_0，ι_1，$\iota_2\ldots$

（2）形成规则：如果 α、β 是类型符号，那么（$\alpha\beta$）也是类型符号。在不混淆的情况下可省略两边的括号。

初始符号：

（1）逻辑常元：$C_{o_n o_n o_n}$，$\Pi_{o_n(o_n\alpha_n)}$，$\iota_{\beta_n(o_n\beta_n)}$，$\Delta_{o_n\alpha_{n+1}\alpha_n}$ $n \in N$。

（2）语法变元：A_α，$A_{o\beta}$等等，其中下标表示这个变元的类型。

（3）辅助符号：λ，（，）

注：根据初始的逻辑常元和语法变元，丘奇给出了一系列缩写定义如下：

$$[A_{o_n} \supset B_{o_n}] \to C_{o_n o_n o_n} A_{o_n} B_{o_n}$$

$$(x_{\alpha_n})A_{o_n} \to \Pi_{o_n(o_n\alpha_n)}(\lambda x_{\alpha_n} A_{o_n})$$

$$T \to (a_o) \cdot a_o \supset a_o$$

$$T_{o_n} \to (a_{o_n}) \cdot a_{o_n} \supset a_{o_n}$$

$$F \to (a_o) a_o$$

$$F_{o_n} \to (a_{o_n}) a_{o_n}$$

$$\sim A_{o_n} \to A_{o_n} \supset F_{o_n}$$

$$(Ex_{\alpha_n})A_{o_n} \to \sim (x_{\alpha_n}) \sim A_{o_n}$$

$$(\iota x_{\beta_n})A_{o_n} \to \iota_{\beta_n(o_n\beta_n)}(\lambda x_{\beta_n} A_{o_n})$$

$$Q_{o_n\alpha\alpha} \to \lambda a_\alpha \lambda b_\alpha (f_{o_n\alpha}) \cdot f_{o_n\alpha} b_\alpha \supset f_{o_n\alpha} a_\alpha$$

$$[A_\alpha = B_\alpha] \to Q_{o\alpha\alpha} B_\alpha A_\alpha$$

---

① 以下简述的丘奇的公理化系统见荣立武. 内涵逻辑的哲学基础 [D]. 广州：中山大学，2006：79—82.

$[A_\alpha = nB_\alpha] \rightarrow Q_{o_n\alpha\alpha}B_\alpha A_\alpha$

$[A_\alpha \neq B_\alpha] \rightarrow \sim \cdot A_\alpha = B_\alpha$

$[A_\alpha \neq nB_\alpha] \rightarrow \sim \cdot A_\alpha = nB_\alpha$

$N_{o_n o_n} \rightarrow Q_{o_n o_n o_n} T_{o_n}$

合式表达式的形成规则：

（1）逻辑常元和语法变元都是合式表达式。

（2）如果 X_β 是类型为 β 的变元，M_α 是一个类型为 α 的合式表达式，那么（$\lambda X_\beta M_\alpha$）也是一个合式表达式，它的类型是 αβ。

（3）如果 $F_{\alpha\beta}$ 和 A_β 分别是类型为 αβ 和 | β 的合式表达式，那么 $F_{\alpha\beta}A_\beta$ 也是合式表达式，它的类型为 α。

推导规则：

（1）变元的替换规则：如果 X_β 在 M_α 中不自由，并且 Y_β 在 M_α 中不出现，那么可以用 Y_β 替换 X_β 在 M_α 中每一次出现。

（2）λ 转换规则 Ⅰ：当一个公式中出现（$\lambda X_\beta M_\alpha$）N_β 时，只要 M_α 中的约束变元即不同于 X_β 也不同于 N_β 中的自由变元，我们就可以用 N_β 替换 M_α 中的 X_β。

（3）λ 转换规则 Ⅱ：如果 A_o 是用 N_β 替换 M_α 中的 X_β 得到的，只要M_α 中的约束变元既不同于 X_β 也不同于 N_β 中的自由变元，我们都可以在一个公式中用（$\lambda X_\beta M_\alpha$）N_β 替换 A_α。

（4）消量词规则：从 $\Pi_{\alpha(o\alpha)}F_{o\alpha}$可以推出 $F_{o\alpha}A_\alpha$，只要 A_α 中没有自由变元。

（5）MP 规则：从 $C_{ooo}A_oB_o$ 和 A_o 可以推出 B_o。

公理：

$1^{\alpha\beta}.\ (f).\ (x_\alpha)(y_\beta)fx_\alpha y_\beta \supset (y_\beta)(x_\alpha)fx_\alpha y_\beta$

$2^{\alpha\beta}.\ (\Pi f).\ \supset (g_{\alpha\beta})(x_\beta)f(g_{\alpha\beta}x_\beta)$

$3^\alpha.\ (f)(g).\ (x_\alpha)[fx_\alpha \supset gx_\alpha] \supset.\ \Pi f \supset \Pi_g$

$3^\alpha.\ (f).\ (x_\alpha)(y_\alpha)fx_\alpha y_\alpha \supset (x_\alpha)fx_\alpha x_\alpha$

$5^\alpha.\ (p).\ p \supset (x_\alpha)p$

$6^\alpha.\ (f)(x_\alpha).\ \Pi f \supset fx_\alpha$

7. $(p)(q)(r)(s).\ p \supset q \supset r.\ r \supset p \supset.\ s \supset p$ (Lukasiewicz)

8. $(p)(q).\ p \supset q.\ q \supset p \supset.\ p = q$

$9^{\alpha\beta}$. $(f_{\alpha\beta})(g_{\alpha\beta}).\ (x_\beta)[f_{\alpha\beta}x_\beta = g_{\alpha\beta}x_\beta] \supset f_{\alpha\beta} = g_{\alpha\beta}$

（注： 8 和 $9^{\alpha\beta}$ 称为外延公理）

10^{β}. $(f)(x_\beta).\ fx_\beta \supset.\ (y_\beta)[fy_\beta \supset.\ y_\beta = x_\beta] \supset f(\iota f)$

（注： 10^{β} 是限定摹状词公理）

$11^{\cdot}$. $\triangle C_{o_n o_n o_n} C_{o_{n+1} o_{n+1} o_{n+1}}$

$12^{n\alpha}$. $\triangle \Pi_{o_n(o_n\alpha_n)} \Pi_{o_{n+1}(o_{n+1}\alpha_{n+1})}$

$13^{n\alpha}$. $\triangle \iota_{\beta_n(o_n\beta_n)} \iota_{\beta_{n+1}(o_{n+1}\beta_{n+1})}$

$14^{n\alpha}$. $\triangle \Delta_{o_n\alpha_{n+1}\alpha_n} \Delta_{o_n+1^{\alpha}_{n}+2^{\alpha}_{n+1}}$

（注： $11^{\cdot}$ —$14^{n\alpha}$ 是常项的含义的公理）

$15^{\alpha\beta}$. $(f_{\alpha\beta})(f_{\alpha_1\beta_1})(x_\beta)(x_{\beta_1}) \cdot \Delta_{o(\alpha_1\beta_1)(\alpha\beta)} f_{\alpha\beta} f_{\alpha_1\beta_1} \supset.\ \Delta_{o_1\beta_1\beta} x_\beta x_{\beta_1} \supset$
$\Delta_{o_{\alpha_1\alpha}}(f_{\alpha\beta}x_\beta)(f_{\alpha_1\beta_1}x_{\beta_1})$

$16^{\alpha\beta}$. $(f_{\alpha\beta})(f_{\alpha_1\beta_1}).(x_\beta)(x_{\beta_1})[\Delta_{o_1\beta_1\beta} x_\beta x_{\beta_1} \supset \Delta_{o\alpha_1\alpha}(f_{\alpha\beta}x_\beta)(f_{\alpha_1\beta_1}x_{\beta_1})] \supset$
$\Delta_{o(\alpha_1\beta_1)(\alpha\beta)} f_{\alpha\beta} f_{\alpha_1\beta_1}$

（注： $15^{\alpha\beta}$ 和 $16^{\alpha\beta}$ 是函数的意义公理）

丘奇的形式系统是在弗雷格理论的基础上构建的，是对弗雷格理论的继承和发展，而且人们把他们的逻辑系统并称为弗雷格—丘奇逻辑系统。但是丘奇的涵义和指称的逻辑在有些方面偏离了弗雷格的思想，它之所以不能彻底解决涵义和指称所面临的困境和难题，原因在于它自身也有其局限性，这也是下一节要讨论的内容。

第二节　局 限 性

经过上述讨论，可以看出，丘奇的涵义和指称逻辑中存在的问题较为明显，丘奇自己也意识到了他的涵义和指称逻辑中还存在非弗雷格的因素。

一、问题和局限

在丘奇第一次形式地表述涵义和指称的逻辑的时候，他就意识到对一个逻辑系统中的诸如涵义和思想这样的实体做出承诺，是一种冒险的做法。丘奇在这个论题的第一篇论文的脚注中写道：

> ……由于存在这样那样的自相矛盾的可能性，对涵义和指称的任何逻辑处理都是不可接受的，除非它的一致性问题得到彻底研究。①

在此，丘奇暗示：如果对给定类型的涵义的基数做出更大的承诺的话，语义矛盾的可能会出现在涵义和指称的逻辑中，这个问题会困扰"可择系统（1）"的最初的形式表述。

1958年，约翰·麦西尔（John Myhill）表明系统LSD（1）从形式上不一致②。像许多其他矛盾一样，问题根源于康托尔定理：一特定类的实体的类或者集的基数总是大于那个类的实体的数的原则。因为丘奇系统用了简单类型论，从而导致类理论并不是完全朴素的，也不会遇到罗素悖论。但是，问题出现在思想的类型 o_1 中，系统做出了思想的基数与思想的类的基数一样大的承诺。当然，作为思想的类和思想一样多，但是，每个类产生一个思想也有可能，如，所有的思想在那个类中的思想，这就意味着思想和思想的类在数量上相等，这就违背了康托尔的定理。麦西尔以此表明丘奇系统也是一个类似于罗素悖论的系统。有些思想采用决定为真的形式，当且仅当所有的思想都归属在某些类中。如果考虑了所有不在其相应的类中的思想的类，那么通过考虑所有的思想都归属在这个类的思想，就会导致一个矛盾。罗素已经意识到，这个矛盾不能通过采用简单类型论来解决③。显然，如果涵义和指称的逻辑要实现丘奇的可行的内涵逻辑的目标，那么LSD（1）就必须修改。因为麦西尔发现的这个悖论独立于罗素矛盾，安德森把这个矛盾称为"罗素—麦西尔悖论"。④

这个问题不是丘奇最初的形式系统所面临的唯一问题。在这个系统中

---

① Kevin C. Klement. Frege and The Logic of Sense and Reference [M]. New York: Routledge, 2002: 111.

② Kevin C. Klement. Frege and The Logic of Sense and Reference [M]. New York: Routledge, 2002: 110.

③ Kevin C. Klement. Frege and The Logic of Sense and Reference [M]. New York: Routledge, 2002: 112.

④ 参见Irvine（2004）在《斯坦福哲学百科全书》中专门为"Rusell-Mhill悖论"写的词条。

还发现了“修改版本 Epimenides 悖论”（modified Epimenides paradox）。它可在系统中形式地表述。“丘奇偏好的思想不是真的”[①] 这个命题表达的思想，很可能是这样：丘奇偏好的思想就是这个思想。那么我们就会问丘奇偏好的思想是否为真（把真作为指称），于是就导致了类似的矛盾。

在解决这种语义悖论和矛盾的情境下，可以采用某些策略。这会在下文仔细讨论。在此，有必要先讨论其中两个方法。一个主要的方法来自罗素和怀特海的研究。罗素和怀特海采用分支类型论，而不是丘奇所用的简单类型论解决这个问题。这个分支系统包括一个不仅是类型而且是阶的概念，用弗雷格的术语表示则为：分支系统在某一个阶的思想与那个阶中的全部或者部分思想之间的阶上，存在基本的不同。例如，如果说罗素—麦西尔悖论是一个有问题的思想，那么就是因为这个思想自身是关于所有的包括它自身在内的一个思想。分支类型论把这个（有问题的思想）排除了；思想的范围不能是把它们自身（思想自身）包括在其中的思想，以此命题的类就被限制为某一阶的命题中，这样，就不可能出现这样的问题：所有的属于（n 阶的思想）问题类的 n 阶思想的思想本身是不是属于这个类？在“修改版本 Epimendides 悖论”中，不能绝对地说“丘奇偏好的思想”，而是“丘奇偏好的 n 阶的思想”。由“丘奇偏好的 n 阶的思想不是真的”表达的思想本身不属于 n 阶，所以，它自身不可能是它提及的那个思想，这样，就不会产生任何矛盾了。

另外一个解决语义悖论的方法来自塔斯基的研究[②]。塔斯基通过区分元语言和对象语言来解决这个语义悖论。元语言表示研究语言而使用的语言，对象语言表示是被研究的语言。塔斯基认为，在形式语言中，语义概念如“真”和“意义”必须总是相对于一个语言而言的，而且，一致的语言不能包含它自己的语义概念。在语言 L 中，不能讨论 L 命题的意义或真。从这一点看，塔斯基很可能不主张独立于语言的语义实体（language-independent semantic entities）的观点，如弗雷格的涵义和思想[③]。假设塔斯基允许谈论

① Kevin C. Klement. Frege and The Logic of Sense and Reference [M]. New York: Routledge, 2002: 112.

② Kevin C. Klement. Frege and The Logic of Sense and Reference [M]. New York: Routledge, 2002: 114.

③ Kevin C. Klement. Frege and The Logic of Sense and Reference [M]. New York: Routledge, 2002: 114.

这样的实体，他也会把它们限定在诸如“L 中的可表达的思想（“Gedanken expressible in L”）”上，这样的话，语义悖论的解决办法就类似于怀特海和罗素的方法。“修改版本的 Epimenides 悖论”中有问题的语句，就变成在“L 中可表达的丘奇偏好的思想在 L 中不为真”①。但是，这个命题表达的思想，因为它包含了 L 的语义概念，因此在 L 中是不能表达的，这样就可避免矛盾。同样，在罗素—麦西尔悖论中，L 中可表达的属于有问题的类的所有思想的思想自身，在 L 中是不可表达的，也可以避免悖论。

丘奇第一次修正他的涵义和指称的逻辑，是在塔斯基的语言层级的概念基础之上进行的，而不是选择使用一个分支类型论的系统②。

丘奇改变他的系统的最初想法，是想阻止上面讨论的语义悖论的出现。但是，安德森立即表明语义悖论仍会困惑修改的系统③。安德森认为，如果把涵义—函数 f 用于形式的表述语义悖论，丘奇的做法并不能阻止这个悖论的发生。

在“可择系统（0）”的重述中，安德森建议修改下面这个公理：

$$\text{Axiom LSD(0) 16:}\ (\forall f_{\alpha\beta})(\forall f_{\alpha_1\beta_1})[(\forall x_{\beta})(\forall x_{\beta_1})(\Delta^{m}_{o\beta\beta_1}x_{\beta_1}x_{\beta} \supset \Delta^{m}_{o\alpha\alpha_1}(f_{\alpha_1\beta_1}x_{\beta_1})(f_{\alpha\beta}x_{\beta})) \supset \Delta^{m}_{o(\alpha\beta)(\alpha_1\beta_1)}(\lambda_1 x_{\beta_1} f_{\alpha_1\beta_1}x_{\beta_1})f_{\alpha\beta}]$$ ④

这个公理对涵义和指称逻辑的假设：涵义—函数是函数表达式的涵义很重要⑤。在“可择系统（1）”的最终的重述中，丘奇改为采用分支类型论以避免语义悖论⑥。通过上述讨论，结合相关文献，可以推测，丘奇之所以采

① Kevin C. Klement. Frege and The Logic of Sense and Reference [M]. New York: Routledge, 2002: 115.

② Kevin C. Klement. Frege and The Logic of Sense and Reference [M]. New York: Routledge, 2002: 115.

③ Kevin C. Klement. Frege and The Logic of Sense and Reference [M]. New York: Routledge, 2002: 116.

④ Kevin C. Klement. Frege and The Logic of Sense and Reference [M]. New York: Routledge, 2002: 117.

⑤ Kevin C. Klement. Frege and The Logic of Sense and Reference [M]. New York: Routledge, 2002: 110.

⑥ Kevin C. Klement. Frege and The Logic of Sense and Reference [M]. New York: Routledge, 2002: 117.

用罗素方法解决语义悖论，而不试图挽救他早期采用的塔斯基的方法解决悖论，很可能是因为丘奇不想放弃公理 16，因为他认为公理 16 对系统的基础假设非常重要而不愿意放弃。

二、简要的评论

整体上，一个比较普遍的看法是，有关涵义和指称逻辑的各种形式表述，到目前为止没有哪一种属于可行的内涵逻辑。是否可以把丘奇系统当作全面的弗雷格的涵义和指称的逻辑演算看待？克莱门特的答案是否定的。他认为，丘奇发展的涵义和指称的逻辑的某些方面，与弗雷格的逻辑演算方法在思想路径上不一样甚至相反。他肯定了丘奇做法的积极意义，认为其对于后来找到一个更能如实反映弗雷格演算系统的方法具有启发性。

具体而言，第一，弗雷格认为，包含罗马字母在内的表达式表达了一般的思想，也即它们的涵义与包含哥特式字母和初始全称量词的相应的表达式表达的思想相同，这是弗雷格对这类表达式的语义观。丘奇对自由变元的语义学的解释则是，对每个自由变元的设定，不仅把对象的值域作为指称，而且把“涵义范围”作为涵义的值域。按照丘奇的语义解释，对象的值域是相对于变元的指派，其中有含有自由变元的表达式的涵义，但是，弗雷格并不接受这种方法。

第二，丘奇对不完全表达式的涵义采用了涵义—函数解释。这正是克莱门特反对的一种解释。当然，克莱门特也注意到无论是他还是其他反对这种对涵义—函数解释的人都承认涵义—函数的存在；只是反对把这种函数当作函数表达式的涵义，才有可能接受丘奇在他的逻辑系统中对这种函数和有关它们的断言所做的承诺。但也有学者反驳丘奇对涵义—函数的观点。克莱门特也认为，即使采用了关于函数表达式的涵义的涵义—函数的解释，也与丘奇的公理 16 相违背。除了安德森发现这个公理的问题之外，还有其他学者反对丘奇公理 16 的论证，在此不一一列举。

丘奇自己也意识到，他允许在主语的位置上填充函数符号，这正好与弗雷格的做法相反。丘奇把函数的符号放在主语的位置上，而弗雷格则是把那个函数的值域的名称放在主语的位置上，这样，在某种意义下，可以说弗雷格允许名词化函数[①]（nominalized functions）的存在。而且，如上文所述，对于弗雷格来说，值域是从它们的函数推导出它们的存在，值域和函数在某种意义下共存。此外，对弗雷格而言，两者间更重要的不同之处在于一个是对象，另一个是函数，一个是不饱和的，另一个是完全的，而丘奇的记法模糊了两者之间的区别，因此弗雷格不会同意丘奇的做法。

丘奇的涵义和指称的逻辑系统背离弗雷格逻辑与语义学的理解，还体现在复杂类型论上。弗雷格并不完全反对任何形式的类型论，事实上，弗雷格区分对象和函数以及函数的层级，为的就是在他的《算术的基本规律》的概念文字中创建一个类型论，但是对象、把对象作为自变元的函数等等在弗雷格的系统中是不同的。对弗雷格而言，实体的区分有哲学和形而上学的动机，这个区分是按照讨论的实体的饱和性或者不饱和性的分类而做出的，但这个区分并不作为特设性（ad hoc）策略以避免矛盾；实际上，这种区分甚至在弗雷格关注逻辑悖论或者语义悖论以前就已存在了。

但是，包含在丘奇的涵义和指称的逻辑中所有的类型的区分并非都有形而上学与哲学上的动机。首先，丘奇类型系统中的核心是类型 o 和 ι 的区分、真值的类型和个体的类型之间的区分。在弗雷格的系统中，真值只是被当作对象，而且不用对其进行划分。其次，在考虑“弗雷格偏好的涵义”“丘奇偏好的涵义”和“卡普兰偏好的涵义”这样的表达式时[②]，按照弗雷格对语言的理解，“( ) 偏爱的涵义”被理解为指示一个把个体作为自变元，且把个体偏好的涵义的值作为值的函数，只是很有可能存在，弗雷格偏好的涵义选择的是一个非涵义对象（non-Sinn object）的涵义，而丘奇偏好的涵义或许是选择了另外一个涵义的涵义。最后，如果这些涵义是不同逻辑类型的话，那么它们成为不同的自变元的相同函数的值就是不可能的，因为一个给定函数的值必须全部都是相同的类型。诸如“( ) 偏爱的思想”表示的函数，出于各种考虑这个表达式都被认为是有问题的。

丘奇最后重新表述他的逻辑系统时采用了分支类型论，如果弗雷格看

---

① Kevin C. Klement. Frege and The Logic of Sense and Reference [M]. New York: Routledge, 2002: 121.

② Kevin C. Klement. Frege and The Logic of Sense and Reference [M]. New York: Routledge, 2002: 122.

到的话一定会感到奇怪。因为，在弗雷格晚年，他已经知道分支类型论，同时分支类型论已经出现在罗素和怀特海的著作中了，但这并不能说明弗雷格曾把它作为解决悖论的正确方法。可以肯定，庞加莱的恶性循环原则（vicious circle principle）或者罗素有关判断的多重关系理论（multiple relations theory of judgment）对分支类型论的哲学的辩护，在弗雷格的哲学中并不存在①。按照弗雷格的理解，思想是抽象的实体，它存在于第三领域。思想不能定义为存在（being），这样，就没有理由知道为什么它们不能在它们的真值条件中包含它们自身。弗雷格形而上学中，采用分支类型论只不过是一个特设性的设计，为的是避免矛盾和悖论，而不是试图创建理想的逻辑演算。

总之，分支类型论不是弗雷格而是丘奇解决矛盾的方法。实际上，弗雷格明确地指出，相同的涵义在不同的语言中是可表达的，即便语言不存在，涵义也是存在的。涵义和指称之间的关系必须被理解为语言独立性（language independent），否定这点就等于抛弃了弗雷格把涵义当作客观存在的实体这个核心观点。

从克莱门特的论述可以看出，丘奇解决语义悖论的办法不符合弗雷格的哲学。事实上，每一位研究弗雷格思想的学者都有自己的理解，他们力图从完善逻辑演算的角度出发，构造和修改原有的系统，使得它更符合研究发展的需要。虽然弗雷格的哲学观点不能提供丰富的解决语义悖论的办法，但是他的思想在整个语言哲学和逻辑的发展上发挥了极为重要的作用，改变了20世纪哲学研究的方向。有关弗雷格的逻辑的这些细节会遇到悖论的问题，会在下面的章节继续讨论。

丘奇的内涵逻辑系统第一次对弗雷格的二维语义观进行了形式刻画，继承和发展了弗雷格涵义和指称的逻辑思想。他提出的简单类型论也成为现在讨论表达式内涵的主要技术手段②。丘奇在罗素类型论的基础上建立了“λ”演算，他的最初目的是给数学奠定基础。但是后来有研究者发现，类型“λ”演算对于刻画自然语言比谓词语言具有更强的表达力，因为它能以

---

① Kevin C. Klement. Frege and The Logic of Sense and Reference [M]. New York: Routledge, 2002: 123.

② 荣立武. 内涵逻辑的哲学基础 [D]. 广州: 中山大学, 2006: 85.

更灵活的方式处理函数，使函数本身也能作为更高阶函数的论元参与函数运算，这样，类型“λ”演算就能够表达自然语言中各种类型的表达式。因此，蒙塔古为处理自然语言需要，在其内涵逻辑中直接继承了丘奇的类型“λ”演算，并在“λ”演算的基础上又加入了模态算子“□”“◇”和内涵算子“∧”“∨”，最终形成一个能够比较自如地翻译自然语言的片段，并能刻画部分内涵推理的形式语言[①]。

但是丘奇发展的几种内涵逻辑都存在一定的问题。在“可择系统（0）”中，由于内涵同一标准过于严格，造成命题数目过多，从而违反康托尔定理，导致罗素—麦西尔悖论。尽管丘奇试图在后来的修正版中借用分支类型论的办法来消除“可择系统（0）”中的悖论，但安德森指出丘奇的努力仍然不成功，如果不放弃某些公理，悖论仍然无法解决，这意味着必须放弃丘奇关于概念函数的核心思想。麦西尔指出，“可择系统（1）”同样存在悖论问题。“可择系统（2）”虽然没有悖论问题，但由于内涵同一标准过粗，已经无法实现丘奇最初想解决命题态度句等超内涵问题的目标了。

我们知道，像丘奇那样的内涵逻辑是允许高阶量化的，然而，不加限制的高阶量化非常容易引发逻辑悖论。悖论问题常常是内涵逻辑挥之不去的困扰或阴影。丘奇的内涵逻辑系统力图构造一个刻画表达式的内涵逻辑系统。尽管在这个系统中，出现在命题态度语境中的表达式的涵义都得到了有效的刻画，但是丘奇采用模型论解释表达式的内涵的方法也要面对罗素悖论的挑战。丘奇试图通过可能世界语义来修正他的内涵理论，但是这种方法引发了进一步的问题而没有得到大家的认可。由于上述原因，丘奇的系统遭到了许多挑战和质疑。例如，卡尔纳普批评丘奇的内涵语义虚增了过多的实体，安德森也指出了同样的问题。

本章讨论所面临的问题是，丘奇对涵义和指称的逻辑的各种形式表述，阻止了人们关注弗雷格为涵义和指称理论提供的逻辑演算方面的思想。丘奇系统的有些方面对克莱门特刻画的涵义和指称的逻辑演算是有帮助的，例如所谓“透明的内涵逻辑”的策略。为弗雷格理解的涵义和指称的理论设计一个逻辑演算的时候，从丘奇系统中可以体会到两种符合弗雷格逻辑

---

① 文学峰. 语境内涵逻辑［M］. 广州：中山大学，2007：9.

和语言哲学的方法，以及两种不符合弗雷格逻辑和语言哲学的方法。

总之，弗雷格没有建立涵义和指称的逻辑系统，丘奇在建构与发展弗雷格涵义和指称逻辑上做了重要的工作，但是这种建构包括了许多非弗雷格因素。因此，从某种程度上说，丘奇的涵义和指称逻辑偏离了弗雷格，从而没有解决涵义和指称理论所面临的困境。为了继续解决这个问题，接下来我们就转向克莱门特的涵义和指称理论的讨论。首先从整体上呈现克莱门特发展的涵义和指称的逻辑演算，其次阐明弗雷格涵义和指称理论在扩张弗雷格逻辑系统时如何解决悖论问题，最后指明其在内涵逻辑产生发展过程中的作用与意义。

第五章　回到弗雷格：克莱门特的涵义与指称理论

克莱门特为弗雷格的涵义和指称的理论构造了一个逻辑系统，并且使它尽可能地接近弗雷格的逻辑思想。克莱门特这样做的主要目的不仅仅是创建一个切实可行的内涵逻辑演算，而更多的考虑是反映弗雷格的某些思想观点。事实上，克莱门特在形式演算中遇到了一些形式上的困难，而这些困难揭示了弗雷格语义思想的不足之处，并且这些思想也正是哲学家们较少关注的部分。因为克莱门特的主要目的是发展一个全面的弗雷格涵义和指称的逻辑演算，所以他把系统建立在弗雷格的概念文字上，第三章已经勾勒了它的框架。在此，需要关注的是两个系统 FC 和 FC^{+V} 的扩张。首先从非形式讨论开始。

第一节　克莱门特的涵义与指称理论

本节的非形式的讨论主要是从 FC 和 FC^{+V} 两个扩张系统的基本特征谈起，接着讨论扩张语言的常项和变元，其目的是为克莱门特的形式系统的讨论奠定基础。

一、非形式的讨论

从两个扩张系统的基本特征来看，克莱门特建立形式系统的目的是改进丘奇的涵义和指称的逻辑，因为丘奇的逻辑并没有反映出弗雷格的思想。

尽管如此，克莱门特采用的许多的策略和方法大部分借鉴自丘奇的逻辑系统，其中最重要的方法是直接引语方法，也即在考虑引语出现的语境的情况下，采用概念文字相同的符号改写日常语言表达式，有时用表达式的指称符号改写，有时候用涵义的符号改写。克莱门特引入了新的函数符号"Δ"，用来表示涵义和指称之间的关系。

在非形式讨论中，克莱门特用小写的希腊瑞尔字母表示新的对象常项，用大写的印刷体字母表示新的函数常项。比如，如果用"$\mathcal{P}()$"表示是一颗行星的概念，用"m"表示晨星（如金星），那么"$\mathcal{P}(\mathrm{m})$"为真，也即"$\mathcal{P}(\mathrm{m})$"表达的思想是：晨星是一颗行星，它为真。当然也可用直接引语的方式改写"晨星是一颗行星"这个句子，改写后的句子也有指称。但是为了改写一个出现在间接引语中的句子，即"晨星是一颗行星"出现在间接引语则要用不同的符号，这个符号不表示真值，而是表示"$\mathcal{P}(\mathrm{m})$"表达的思想。因此，克莱门特把这个命题：

（1E）晨星是一颗行星，

改写为：

（1B）$\vdash \mathcal{P}(\mathfrak{m})$①

而把命题（2E）哥特罗布相信晨星是一颗行星，

改写为：

（2B）$\vdash \mathcal{B}(\mathfrak{g}, \mathfrak{p})$②

（其中"$\mathcal{B}(\xi, \zeta)$"表示相信关系，用"$\mathfrak{g}$"表示哥特罗布）

为了把握"$\mathcal{P}(\mathfrak{m})$"（表示晨星是一颗行星的真值）和"m"（表示晨星

① Kevin C. Klement. Frege and The Logic of Sense and Reference [M]. New York: Routledge, 2002: 126.

② Kevin C. Klement. Frege and The Logic of Sense and Reference [M]. New York: Routledge, 2002: 126.

是一颗行星的思想）的关系，可以这样改写：

(3B) $\vdash \Delta(\mathbb{p}, \mathcal{P}(\mathbb{m}))$[①]

这就断定了思想把真值作为指称的涵义。

上文已经探讨过，涵义的同一条件的主要标准是表达它们的短语在所有的间接语境中都可以互相替换。可以从莱布尼兹规律应对直接引语，这也是直接引语的一个优势。上文中用"$\mathbb{p}$"表示"晨星是一颗行星"在直接引语中（由间接引语中的短语表示）表达的思想，用符号"$\mathbb{q}$"表示德语语句"der Morgenttern ist ein planet"[②] 表达的思想。如果假定德语和英语句子表达相同的涵义，就可在概念文字中用同一符号表示$\mathbb{p}$和$\mathbb{q}$是相同的思想，即为：

(4B) $\vdash \mathbb{p} = \mathbb{q}$[③]

接下来就可从（2B），（4B）和 莱布尼兹规律（公理 FC6）得出如下的结论：

(5B) $\vdash \mathcal{B}(\mathbb{g}, \mathbb{q})$[④]

即哥特罗布相信"der Morgenttern ist ein planet"表达的思想，或者，若可以把两种语言混用的话，可以更简单地表述如下：

(5E/G) Gottlob believes "der Morgenttern ist ein planet"。

---

① Kevin C. Klement. Frege and The Logic of Sense and Reference [M]. New York: Routledge, 2002: 126.

② Kevin C. Klement. Frege and The Logic of Sense and Reference [M]. New York: Routledge, 2002: 127.

③ Kevin C. Klement. Frege and The Logic of Sense and Reference [M]. New York: Routledge, 2002: 127.

④ Kevin C. Klement. Frege and The Logic of Sense and Reference [M]. New York: Routledge, 2002: 127.

这就表达了与（2E）相同的思想，只不过代之以间接引语罢了。

克莱门特强调不能把复杂的类型论整合到现在这个系统中，其原因前面已经谈到了，尽管保留了弗雷格对函数的级或阶的区分，但是需要增加的新的变元类型以表示涵义领域的实体。

克莱门特认为，既不能把函数表达式的涵义理解为函数也不能理解为对象，而应理解为涵义领域内的一个特殊的不完全实体。他的这个认识，会让人想到应该增加一种新的符号到概念文字语言上以表示不完全的涵义。他认为应该用希伯来字符表示这个类的常项，例如用“ᑐ”表示谓词“ξ是行星”的涵义或表示概念文字函数符号“$\mathcal{P}(\xi)$”的涵义。既然这个涵义是不完全的，用括号和一个符号表达它的不饱和性就比较恰当，正如用括号和符号“ξ”表示函数符号一样。对不完全涵义，用符号“δ”表示而不用“ξ”表示（后面用“χ”表示既不完全又不饱和的涵义符号），这样可把它写为“ᑐ(δ)”。如果用一个完全涵义的符号取代“δ”，所得结果就是一个完全思想的符号。因此，如果用“𝕤”表示短语“晨星”的涵义，那么我们可用“ᑐ(𝕤)”表示“晨星是一颗行星”的思想。实际上，可把它写为：

(7B) ⊢ᑐ(𝕤) = 𝕡

把句子（2E）改写成概念文字时，最好用复合符号“ᑐ(𝕤)”而不用“𝕡”，这样就可以更好地揭示所相信思想的逻辑结构。

在本章所描述的系统中，克莱门特把 F 和 L 之间的大写罗马字母与哥特式字母［再加上（'）］作为不完全涵义的自变元范围。但是，新增加的罗马字母和哥特式字母会使逻辑语言的句法变得复杂。像常项“ᑐ(δ)”这样的符号，通过把它们表示为一个或者多个用于表示其不饱和性的符号，比如“$F(\delta)$”，也是可以阐明的。

二、扩张语言的新常项

概念文字扩张的核心是使语言包括一些语义常项，最重要的是函数符号“Δ”。在这里，需要从形式上表述这个符号的语义：

"$\Delta(\xi, \zeta)$"为真。如果表示决定指称的涵义"ξ"所替代的东西是由"ζ"所替代的东西所表示的对象，那么"$\Delta(\xi, \zeta)$"为真；否则为假。[①]

对任何自变元对（pair of argument）而言，这个函数有一个真值，按照弗雷格的术语，它是一种关系，特别是，它是涵义和它决定的指称之间的关系。然后需要定义包含完全涵义或不完全涵义的量词表达式的语义。完全涵义的量词是一个二级函数符号（second-level function sign）；不完全涵义的量词是三级函数符号（third-level function sign）。对前者的语义刻画如下：

"$(\forall \alpha^*)\phi(\alpha^*)$"为真。对所有作为自变元的完全涵义而言，如果"$\phi$"作为名称所替代的东西是为真的一个函数，那么"$(\forall \alpha^*)\phi(\alpha^*)$"为真；否则为假。[②]

把这个与上文中给出的标准量词的解释相比较，可以做以下刻画：

"$(\forall \mathfrak{F})\ \mu_\beta\ (\mathfrak{F}(\beta))$"对于所有带有一个主目位的一级涵义—函数而言，如果替代"μ_β（… β…）"的二级函数名称表示为真，那么"$(\forall \mathfrak{F})\ \mu_\beta\ (\mathfrak{F}(\beta))$"为真；否则为假[③]。

克莱门特还引入了一个包含二元不完全涵义（two-place incomplete Sinne）的类似的量词。此外，他还增加了一定数量的特定涵义常项。当然，在某种意义下，所有的涵义都是逻辑对象，它们的存在从逻辑上说是必然的。尽管不可能对每个可能的涵义引入一个常项，但是，至少要引入表示如"⊃""~""="那样的逻辑常项、量词等涵义的常项。这些常项用于改写出现在间接引语中的日常语言的逻辑算子。因为所有这样的逻辑常项

① Kevin C. Klement. Frege and The Logic of Sense and Reference [M]. New York: Routledge, 2002: 131.

② Kevin C. Klement. Frege and The Logic of Sense and Reference [M]. New York: Routledge, 2002: 108.

③ Kevin C. Klement. Frege and The Logic of Sense and Reference [M]. New York: Routledge, 2002: 132.

都表示（某个层级的）函数，所以在此引入的常项表示其不完全涵义。为了满足弗雷格的提议，即用于间接引语的符号应该使“它们与间接引语中相应的符号的连接容易识别”，可以用符号“…”表示“—”的涵义、“→”表示“⊃”的涵义、“¬”表示“~”的涵义、“≈”表示“=”的涵义、“˥”表示“\”的涵义。于是就有如下的语义刻画[①]：

“…δ”表示这样的思想，它是当“—”的不完全的涵义由替代“δ”的东西表示的涵义使其完全时的结果。

“¬δ”表示这样的思想，它是当“~”的不完全涵义由替代“δ”的东西表示的涵义使其完全时的结果。

“δ→χ”表示这样的思想，它是当“⊃”的双重不完全涵义在其第一（前件）不完全位置由替代“δ”的东西表示的涵义使其完全，在其第二（后件）不完全位置由替代“χ”的东西表示的涵义使其完全时的结果。

“δ≈χ”表示这样的思想，它是当“=”的双重不完全涵义在其第一不完全的位置由替代“δ”的东西表示的涵义使其完全，在其第二不完全的位置由替代“χ”的东西表示的涵义使其完全时的结果。

“˥δ”表示这样的复杂涵义，它是当“\”不完全的涵义由替代“δ”的东西表示的涵义使其完全时的结果。

到这里为止，克莱门特为构建涵义和指称的逻辑演算已经引入了常项，它表示在上文中已经勾勒的系统中的一级函数常项的涵义。接下来还要继续引入高层级函数常项（higher-level function constants）的涵义、量词以及不送气音符号。高层级函数符号的涵义也必须被理解为不完全的或者不饱和的，但是它们的不完全性（incompletness）不同于一级函数符号的不完全

① 下述语义刻画引自 Kevin C. Klement. Frege and The Logic of Sense and Reference [M]. New York: Routledge, 2002: 133.

涵义。正如二级函数只能由某种不完全的、一级函数使其完全一样，一级函数、决定（某种东西）的涵义也只能由某种不完全的东西使其完全，在这种情况下，一个不完全的涵义决定一个一级函数。这样，一个决定一个二级函数的不完全涵义的符号也将有一个不完全的位置（incomplete spot），而且这个位置将会由一级不完全的涵义的名称填充。克莱门特用"$(\Pi\alpha^*)\theta(\alpha^*)$"作为符号"$(\forall\alpha)\phi(\alpha)$"的涵义的名称。那么符号"$\theta$"就用于指出这个不完全涵义的不饱和性，而且它（"$\theta$"）会由一个一级不完全涵义的名称所替代。于是，刻画其语义如下：

"$(\Pi\alpha^*)\theta(\alpha^*)$"表示这样的思想，它是当"$(\forall\alpha)\phi(\alpha)$"的不完全涵义由替代"θ"的东西所表示的不完全涵义使其相互饱和时的结果。①

这样一来，"$(\Pi\alpha^*)\ \mathfrak{P}(\alpha^*)$"不是真值的名称而是思想的名称，正如"$\mathfrak{P}(\mathbb{s})\rightarrow\mathfrak{P}(\mathbb{s})$"一样。"$(\Pi\alpha^*)\ \mathfrak{P}(\alpha^*)$"命名了由"$(\forall\alpha)\ \mathcal{P}(\alpha)$"表达的思想，即每一事物都是一颗行星的思想。虽然这个思想为假，但它仍是存在的。同样地，为三级函数量词的涵义"$(\forall \mathsf{f})\ \mu_\beta(\mathsf{f}(\beta))$"引入一个常项，克莱门特把它写为"$(\Pi\mathfrak{F})\ \mu_\beta{}^*\ (\mathfrak{F}(\beta))$"。它的语义刻画如下：

"$(\Pi\mathfrak{F})\mu_\beta{}^*(\mathfrak{F}(\beta))$"表示这样的思想，它是当"$(\forall \mathsf{f})\ \mu_\beta(\mathsf{f}(\beta))$"的不完全涵义与替代"$\mu_\beta{}^*(\ldots\beta\ldots)$"的东西表示的不完全涵义相互饱和时的结果。②

这样一来，当"$(\forall \mathsf{f})\mathsf{f}(\mathbb{m})$"表达这样的思想，即每个函数都把晨星满射到真，表达式"$(\Pi\mathfrak{F})\mathfrak{F}(\mathbb{s})$"表示这个思想。也可为涉及二元一级函数（two-place first level functions）的量词的涵义增加类似的符号。最后，要为不送气类—形成算子（smooth-breathing class-forming operator）（"$\grave{\varepsilon}\phi\ (\varepsilon)$"）

① Kevin C. Klement. Frege and The Logic of Sense and Reference [M]. New York: Routledge, 2002: 135.

② Kevin C. Klement. Frege and The Logic of Sense and Reference [M]. New York: Routledge, 2002: 135.

引入一个符号“$\mathring{\varepsilon}\theta(\varepsilon)$”，从而有：

“$\mathring{\varepsilon}\theta(\varepsilon)$”表示这样的复杂涵义，它是当“$\acute{\varepsilon}\phi(\varepsilon)$”的不完全涵义与替代“$\theta$”的东西表示的不完全的涵义相互饱和时的结果。①

在这里，一旦“$\mathring{\varepsilon}$ Ↄ(ε)”不表示一个思想，也不表示一个值域，它表示决定一个值域的涵义，即由“$\dot{\varepsilon}\mathcal{P}(\varepsilon)$”表示的值域（所有行星的类）。

为了给上文中阐释的概念文字的所有初始符号的涵义引入常项，克莱门特本来可以增加表示新常项涵义的常项或者这种符号的层级，从而添加符号“$\rightarrow^{n}$”的层级，使得“$\rightarrow^{m+1}$”表示“$\rightarrow^{m}$”的涵义。但是，克莱门特并没有这样去做，其结果是，该系统的公理将使得它们对决定这些函数的涵义做出承诺，甚至在没有表示它们的常项时也是这样。因此，克莱门特系统并不会因为省去这些常项而变弱。然而，克莱门特主张为新的语义常项的涵义“$\Delta(\xi, \zeta)$”增加一个常项，写作“$\blacktriangle(\delta, \chi)$”，其语义刻画如下：

“$\blacktriangle(\delta, \chi)$”表示这样的思想，它是当“$\Delta(\xi, \zeta)$”的双重不完全涵义在其第一（涵义）位置由替代“$\delta$”的东西表示的涵义使其完全，而在第二（指称）位置由替代“χ”的东西表示的涵义使其完全时的结果。②

上述论及了克莱门特为弗雷格概念文字增加的新常项相关内容。③

三、扩张语言的句法规则

克莱门特扩张语义规则采用的方法与扩张新常项的方法一致。这样的话，字母表中 F 之前的大写字母可被理解为元语言的图示变项（metalinguistic

---

① Kevin C. Klement. Frege and The Logic of Sense and Reference [M]. New York: Routledge, 2002: 135.

② Kevin C. Klement. Frege and The Logic of Sense and Reference [M]. New York: Routledge, 2002: 136.

③ Kevin C. Klement. Frege and The Logic of Sense and Reference [M]. New York: Routledge, 2002: 126—136.

schematic variables），它表示一个或者更多的概念文字符号串，但有一个约定，即「A(B)˥ 表示一串概念文字符号，其中串 B 作为部分包含在里面。克莱门特的讨论是从数的定义开始的，以上给出的所有定义，除了合式表达式的定义之外，仍将保持不变。虽然克莱门特将给出以下修改定义，但是，他将从增加新的定义开始①：

定义：罗马完全涵义字母（Roman complete Sinn letter）

如果 A 是一个罗马对象字母，那么「A*˥ 是一个罗马完全涵义字母。

定义：哥特式完全涵义字母（Gothic complete Sinn letter）

如果 A 是一个哥特式对象字母，那么「A*˥ 是一个哥特式完全涵义字母。

定义：一元一级罗马不完全涵义字母（one-place first-level Roman incomplete Sinn Letter）

（ⅰ）任何大写的罗马字母 F^1，G^1，H^1，I^1，J^1，K^1 和 L^1（包括上标）是一个一元一级罗马不完全涵义字母，且：

（ⅱ）如果 A 是一个一元一级罗马不完全涵义字母，那么「A′˥ 是一个不同的一元一级罗马不完全涵义字母。

定义：二元一级罗马不完全涵义字母（two-place first-level Roman incomplete Sinn letter）

（ⅰ）任何大写罗马字母 F^2，G^2，H^2，I^2，J^2，K^2 和 L^2（包括上标）是一个二元一级罗马不完全涵义字母，且：

（ⅱ）如果 A 是一个二元一级罗马不完全涵义字母，那么「A′˥ 是一个不同的二元一级罗马不完全涵义字母。

定义：一元一级哥特式不完全涵义字母（one-place first-level Gothic incomplete Sinn letter）

① 下述定义均引自 Kevin C. Klement. Frege and The Logic of Sense and Reference [M]. New York: Routledge, 2002: 136—140.

（ⅰ）任何大写的哥特式字母$\mathfrak{F}^1$，$\mathfrak{G}^1$，$\mathfrak{H}^1$，$\mathfrak{I}^1$，$\mathfrak{J}^1$，$\mathfrak{K}^1$和$\mathfrak{L}^1$（包括上标）是一个一元一级哥特式不完全涵义字母，且：

（ⅱ）如果A是一个一元一级哥特式不完全涵义字母，那么「A′⌉是一个不同的一元一级哥特式不完全涵义字母。

定义： 二元一级哥特式不完全涵义字母（two-place first-level Gothic incomplete Sinn letter）

（ⅰ）任何大写的哥特式字母$\mathfrak{F}^2$，$\mathfrak{G}^2$，$\mathfrak{H}^2$，$\mathfrak{I}^2$，$\mathfrak{J}^2$，$\mathfrak{K}^2$和$\mathfrak{L}^2$（包括上标）是一个二元一级哥特式不完全涵义字母，且

（ⅱ）如果A是一个二元一级哥特式不完全涵义字母，那「A′⌉是一个不同的二元一级哥特式不完全涵义字母。

定义： 具有一元自变元的二级罗马不完全涵义字母（Second-level Roman incomplete Sinn letter with one-place argument）

如果A是一个具有一元自变元的二级罗马函数字母，那么「A*⌉是一个具有一元自变元的二级罗马不完全涵义字母。

定义： 具有二元自变元的二级罗马不完全涵义字母（Second-level Roman incomplete Sinn letter with two-place argument）

如果A是一个具有二元自变元的二级罗马函数字母，那么「A*⌉是一个具有二元自变元的二级罗马不完全涵义字母。

定义： 完全涵义表达式（complete Sinn expression）

（ⅰ）任何罗马完全涵义字母是一个完全的涵义表达式；

（ⅱ）如果A是一个完全涵义表达式，那么「... A⌉是一个完全涵义表达式；

（ⅲ）如果A是一个完全涵义表达式，那么「¬ A⌉是一个完全涵义表达式；

（ⅳ）如果A是一个完全涵义表达式，那么「˥A⌉是一个完全涵义表达式；

（ⅴ）如果A和B是完全涵义表达式，那么「(A→B)⌉是一个完全涵义表达式；

（ⅵ）如果A和B是完全涵义表达式，那么「(A≈B)⌉是一个完全涵义

表达式；

（ⅶ）如果 A 和 B 是完全涵义表达式，那么「▲(A，B)˥ 是一个完全涵义表达式；

（ⅷ）如果 A 是一个完全涵义表达式，且 B 是一个一元一级罗马不完全涵义字母，那么「B(A)˥ 是一个完全涵义表达式；

（ⅸ）如果 A 和 B 是完全涵义表达式，且 C 是一个二元一级罗马不完全涵义字母，那么「C(A，B)˥ 是一个完全涵义表达式；

（ⅹ）如果「A(B)˥ 是一个包含 B 在内的完全涵义表达式，其中 B 自身是一个完全涵义表达式，且 C 是一个不包含在「A(B)˥ 中的哥特式完全涵义字母，那么「(ΠC)A(C)˥ 是一个完全涵义表达式，用 C 替代 B 在「A(B)˥ 里的一次或者多次出现；

（ⅺ）如果「A(B)˥ 是一个包含 B 在内的完全涵义表达式，其中 B 自身是一个完全涵义表达式，且 E 是一个不包含在「A(B)˥ 中的希腊对象字母，那么「E̊A(E)˥ 是一个完全涵义表达式，用 E 替代 B 在「A(B)˥ 中的一次或者多次出现；

（ⅻ）如果「D(A(B))˥ 是一个包含「A(B)˥ 在内的完全涵义表达式，其中「A(B)˥ 自身是一个包含 B 在内的完全涵义表达式，其中 B 自身是一个完全涵义表达式，且 C 是一个不包含在「D(A(B))˥ 中的一元哥特式不完全涵义字母，那么「(ΠC)D(C(B))˥ 是一个完全涵义表达式，用 C 替代 A 在「D(A(B))˥ 中的一次或者多次出现；

（xⅲ）如果「D(A(B，E))˥ 是一个包含「A(B，E)˥ 在内的完全涵义表达式，其中「A(B，E)˥ 自身是一个包含 B 和 E 在内的完全涵义表达式，B 和 E 自身都是完全涵义表达式，且 C 是一个不包含在「D(A(B,E))˥ 中的二元哥特式不完全涵义字母，那么「(ΠC)D(C(B，E))˥ 是一个完全涵义表达式，用 C 替代 A 在「D(A(B，E))˥ 中的一个或者多次出现；

（xⅳ）如果「A(B)˥ 是一个包含 B 在内的完全涵义表达式，B 自身是一个完全涵义表达式，且 C 是一个具有一元自变元的二级不完全涵义字母，那么「C(A(β))˥ 是一个完全涵义表达式，用 β 替代 B 在「A(B)˥中的一次或者多次出现；

（ⅹ）如果「A(B，C)˥ 是一个包含 B 和 C 在内的完全涵义表达式，B

和 C 自身都是完全涵义表达式，而且 D 是一个具有二元自变元的二级不完全涵义字母，那么「D(A(β, γ))˥ 是一个完全涵义表达式，用 β 替代 B 在「A(B, C)˥ 中的一次或者多次出现，用 γ 替代 C 在「A (B, C)˥中的一次或者多次出现。

定义：一元一级不完全涵义表达式（one-place first-level incomplete Sinn expression）如果「A(B)˥ 是一个包含 B 的完全涵义表达式，B 自身是一个完全涵义表达式，那么「A(δ)˥ 是一个一元一级不完全涵义表达式，δ 表示消去（去掉）B 在「A(B)˥ 中的一次或者多次出现而导致的间隙（缺口）。

定义：二元一级不完全涵义表达式（two-place first-level incomplete Sinn expression）如果「A(B, C)˥ 是一个包含 B 和 C 的完全涵义表达式，其中 B 和 C 自身是一个完全涵义表达式，那么「A(δ, χ)˥ 是一个二元一级不完全涵义表达式，用 δ 表示消去 B 在「A(B, C)˥ 中的一次或者多次出现而导致的间隙，而且 χ 表示消去 C 在「A(B, C)˥ 中的一次或者多次出现而导致的间隙（在此，δ 和 χ 出现意味着在不完全涵义表达式中的开空位，它是消去 B 和 C 出现的空位）。

定义：具有一元自变元的二级不完全涵义表达式（second-level incomplete Sinn expression with one-place argument）如果「A(B)˥ 是一个包含 B 的完全涵义表达式，其中 B 自身是一个一元一级不完全涵义表达式，那么「A(θ)˥ 是一个具有一元自变元的二级不完全涵义表达式，用 θ 表示消去 B 在「A(B)˥ 中的一次或者多次出现导致的间隙（在此，θ 的出现意味着在不完全涵义表达式中的开空位，它是消去 B 出现的空位）。

定义：具有二元自变元的二级不完全涵义表达式（second-level incomplete Sinn expression with two-place argument）如果「A(B)˥ 是一个包含 B 的完全涵义表达式，B 自身是一个二元一级不完全涵义表达式，那么「A(θ)˥ 是一个具有二元自变元的二级不完全涵义表达式，用 θ 表示消去 B 在「A(B)˥ 中的一次或者多次出现而导致的间隙（在此，θ 的出现意味着在不完全涵义表达式中的开空位，它是消去 B 出现的空位）。

给出这些定义后，接着要重新定义合式表达式，它们如下：

定义：合式表达式（w*f*e）

（ⅰ）任何罗马对象字母是一个合式表达式；

（ⅱ）任何完全涵义表达式是一个合式表达式；

（ⅲ）如果 A 是一个合式表达式，那么「—A˥ 是一个合式表达式；

（ⅳ）如果 A 是一个合式表达式，那么「~A˥ 是一个合式表达式；

（ⅴ）如果 A 是一个合式表达式，那么「\A˥ 是一个合式表达式；

（ⅵ）如果 A 和 B 是合式表达式，那么「(A⊃B)˥ 是一个合式表达式；

（ⅶ）如果 A 和 B 是合式表达式，那么「(A=B)˥ 是一个合式表达式；

（ⅷ）如果 A 和 B 是合式表达式，那么「Δ(A, B)˥ 是一个合式表达式；

（ⅸ）如果 A 是一个合式表达式，且 B 是一个一元一级罗马函数字母，那么「B(A)˥ 是一个合式表达式；

（ⅸ）如果 A 和 B 是合式表达式，且 C 是一个二元一级罗马函数字母，那么「C(A, B)˥ 是一个合式表达式；

（ⅹ）如果「A(B)˥ 是一个包含 B 在内的合式表达式，B 自身是一个合式表达式，且 C 是一个不包含在「A(B)˥ 中哥特式的完全涵义字母，那么「(∀C)A(C)˥ 是一个合式表达式，用 C 替代 B 在「A(B)˥ 中的一次或者多次出现；

（ⅹⅰ）如果「A(B)˥ 是一个包含 B 在内的合式表达式，B 自身是一个合式表达式但不是一个完全涵义表达式，且 C 是一个不包含在「A(B)˥中哥特对象字母，那么「(∀C)A(C)˥ 是一个合式表达式，用 C 替代 B 在「A(B)˥ 中的一次或者多次出现；

（ⅹⅱ）如果「A(B)˥ 是一个包含 B 在内的合式表达式，B 自身是一个合式表达式但不是一个完全涵义表达式，且 E 是一个不包含在「A(B)˥中的希腊对象字母，那么「ἘA(E)˥ 是一个合式表达式，用 E 替代 B 在「A(B)˥ 中的一次或者多次出现；

（ⅹⅲ）如果「D(A(B))˥ 是一个包含「A(B)˥ 在内的合式表达式，「A(B)˥ 自身是一个包含 B 在内的完全涵义表达式，B 自身是一个完全涵义表达式，且 C 是一个不包含在「D(A(B))˥ 一元哥特式不完全涵义字母，那么「(∀C)D(C(B))˥ 是一个合式表达式，用 C 替代 A 在「D(A(B))˥ 中的一次或者多次出现；

（ⅹⅲ）如果「D(A(B, E))˥ 是一个包含「A(B, E)˥ 在内的合式表达式,「A(B, E)⌉ 自身是一个包含 B 和 E 在内的完全涵义表达式，B 和 E 自身都是完全涵义表达式，且 C 是一个不包含在「D(A(B, E))⌉的二元哥特式不完全涵义字母，那么「(∀C)D(C(B, E))⌉ 是一个合式表达式，用 C 替代 A 在「D(A(B, E))⌉ 中的一次或者多次出现；

(xiv) 如果「D(A(B))⌉ 是一个包含「A(B)⌉ 在内的合式表达式，「A(B)⌉ 自身是一个合式表达式但不是一个包含 B 在内的完全涵义表达式，B 自身是一个合式表达式，且 C 是一个不包含在「D(A(B))⌉ 中的一元哥特式函数字母，那么「(∀C)D(C(B))⌉ 是一个合式表达式，用 C 替代 A 在「D(A(B))⌉ 中的一次或者多次出现；

(xiv) 如果「D(A(B, E))⌉ 是一个包含「A(B, E)⌉ 在内的合式表达式,「A(B, E)⌉ 自身是一个合式表达式但不是一个包含 B 和 E 在内的完全涵义表达式，B 和 E 自身都是合式表达式，且 C 是一个不包含在「D(A(B, E))⌉ 中的二元哥特式函数字母，那么「(∀C)D(C(B, E))⌉ 是一个合式表达式，用 C 替代 A 在「D(A(B, E))⌉ 中的一次或者多次出现；

(xv) 如果「A(B)⌉ 是一个包含 B 在内的合式表达式，B 自身是一个合式表达式，且 C 是一个具有一元自变元的二级罗马函数字母，那么「C(A(β))⌉ 是一个合式表达式，用β替代 B 在「A(B)⌉ 中的一次或者多次出现，且:

(xvi) 如果「A(B, C)⌉ 是一个包含 B 和 C 在内的合式表达式，D 是一个具有二元自变元的二级罗马函数字母，那么「D(A(β, γ))⌉ 是一个合式表达式，用β替代 B 在「A(B, C)⌉ 中的一次或者多次出现，用γ替代 C 在「A(B, C)⌉ 中的一次或者多次出现。

在此需要关注这些定义的结果，比如“$a \supset a$”和“$a^* \rightarrow a^*$”两者按照以上的定义都是合式表达式，而“$a \rightarrow a$”则不是。只有涵义表达式（Sinn expression）能用不完全涵义符号如“→”，而“a”不是一个涵义表达式。所有的涵义表达式都是合式表达式，而并非所有的合式表达式都是涵义表达式。在列出罗马例示规则之后，一个罗马对象字母如“a”能被例示为任何合式表达式，这样也能例示任何完全涵义表达式，一个罗马完全涵义字母如“a^*”只能被例示为涵义表达式，就不能例示“a”或者一个更长的表达式，如“$a \supset a$”。同样地，上文中定义了函数名称，把“~”和“¬”

都定义为函数名称，但只有后者定义为一个不完全涵义表达式，这样，一个罗马函数字母如“$f(\xi)$”可被例示为“~”和“¬”中的任何一个，一个罗马不完全涵义字母，如“$F(\delta)$”就不能被例示为“~”。在上文涉及的有关句法的约定，比如量词的结合、去掉上标、用点替代括号等等在此继续有效。①

四、公理和推理规则

我们上述列出了扩张语言的句法，现在继续列出它的公理和推理规则。但是要考虑对上文提出的 FC 和 FC^{+V} 这两个系统的扩张。克莱门特把系统 FC 的公理和下面的新的公理和新的推理规则构成的系统称为 FC^{+SB}（意为加上涵义和指称演算的系统），把包含所有的 FC^{+V} 的公理和新的公理与推理规则的扩张系统称为 FC^{+SB+V}（加上涵义和指称再加上值域演算的系统）。这样公理 FC1 到公理 FC6 形成了系统的核心。尽管需要扩张和修正许多规则，以容纳新的句法成分和量词，但也要保留 FC 的所有的推理规则。克莱门特给出的修正的规则如下（以下没有给出的规则与上文阐述的一样）：

水平合并规则 Horizontal amalgamation rules (hor)②

在此，A 和 B 可以是语言的任何合式表达式（注意：除了上文中列出的这些对偶以外，下列表达式的对偶也是可互换的）。

「—Δ(A, B)˥ ∷ 「Δ(A, B)˥ ③

一般性记法的改变（Change in generality notation (gen)）④

① Kevin C. Klement. Frege and The Logic of Sense and Reference [M]. New York: Routledge, 2002: 131—141.

② Kevin C. Klement. Frege and The Logic of Sense and Reference [M]. New York: Routledge, 2002: 141.

③ Kevin C. Klement. Frege and The Logic of Sense and Reference [M]. New York: Routledge, 2002: 142.

④ Kevin C. Klement. Frege and The Logic of Sense and Reference [M]. New York: Routledge, 2002: 142.

除了上文中（a）—（d），这个规则还包括如下这几种情况：[①]

（e）「A(B)˥ 是一个包含 B 的合式表达式，B 是一个罗马完全涵义字母，且 C 是一个不包含在「A(B)˥ 中的哥特式完全涵义字母，那么从「⊢A(B)˥ 推出「⊢(∀C)A(C)˥，用 C 替代 B 在「A(B)˥ 中的每次出现。

（f）「A(B)˥ 是一个包含 B 的合式表达式，B 是一个罗马完全涵义字母，C 是一个不包含在「A(B)˥ 中的哥特式完全涵义字母，且 D 是一个不包含 B 的合式表达式，那么从「⊢D⊃A(B)˥ 推出「⊢D⊃(∀C)A(C)˥，用 C 替代 B 在「A(B)˥ 中的每次出现。

（g）「A(B)˥ 是一个包含 B 的合式表达式，B 是一个一级罗马不完全涵义字母，且 C 是一个和 B 具有相同数量的自变元位的、不包含在「A(B)˥ 中的哥特式不完全涵义字母，那么从「⊢A(B)˥ 推出「⊢(∀C)A(C)˥，用 C 替代 B 在「A(B)˥ 中的每次出现。

（h）「A(B)˥ 是一个包含 B 的合式表达式，B 是一个一级罗马不完全涵义字母，C 是一个和 B 具有相同数量的主目位的、不包含在「A(B)˥ 中的哥特式不完全涵义字母，且 D 是一个不包含 B 的合式表达式，那么从「⊢D⊃A(B)˥ 推出「⊢D⊃(∀C)A(C)˥，用 C 替代 B 在「A(B)˥ 中的每次出现。

罗马例示（Roman Instantiation（ri））

这个规则的（a）—（e）[②] 部分改变如下，而该规则的（f）—（j）[③] 部分是新增的：

（a）「A(B)˥ 是一个包含罗马对象字母 B 的一次或者多次出现的合式表

① （e）—（h）见 Kevin C. Klement. Frege and The Logic of Sense and Reference [M]. New York: Routledge, 2002: 142.

② Kevin C. Klement. Frege and The Logic of Sense and Reference [M]. New York: Routledge, 2002: 142—144.

③ Kevin C. Klement. Frege and The Logic of Sense and Reference [M]. New York: Routledge, 2002: 142—144.

达式，C 是不包含「A(B)˥ 中的哥特式字母或希腊字母的任何合式表达式，从「⊢A(B)˥ 推出「⊢A(C)˥，只要「⊢A(C)˥ 是一个合式表达式，用 C 替代 B 在「A(B)˥ 中的每次出现。

(b)「A(B)˥ 是一个包含一元一级罗马函数字母 B 一次或者多次出现的合式表达式，且 C 是不包含「A(B)˥ 中的哥特式字母或希腊字母的任何一元一级函数名称，从「⊢A(B)˥ 推出「⊢A(C)˥，只要「⊢A(C)˥ 是一个合式表达式，用 C 替代 B 在「A(B)˥ 中的每次出现，C 的空位 ξ 由「A(B)˥ 中 B 的自变元填充。

(c)「A(B)˥ 是一个包含二元一级罗马函数字母 B 的一次或者多次出现的合式表达式，且 C 是不包含「A(B)˥ 中的哥特式字母或希腊字母的任何二元一级函数名称，从「A(B)˥ 推出「⊢A(C)˥，只要「⊢A(C)˥ 是一个合式表达式，用 C 来替代 B 在「A(B)˥ 中的每次出现，C 的空位 ξ 和 ζ 由「A(B)˥ 中 B 的自变元填充。

(d)「A(B)˥ 是一个包含 B 的一次或者多次出现的合式表达式，B 是一个具有一元自变元位的二级罗马函数字母，且 C 是不包含「A(B)˥ 中的哥特式字母或希腊字母的具有一元自变元的任何二级函数名称，从「⊢A(B)˥ 推出「⊢A(C)˥，只要「⊢A(C)˥ 是一个合式表达式，用 C 替代 B 在「A(B)˥ 中的每次出现，C 的空位 ϕ 由「A(B)˥ 中相应 B 的自变元填充，用 C 中的相互饱和的符号替代 β 在「A(B)˥ 中全部出现。

(e)「A(B)˥ 是一个包含 B 的一次或者多次出现的合式表达式，B 是一个具有二元自变元的二级罗马函数字母，且 C 是不包含「A(B)˥ 中的哥特式字母或希腊字母的具有二元自变元的任何二级函数名称，从「⊢A(B)˥ 推出「⊢A(C)˥，只要「⊢A(C)˥ 是一个合式表达式，用 C 替代 B 在「A(B)˥ 中的每次出现，C 的空位 ϕ 由「A(B)˥ 中相应 B 的自变元填充，用 C 中的相互饱和的符号替代 β 和 γ 在「A(B)˥ 中全部出现。

(f)「A(B)˥ 是一个包含罗马完全涵义字母 B 的一次或者多次出现的合式表达式，且 C 是不包含「A(B)˥ 中的哥特式字母或希腊字母的任何完全涵义表达式，从「⊢A(B)˥ 推出「⊢A(C)˥，用 C 替代 B 在「A(B)˥ 中的每次出现。

(g)「A(B)˥ 是一个包含一元一级不完全涵义字母 B 的一次或者多次出

现的合式表达式，且 C 是不包含「A(B)˥ 中的哥特式字母或希腊字母的任何一元一级不完全涵义表达式，从「⊢A(B)˥ 推出「⊢A(C)˥，用 C 替代 B 在「A(B)˥ 中的每次出现，C 的空位 δ 由「A(B)˥ 中的相应 B 的自变元填充。

(h)「A(B)˥ 是一个包含二元一级不完全涵义字母 B 的一次或者多次出现的合式表达式，且 C 是不包含「A(B)˥ 中的哥特式字母或希腊字母的任何二元一级不完全涵义表达式，从「⊢A(B)˥ 推出「⊢A(C)˥，用 C 替代 B 在「A(B)˥ 中的每次出现，C 的空位 δ 和 χ 由「A(B)˥ 中相应 B 的自变元填充。

(i)「A(B)˥ 是一个包含 B 的一次或者多次出现的合式表达式，B 是一个具有一元自变元的二级不完全涵义字母，且 C 是不包含「A(B)˥ 中的哥特式字母或希腊字母的具有一元自变元的任何二级不完全涵义表达式，从「⊢A(B)˥ 推出「⊢A(C)˥，用 C 替代 B 在「A(B)˥ 中的每次出现，C 的空位 ϕ 由「A(B)˥ 中相应 B 的自变元填充，用 C 中的相互饱和的符号替代 β 在「A(B)˥ 中全部出现。

(j)「A(B)˥ 是一个包含 B 的一次或者多次出现的合式表达式，B 是一个具有二元自变元的二级不完全涵义字母，且 C 是不包含「A(B)˥ 中的哥特式字母或希腊字母的具有二元自变元的任何二级不完全涵义表达式，从「⊢A(B)˥ 推出「⊢A(C)˥，用 C 替代 B 在「A(B)˥ 中的每次出现，C 的空位 ϕ 由「A(B)˥ 中相应 B 的自变元填充，用 C 中的相互饱和的符号替代 β 和 γ 在「A(B)˥ 中全部出现。

哥特式字母或希腊字母的改变［Change of Gothic or Greek letter（cg）］

除了上文中的（a）—（c）部分之外，这个规则还包含下面的实例[①]：

(d)「D(A(B))˥ 是一个包含「A(B)˥ 的合式表达式，「A(B)˥ 自身是一个包含哥特式完全涵义字母 B 的合式表达式，且 C 是一个不包含在

① (d)、(e) 见 Kevin C. Klement. Frege and The Logic of Sense and Reference [M]. New York: Routledge, 2002: 144.

「A(B)┐中的不同的哥特式完全涵义字母，那么从「⊢D(A(B))┐推出「⊢D(A(C))┐，用C替代B在「A(B)┐中的全部出现。

(e)「D(A(B))┐是一个包含「A(B)┐的合式表达式，「A(B)┐自身是一个包含哥特式完全涵义字母B的合式表达式，且C是一个不包含在「A(B)┐中的不同的具有和B相同数量自变元位的哥特式不完全涵义字母，那么从「⊢D(A(B))┐推出「⊢DA(C))┐，用C替代B在「A(B)┐中的全部出现。

上述的（*hor*）、（*gen*）和（*cg*）规则比较好理解，（*ri*）规则的（a）—（c）部分需要进一步思考。添加"只要「A(C)┐是一个合式表达式"这个从句，意味着从公理FC2消去如下的一个推理形式：

$$\vdash (\forall \alpha) f(\alpha) \supset f(b)$$ ①

也意味着消去如下不合式的表达式：

$$\vdash (\forall \alpha) F(\alpha) \supset F(b)$$ ②

在克莱门特看来，尽管"$F(\ )$"既可以看作是一个函数名称又可以看作是一个不完全涵义表达式，但是表达式"$F(b)$"和"$(\forall \alpha)F(\alpha)$"不是合式的，因为只有涵义的符号才能使不完全涵义表达式完全。（d）和（e）新增部分允许把罗马涵义字母（完全的和不完全的）例示到任何涵义表达式（简单或复杂的）。

克莱门特认为在讨论新的公理之前，先定义一些符号：

$$(\text{Df. } \exists \text{d}) \Vdash (\exists \alpha^*) f(\alpha^*) = \sim (\forall \alpha^*) \sim f(\alpha^*)$$
$$(\text{Df. } \exists \text{e}) \Vdash (\exists \mathfrak{F}) \text{M}_\beta(\mathfrak{F}(\beta)) = \sim (\forall \mathfrak{F}) \sim \text{M}_\beta(\mathfrak{F}(\beta))$$

① Kevin C. Klement. Frege and The Logic of Sense and Reference [M]. New York: Routledge, 2002: 144.

② Kevin C. Klement. Frege and The Logic of Sense and Reference [M]. New York: Routledge, 2002: 144.

$(\mathrm{Df.}\ \exists \mathrm{f}) \Vdash (\exists \mathfrak{F}) \mathrm{M}_{\beta\gamma}(\mathfrak{F}(\beta, \gamma)) = \sim (\forall \mathfrak{F}) \sim \mathrm{M}_{\beta\gamma}(\mathfrak{F}(\beta, \gamma))$

$(\mathrm{Df.}S) \Vdash S(x) = (\exists \mathrm{a}^*)(x = \mathrm{a}^*)$ ①

可以看出，新的存在量词的定义应该比较直接。

扩张系统的核心公理是处理指谓函数（denotation function）、Δ、新量词以及涵义和思想的核心性质的公理。在此，先列出克莱门特给出的这些公理②，然后再个别地讨论：

Axiom FC^{+SB}10. $\vdash (\forall \mathrm{a}^*) f(\mathrm{a}^*) \supset f(a^*)$

Axiom FC^{+SB}11. $\vdash (\forall \mathfrak{F}) \mathrm{M}_\beta(\mathfrak{F}(\beta)) \supset \mathrm{M}_\beta(F(\beta))$

Axiom FC^{+SB}12. $\vdash (\forall \mathfrak{F}) \mathrm{M}_{\beta\gamma}(\mathfrak{F}(\beta, \gamma)) \supset \mathrm{M}_{\beta\gamma}(F(\beta, \gamma))$

Axiom FC^{+SB}13. $\vdash \Delta(a, b) \,\&\, \Delta(a, c) . \supset . (b = c)$

Axiom FC^{+SB}14. $\vdash \Delta(a, b) \supset S(a)$

Axiom FC^{+SB}15. $\vdash \sim S(\grave{\varepsilon} f(\varepsilon))$

Axiom FC^{+SB}16. $\vdash \sim S(—a)$

Axiom FC^{+SB}17. $\vdash F(a^*) = F(b^*) . \supset . a^* = b^*$

Axiom FC^{+SB}18. $\vdash F(a^*, b^*) = F(c^*, d^*) . \supset . (a^* = c^*) \,\&\, (b^* = d^*)$

Axiom FC^{+SB}19. $\vdash [\mathrm{M}^*_\beta(F(\beta)) = \mathrm{M}^*_\beta(G(\beta))] \,\&\, (\forall \mathrm{a}^* \mathfrak{F} \mathfrak{G})[\mathrm{M}^*_\beta(\mathfrak{F}(\beta)) \neq \mathfrak{G}(\mathfrak{F}(\mathrm{a}^*))] . \supset . (\forall \mathrm{a}^*)(F(\mathrm{a}^*) = G(\mathrm{a}^*))$

Axiom FC^{+SB}20. $\vdash [\mathrm{M}^*_{\beta\gamma}(F(\beta, \gamma)) = \mathrm{M}^*_{\beta\gamma}(G(\beta, \gamma))] \,\&\, (\forall \mathrm{a}^* \mathrm{b}^* \mathfrak{F} \mathfrak{G})[\mathrm{M}^*_{\beta\gamma}(\mathfrak{F}(\beta, \gamma)) \neq \mathfrak{G}(\mathfrak{F}(\mathrm{a}^*, \mathrm{b}^*))] . \supset . (\forall \mathrm{a}^* \mathrm{b}^*) F(\mathrm{a}^*, \mathrm{b}^*) = G(\mathrm{a}^*, \mathrm{b}^*)$

Axiom FC^{+SB}21. $\vdash [F(a^*) = G(a^*) . \&. F(b^*) = G(b^*) . \&. a^* \neq b^*] \supset (\forall \mathrm{a}^*)(F(\mathrm{a}^*) = G(\mathrm{a}^*))$

Axiom FC^{+SB}22. $\vdash [F(a^*, b^*) = G(a^*, b^*) . \&. F(c^*, d^*) = G(c^*, d^*) . \&. (a^* \neq b^*) \,\&\, (c^* \neq d^*) . \&. (a^* \neq$

① Df. ∃d 到 Df. S 见 Kevin C. Klement. Frege and The Logic of Sense and Reference [M]. New York: Routledge, 2002: 145.

② Kevin C. Klement. Frege and The Logic of Sense and Reference [M]. New York: Routledge, 2002: 145—146.

$c^*) \vee (b^* \neq d^*)] \supset (\forall \mathrm{a}^*\mathrm{b}^*)(F(\mathrm{a}^*, \mathrm{b}^*) = G(\mathrm{a}^*, \mathrm{b}^*))$

Axiom FC^{+SB}23. $\vdash F(a^*) = G(a^*) .\&. (\forall \mathfrak{H})(\mathfrak{H}(a^*) \neq F(b^*)) \& (\forall \mathfrak{H})(\mathfrak{H}(a^*) \neq G(c^*)) :\supset: (\forall \mathrm{a}^*)(F(\mathrm{a}^*) = G(\mathrm{a}^*))$

Axiom FC^{+SB}24. $\vdash F(a^*, b^*) = G(a^*, b^*) .\&. (a^* \neq b^*) .\&. (\forall \mathfrak{H})(\mathfrak{H}(a^*) \neq F(c^*, d^*)) .\&. (\forall \mathfrak{H})(\mathfrak{H}(b^*) \neq F(x^*, y^*)) .\&. (\forall \mathfrak{H})(\mathfrak{H}(a^*) \neq G(m^*, n^*)) .\&. (\forall \mathfrak{H})(\mathfrak{H}(b^*) \neq G(w^*, z^*)) :\supset: (\forall \mathrm{a}^*\mathrm{b}^*)(F(\mathrm{a}^*, \mathrm{b}^*) = G(\mathrm{a}^*, \mathrm{b}^*))$

Axiom FC^{+SB}25. $\vdash [M^*_\beta(F(\beta)) = N^*_\beta(F(\beta)) .\&. M^*_\beta(G(\beta)) = N^*_\beta(G(\beta)) .\&. F(a^*) \neq G(a^*)] .\supset. (\forall \mathfrak{F})[M^*_\beta(\mathfrak{F}(\beta)) = N^*_\beta(\mathfrak{F}(\beta))]$

Axiom FC^{+SB}26. $\vdash [M^*_{\beta\gamma}(F(\beta, \gamma)) = N^*_{\beta\gamma}(F(\beta, \gamma)) .\&. M^*_{\beta\gamma}(G(\beta, \gamma)) = N^*_{\beta\gamma}(G(\beta, \gamma)) .\&. F(a^*, b^*) \neq G(a^*, b^*)] .\supset. (\forall \mathfrak{F})[M^*_{\beta\gamma}(\mathfrak{F}(\beta, \gamma)) = N^*_{\beta\gamma}(\mathfrak{F}(\beta, \gamma))]$

Axiom FC^{+SB}27. $\vdash F(a^*) = a^* .\supset. (\forall \mathrm{b}^*)(F(\mathrm{b}^*) = \mathrm{b}^*)$

Axiom FC^{+SB}28. $\vdash F(a^*, b^*) \neq a^*$

Axiom FC^{+SB}29. $\vdash M^*_\beta(F(\beta)) = F(a^*) .\supset. (\forall \mathfrak{G})(M^*_\beta(\mathfrak{G}(\beta)) = \mathfrak{G}(a^*))$

Axiom FC^{+SB}30. $\vdash M^*_{\beta\gamma}(F(\beta, \gamma)) = F(a^*, b^*) .\supset. (\forall \mathfrak{G})(M^*_{\beta\gamma}(\mathfrak{G}(\beta, \gamma)) = \mathfrak{G}(a^*, b^*))$

Axiom FC^{+SB}31. $\vdash F(a^*) = G(b^*) .\&. a^* \neq b^* :\supset: (\forall c^*)(\exists \mathfrak{H})(\mathfrak{H}(b^*) = F(\mathrm{c}^*))$

Axiom FC^{+SB}32. $\vdash \Delta(F(a^*), b) \supset (\exists \mathrm{a})\Delta(a^*, \mathrm{a})$

Axiom FC^{+SB}33. $\vdash \Delta(M^*_\beta(F(\beta)), b) \supset (\exists \mathrm{f})(\forall \mathrm{a}\mathrm{a}^*)[\Delta(\mathrm{a}^*, \mathrm{a}) \supset \Delta(F(\mathrm{a}^*), \mathrm{f}(\mathrm{a}))]$

Axiom FC^{+SB}34. $\vdash \Delta(M^*_{\beta\gamma}(F(\beta, \gamma)), b) \supset (\exists \mathrm{f})(\forall \mathrm{a}\mathrm{a}^*\mathrm{b}\mathrm{b}^*)[\Delta(\mathrm{a}^*, \mathrm{a}) \& \Delta(\mathrm{b}^*, \mathrm{b}) .\supset. \Delta(F(\mathrm{a}^*, \mathrm{b}^*), \mathrm{f}(\mathrm{a}, \mathrm{b}))]$

Axiom FC^{+SB}35. $\vdash (\exists \mathrm{a}^*)\Delta(\mathrm{a}^*, b)$

Axiom FC^{+SB}36. $\vdash (\exists \mathfrak{F})(\forall \mathrm{a}\mathrm{a}^*)[\Delta(\mathrm{a}^*, \mathrm{a}) \supset \Delta(\mathfrak{F}(\mathrm{a}^*), f(\mathrm{a}))]$

Axiom $FC^{+SB}37$. $\vdash(\exists \mathfrak{F})(\forall \mathrm{a a}^{*} \mathrm{b b}^{*})[\Delta(\mathrm{a}^{*}, \mathrm{a}) \& \Delta(\mathrm{b}^{*}, \mathrm{b}) . \supset . \Delta(\mathfrak{F}(\mathrm{a}^{*}, \mathrm{b}^{*}), f(\mathrm{a}, \mathrm{b}))]$

对新量词而言，这些公理是 FC3 到 FC5 的必然结果。它们允许我们在一般性表达式中使用哥特式字母，也能在一般表达式中使用罗马字母。公理 $FC^{+SB}13$ 到公理 $FC^{+SB}34$ 说明关于涵义性质的一些基本原理。公理 $FC^{+SB}13$ 说明决定唯一指称的涵义。公理 $FC^{+SB}14$ 说明决定指称的唯一涵义。公理 $FC^{+SB}15$ 和公理 $FC^{+SB}16$ 说明值域和真值不是涵义。①

公理 $FC^{+SB}17$ 到公理 $FC^{+SB}31$ 处理涵义和思想的组合性。公理 $FC^{+SB}17$ 说明由完全涵义 a^{*} 和不完全涵义 $F(\delta)$ 组成的复杂涵义 $F(a^{*})$，它与由完全涵义 b^{*} 和不完全涵义 $F(\delta)$ 组成的复合涵义 $F(b^{*})$ 相同，仅当 a^{*} 和 b^{*} 是相同的完全涵义。公理 $FC^{+SB}18$ 说明二元不完全涵义的等同。②

公理 $FC^{+SB}19$ 和公理 $FC^{+SB}20$ 说明某些类似于二级不完全涵义。公理 $FC^{+SB}19$ 说明如果复杂涵义 $\mathrm{M}_{\beta}^{*}(F(\beta))$，是由二级不完全涵义 $\mathrm{M}_{\beta}^{*}(\theta(\beta))$ 和一级不完全涵义 $F(\delta)$ 组成的，那它和复杂涵义 $\mathrm{M}_{\beta}^{*}(G(\beta))$ 相同，这样 $F(\delta)$ 和 $G(\delta)$ 必须是相同的不完全涵义。公理 $FC^{+SB}21$ 说明，如果复杂涵义 $F(a^{*})$ 与复杂涵义 $G(a^{*})$ 相同，复杂涵义 $F(b^{*})$ 和复杂涵义 $G(b^{*})$ 相同，其中 a^{*} 与 b^{*} 不是相同的完全涵义，那么不完全涵义 $F(\delta)$ 必须与不完全涵义 $G(\delta)$ 相同。③

如果不完全涵义 $F(\delta)$ 和 $G(\delta)$ 对既不包含在 $F(\delta)$ 中也不包含在 $G(\delta)$ 中的某些完全涵义产生相同的复杂涵义，那么 $F(\delta)$ 和 $G(\delta)$ 必须是相同的不完全涵义。公理 $FC^{+SB}32$ 说明的正是这个问题。公理 $FC^{+SB}24$ 说明二元不完全涵义而言与此相似的东西。④

公理 $FC^{+SB}25$ 和公理 $FC^{+SB}26$ 说明的与公理 $FC^{+SB}21$ 极为相似。从公理

① Kevin C. Klement. Frege and The Logic of Sense and Reference [M]. New York: Routledge, 2002: 146.

② Kevin C. Klement. Frege and The Logic of Sense and Reference [M]. New York: Routledge, 2002: 146.

③ Kevin C. Klement. Frege and The Logic of Sense and Reference [M]. New York: Routledge, 2002: 148.

④ Kevin C. Klement. Frege and The Logic of Sense and Reference [M]. New York: Routledge, 2002: 148.

$FC^{+SB}27$ 到公理 $FC^{+SB}30$ 形成一种观点，即一个涵义绝不可能等于一个复杂涵义（该涵义构成这个复杂涵义的一部分）。公理 $FC^{+SB}27$ 说明如果完全涵义 a^* 使得不完全涵义 $F(\delta)$ 饱和且结果等于 a^*，仅当 $F(\delta)$ 是不足道的，缺少内容（content-less）的不完全涵义可简写为"δ"，它对应于把每一函数映满自身的涵义—函数。公理 $FC^{+SB}28$ 说明一个（形成关系复合涵义一部分的）涵义绝不等于一个关系复杂涵义。公理 $FC^{+SB}29$ 说明一级不完全涵义 $F(\delta)$ 和二级不完全涵义的融合不等于 $F(\delta)$ 与完全涵义 a^* 的融合，除非二级不完全涵义采用形式 $\theta(a^*)$。公理 $FC^{+SB}30$ 说明有关二元不完全涵义的相同内容。公理 $FC^{+SB}31$ 也涉及复杂涵义的组合性。如果复杂涵义 $F(a^*)$ 等同于复杂涵义 $G(b^*)$，其中 a^* 和 b^* 是不同的完全涵义，那么完全涵义 b^* 必须包含到不完全涵义 F 中。①

公理 $FC^{+SB}32$ 到公理 $FC^{+SB}34$ 说明如果复杂涵义决定一个指称，那么它的组成部分的涵义也决定一个指称。公理 $FC^{+SB}32$ 说明如果一个完全涵义作为部分出现在一个复杂涵义中，那么这个复杂涵义决定某些指称，仅当该完全涵义决定某些指称。公理 $FC^{+SB}33$ 说明关于一元一级不完全涵义的类似内容。公理 $FC^{+SB}34$ 说明的内容与 $FC^{+SB}33$ 的类似，公理 $FC^{+SB}35$ 到公理 $FC^{+SB}37$ 还存有争议。公理 $FC^{+SB}35$ 说明至少有一个决定任何对象的涵义。公理 $FC^{+SB}36$ 说明每一个一元一级函数至少有一个决定它的一元一级不完全涵义，而公理 $FC^{+SB}37$ 说明每一个二元一级函数至少有一个决定它的二元一级不完全涵义。②

除了这些核心公理，扩张系统也包括支配为新系统的逻辑符号的涵义新增常项的若干公理。克莱门特给出了这些公理③：

Axiom $FC^{+SB}38.$ $\vdash \Delta(a^*, a) \supset \Delta(\cdots a^*, —a)$

Axiom $FC^{+SB}39.$ $\vdash \Delta(a^*, a) \supset \Delta(\neg a^*, \sim a)$

Axiom $FC^{+SB}40.$ $\vdash \Delta(a^*, a) \supset \Delta(\urcorner a^*, \setminus a)$

① Kevin C. Klement. Frege and The Logic of Sense and Reference [M]. New York: Routledge, 2002: 148—149.

② Kevin C. Klement. Frege and The Logic of Sense and Reference [M]. New York: Routledge, 2002: 150—151.

③ Axiom FC^{+SB} 38—Axiom FC^{+SB} 53 见 Kevin C. Klement. Frege and The Logic of Sense and Reference [M]. New York: Routledge, 2002: 151.

Axiom FC^{+SB}41. $\vdash \Delta(a^*, a) \& \Delta(b^*, b) .\supset. \Delta(a^* \rightarrow b^*, a \supset b)$

Axiom FC^{+SB}42. $\vdash \Delta(a^*, a) \& \Delta(b^*, b) .\supset. \Delta(a^* \approx b^*, a = b)$

Axiom FC^{+SB}43. $\vdash \Delta(a^*, a) \& \Delta(b^*, b) .\supset. \Delta(\blacktriangle(a^*, b^*), \Delta(a, b))$

Axiom FC^{+SB}44. $\vdash (\forall \alpha\alpha^*)[\Delta(\alpha^*, \alpha) \supset \Delta(F(\alpha^*), f(\alpha))] \supset \Delta((\Pi\alpha^*)F(\alpha^*), (\forall\alpha)f(\alpha))$

Axiom FC^{+SB}45. $\vdash (\forall \alpha\alpha^*)[\Delta(\alpha^*, \alpha) \supset \Delta(F(\alpha^*), f(\alpha))] \supset \Delta(\mathring{\varepsilon}F(\varepsilon), \dot{\varepsilon}f(\varepsilon))$

Axiom FC^{+SB}46. $\vdash (\forall \mathrm{f}\mathfrak{F})\{(\forall \alpha\alpha^*)[\Delta(\alpha^*, \alpha) \supset \Delta(\mathfrak{F}(\alpha^*), \mathrm{f}(\alpha))] \supset \Delta(M^*_\beta(\mathfrak{F}(\beta)), M_\beta(\mathrm{f}(\beta)))\} \supset \Delta((\Pi\mathfrak{F})M^*_\beta(\mathfrak{F}(\beta)), (\forall \mathrm{f})M_\beta(\mathrm{f}(\beta)))$

Axiom FC^{+SB}47. $\vdash (\forall \mathrm{f}\mathfrak{F})\{\forall \alpha\alpha^* bb^*)[\Delta(\alpha^*, \alpha) \& \Delta(b, b^*) .\supset. \Delta(\mathfrak{F}(\alpha^*, b^*), \mathrm{f}(\alpha, b))] \supset \Delta(M^*_{\beta\gamma}(\mathfrak{F}(\beta, \gamma)), M_{\beta\gamma}(\mathrm{f}(\beta, \gamma)))\} \supset \Delta((\Pi\mathfrak{F})M^*_{\beta\gamma}(\mathfrak{F}(\beta, \gamma)), (\forall \mathrm{f})M_{\beta\gamma}(\mathrm{f}(\beta, \gamma)))$

Axiom FC^{+SB}48. $\vdash (\Pi\alpha^*)F(\alpha^*) \neq G(F(a^*))$

Axiom FC^{+SB}49. $\vdash \mathring{\varepsilon}F(\varepsilon) \neq G(F(a^*))$

Axiom FC^{+SB}50. $\vdash (\Pi\mathfrak{F})M^*_\beta(\mathfrak{F}(\beta)) \neq G(M^*_\beta(F(\beta)))$

Axiom FC^{+SB}51. $\vdash (\Pi\mathfrak{F})M^*_{\beta\gamma}(\mathfrak{F}(\beta, \gamma)) \neq G(M^*_{\beta\gamma}(F(\beta, \gamma)))$

Axiom FC^{+SB}52. $\vdash (\Pi\mathfrak{F})M^*_\beta(\mathfrak{F}(\beta)) = (\Pi\mathfrak{F})N^*_\beta(\mathfrak{F}(\beta)) .\supset. (\forall \mathfrak{F})[M^*_\beta(\mathfrak{F}(\beta)) = N^*_\beta(\mathfrak{F}(\beta))]$

Axiom FC^{+SB}53. $\vdash (\Pi\mathfrak{F})M^*_{\beta\gamma}(\mathfrak{F}(\beta, \gamma)) = (\Pi\mathfrak{F})N^*_{\beta\gamma}(\mathfrak{F}(\beta, \gamma)) .\supset. (\forall \mathfrak{F})[M^*_{\beta\gamma}(\mathfrak{F}(\beta, \gamma)) = N^*_{\beta\gamma}(\mathfrak{F}(\beta, \gamma))]$

克莱门特认为虽然有些公理比较难以解读和理解，但是它们的意义非常简单。例如，公理 FC^{+SB}39 说明$\neg\delta$决定其指称的否定函数。公理 FC^{+SB}38 到公理 FC^{+SB}43 说明一级不完全涵义的常项和它们表示的函数的关联。公理 FC^{+SB}44 和公理 FC^{+SB}45 说明的类似。公理 FC^{+SB}46 和公理 FC^{+SB}47 说明关于三级不完全涵义常项的类似的内容。①

① Kevin C. Klement. Frege and The Logic of Sense and Reference [M]. New York: Routledge, 2002: 152.

总之，从公理 FC1 到公理 FC6 和公理 $FC^{+SB}10$ 到公理 $FC^{+SB}53$ 的公理从整体上可以看作是对系统 FC^{+SB} 的一个完全的公理化。除了公理 $FC^{+V}7$、公理 $FC^{+V}8$ 和公理 $FC^{+V}9$ 之外，这些公理都可以被理解为 FC^{+SB+V} 的完全的公理化。如果公理 $FC^{+SB}15$、公理 $FC^{+SB}45$ 和公理 $FC^{+SB}49$ 牵涉值域，可以指望把它们限定到 FC^{+SB+V} 中。但是，单靠这些公理还不足以把朴素类理论（naive-class theory）引入系统中，而它们在 FC^{+SB} 中的出现也是相对无害的。①

五、包含命题态度和量入的推理

在前文中，我们讨论了克莱门特扩张弗雷格逻辑的主要动机。只有了解了克莱门特这样做的目的，才能把握包含间接引语、包括命题态度的陈述句的推理。在讨论系统 FC^{+SB} 和 FC^{+SB+V} 之前，首先要考虑它们在填补弗雷格概念文字的缺陷时是如何取得成功的。

上述的讨论提示，扩张的语言能改写命题态度陈述句。现在我们来看一看扩张的语言如何处理包含命题态度的推理。再回到前文讨论的推理：

（1E）哥特罗布相信晨星是行星。

（2E）晨星是行星。

因此，
（3E）哥特罗布相信某些为真的东西。

前文中已经把（1E）和（2E）改写为②：

（1B）$\vdash \mathcal{B}(\mathfrak{g}, \mathfrak{D}(\mathfrak{s}))$
（2B）$\vdash \mathcal{P}(\mathfrak{m})$

① Kevin C. Klement. Frege and The Logic of Sense and Reference [M]. New York: Routledge, 2002: 153.

② （1B）、（2B）Kevin C. Klement. Frege and The Logic of Sense and Reference [M]. New York: Routledge, 2002: 154.

弗雷格认为（3E）表述的是：哥特罗布相信一个决定了真的思想。为了改写（3E），需要定义一个当其自变元是一个真的思想时表示产生真概念的一个函数符号。既然“$(\forall a)(a \supset a)$”是一个真的名称，那么可以形成如下定义：

(Df. $\mathcal{T}$)　$\Vdash \mathcal{T}(x) = \Delta(x, (\forall \mathfrak{a})(\mathfrak{a} \supset \mathfrak{a}))$ ①

然后把（3E）改写为：

(3B) $\vdash (\exists \mathfrak{a}^*)(\mathcal{B}(\mathfrak{g}, \mathfrak{a}^*) \ \& \ \mathcal{T}(\mathfrak{a}^*))$ ②

意即存在着哥特罗布相信为真的某种东西。

因为系统使用直接引语方法，出现在（1E）和（2E）中的“晨星是行星”这个表达式在两种场合可被改写为两种不同的概念文字。首先，涵义是由决定晨星的“s”表示的。因此：

(4B) $\vdash \Delta(\mathbb{s}, \mathbb{m})$ ③

同样地，不完全涵义是由决定是一个行星的概念“$\mathfrak{Q}(\delta)$”表示的。因此，

(5B) $\vdash \Delta(a^*, a) \supset \Delta(\mathfrak{Q}(a^*), \mathcal{P}(a))$ ④

把 1B、2B、4B 和 5B 作为前提，可以导出下面的结论⑤：

---

① Kevin C. Klement. Frege and The Logic of Sense and Reference [M]. New York: Routledge, 2002: 154.

② Kevin C. Klement. Frege and The Logic of Sense and Reference [M]. New York: Routledge, 2002: 154.

③ Kevin C. Klement. Frege and The Logic of Sense and Reference [M]. New York: Routledge, 2002: 154.

④ Kevin C. Klement. Frege and The Logic of Sense and Reference [M]. New York: Routledge, 2002: 155.

⑤ 6—28 见 Kevin C. Klement. Frege and The Logic of Sense and Reference [M]. New York: Routledge, 2002: 155.

6. $\vdash \Delta(\mathfrak{s},\ \mathfrak{m}) \supset \Delta(\mathfrak{D}(\mathfrak{s}),\ \mathcal{P}(\mathfrak{m}))$　　5B, *ri*, *ri*

7. $\vdash \Delta(\mathfrak{D}(\mathfrak{s}),\ \mathcal{P}(\mathfrak{m}))$　　4B, 6, *mp*

8. $\vdash a :\supset: b .\supset.\ a \equiv b$　　(theorem of FC)

9. $\vdash (\forall \alpha)(\alpha \supset \alpha)$　　(theorem of FC)

10. $\vdash \mathcal{P}(\mathfrak{m}) :\supset: (\forall \alpha)(\alpha \supset \alpha) .\supset.\ \mathcal{P}(\mathfrak{m}) \equiv (\forall \alpha)(\alpha \supset \alpha)$　　8, *ri*, *ri*

11. $\vdash (\forall \alpha)(\alpha \supset \alpha) .\supset.\ \mathcal{P}(\mathfrak{m}) \equiv (\forall \alpha)(\alpha \supset \alpha)$　　2B, 10, *mp*

12. $\vdash \mathcal{P}(\mathfrak{m}) \equiv (\forall \alpha)(\alpha \supset \alpha)$　　9, 11, *mp*

13. $\vdash —\mathcal{P}(\mathfrak{m}) = —(\forall \alpha)(\alpha \supset \alpha)$　　12, df. $\equiv$

14. $\vdash \mathcal{P}(\mathfrak{m}) = (\forall \alpha)(\alpha \supset \alpha)$　　13, *hor*, *hor*[3]

15. $\vdash \Delta(\mathfrak{D}(\mathfrak{s}),\ (\forall \alpha)(\alpha \supset \alpha))$　　7, 14, sub. of identicals

16. $\vdash \mathcal{T}(\mathfrak{D}(\mathfrak{s}))$　　15. df. $\mathcal{T}$

17. $\vdash a :\supset: b .\supset.\ a \,\&\, b$　　(theorem of FC)

18. $\vdash \mathcal{B}(\mathrm{g},\ \mathfrak{D}(\mathfrak{s})) :\supset: \mathcal{T}(\mathfrak{D}(\mathfrak{s})) .\supset.\ \mathcal{B}(\mathrm{g},\ \mathfrak{D}\mathfrak{s})) \,\&\, \mathcal{T}(\mathfrak{D}(\mathfrak{s}))$
　　17, *ri*, *ri*

19. $\vdash \mathcal{T}(\mathfrak{D}(\mathfrak{s})) .\supset.\ \mathcal{B}(\mathrm{g},\ \mathfrak{D}(\mathfrak{s})) \,\&\, \mathcal{T}(\mathfrak{D}(\mathfrak{s}))$　　1B, 18, *mp*

20. $\vdash \mathcal{B}\ (\mathrm{g},\ \mathfrak{D}(\mathfrak{s})) \,\&\, \mathcal{T}(\mathfrak{D}(\mathfrak{s}))$　　16, 19, *mp*

21. $\vdash (\forall \alpha^*) f(\alpha^*) \supset f(a^*)$　　axiom $\mathrm{FC}^{+\mathrm{SB}}10$

22. $\vdash \sim f(a^*) \supset \sim (\forall \alpha^*) f(\alpha^*)$　　19, *con*

23. $\vdash \sim\sim [\mathcal{B}(\mathrm{g},\ \mathfrak{D}(\mathfrak{s})) \,\&\, \mathcal{T}(\mathfrak{D}(\mathfrak{s}))] \supset \sim (\forall \alpha^*) \sim [\mathcal{B}(\mathrm{g},\ \alpha^*) \,\&$
$\mathcal{T}(\alpha^*)]$　　20, *ri*, *ri*

24. $\vdash (a \,\&\, b) = \sim\sim (a \,\&\, b)$　　(theorem of FC)

25. $\vdash [\mathcal{B}(\mathrm{g},\ \mathfrak{D}(\mathfrak{s})) \,\&\, \mathcal{T}(\mathfrak{D}(\mathfrak{s}))] = \sim\sim [\mathcal{B}(\mathrm{g},\ \mathfrak{D}(\mathfrak{s})) \,\&$
$\mathcal{T}(\mathfrak{D}(\mathfrak{s}))]$　　22, *ri*, *ri*

26. $\vdash \sim\sim [\mathcal{B}(\mathrm{g},\ \mathfrak{D}(\mathfrak{s})) \,\&\, \mathcal{T}(\mathfrak{D}(\mathfrak{s}))]$　　20, 23, sub. of identicals

27. $\vdash \sim (\forall \alpha^*) \sim [\mathcal{B}(\mathrm{g},\ \alpha^*) \,\&\, \mathcal{T}(\alpha^*)]$　　23, 26, *mp*

28. $\vdash (\exists \alpha^*)[\mathcal{B}(\mathrm{g},\ \alpha^*) \,\&\, \mathcal{T}(\alpha^*)]$　　27, df. $\exists$d

布莱克布恩和科德指出，这类推理按照弗雷格间接指称理论是不可能成立的，这表明弗雷格的现存系统有不足之处，但是如果弗雷格把他的逻辑系统扩张为包含涵义和指称的理论的话，他就可以回应这些批评了。[①]

在以上的论证中，可以使用同一代入规则（rule of substitution of identical），后面可以将它缩写为“*i*”。实际上，这个规则不是该系统的推理规则，而是公理 FC6 一个直接的结果。如果我们仅仅涉及“FC 的定理”，那么这些定理就是函数演算的真，通常是真值函项的重言式（truth-functional tautologies）。这个论证和其他论证中用到的这种重言式，在弗雷格《算术的基本规律》中已经被证明。而克莱门特的论证太长，不能把它们包含到一阶逻辑定理的类似函数论证中。既然 FC 在一阶逻辑的处理中被证明是完全的，所以克莱门特的论证中也可讨论这样的真，把它缩写为“*fc*”。[②]

我们已经考察了在涵义和指称的逻辑演算中如何对待包含命题态度的命题的案例。然而，还有一些涉及命题态度的推理的例子更为奇特，它是围绕着一个命题态度的陈述句的“量入”（quantifying in）概念展开的。以下推理形式中出现的量入例子是从

（1E）哥特罗布相信晨星是行星。[③]

得出结论：

（6E）存在着哥特罗布相信是行星的某物。[④]

这个推理从表面上看没有问题，但是，考虑这种情况——假的行星 Vulcan，一旦有人相信它在太阳和水星之间旋转，那么从

---

① Kevin C. Klement. Frege and The Logic of Sense and Reference [M]. New York: Routledge, 2002: 155.

② Kevin C. Klement. Frege and The Logic of Sense and Reference [M]. New York: Routledge, 2002: 156.

③ Kevin C. Klement. Frege and The Logic of Sense and Reference [M]. New York: Routledge, 2002: 156.

④ Kevin C. Klement. Frege and The Logic of Sense and Reference [M]. New York: Routledge, 2002: 156.

（7E）哥特罗布相信 Vulcan 是行星①

推出“存在着哥特罗布相信是行星的某物”这个相同的结论是有问题的。因为 Vulcan 并不存在，而且如果我们知道（7E）是真的，就不能推出（6E），这会使我们对哥特罗布相信的那个对象做出承诺。在这个案例中，实际上不存在这样的对象。

解决量入问题的困难，是希望对命题态度采取逻辑处理的任何一位有志者，必须面对的一个问题。上文中提到，为涵义和指称的理论发展逻辑演算，将为弗雷格处理“量入”问题提供某种方案。首先，考虑从（1E）到（6E）的无任何问题的推理。上文给出的（1B）是对（1E）的概念文字的改写。从（1B）中（借助公理：$FC^{+SB}10$）可以推出②：

（6B*）$\vdash(\exists \alpha^{*})\mathcal{B}(g, \mathfrak{O}(\alpha^{*}))$ ③

但是，这会误导我们把它作为（6B）的一个改写。在这里，量词的范围包括涵义。这里所说的不是存在哥特罗布相信是行星的某物，而仅仅是说，存在某种涵义，当这个涵义由不完全涵义“ξ 是行星”来使其饱和时，产生了哥特罗布相信的思想。这没有使我们对那个涵义决定的对象做出承诺。把（6E）改写成更为恰当的扩张概念文字就是：

（6B）$\vdash(\exists \alpha\alpha^{*})[\mathcal{B}(g, \mathfrak{O}(\alpha^{*})) \,\&\, \Delta(\alpha^{*}, \alpha)]$ ④

这不仅使我们对于这样的涵义做出承诺：当它由不完全涵义“ξ 是行星”来使其饱和时，它就产生哥特罗布相信的思想；而且也对由那个涵义

① Kevin C. Klement. Frege and The Logic of Sense and Reference [M]. New York: Routledge, 2002: 156.

② Kevin C. Klement. Frege and The Logic of Sense and Reference [M]. New York: Routledge, 2002: 156—157.

③ Kevin C. Klement. Frege and The Logic of Sense and Reference [M]. New York: Routledge, 2002: 157.

④ Kevin C. Klement. Frege and The Logic of Sense and Reference [M]. New York: Routledge, 2002: 157.

决定的一个对象的存在做出承诺。然而，（6B）并不单单从（6E）得出；它还需要（4B）作为前提。没有由“晨星”表达的涵义有一个指称的前提，这个推理就不能进行。

把这种情况同发生在（7E）的情况比较一下问题就更清楚了。弗雷格并不会同意引入一个表示行星 Vulcan 的符号，因为所有的概念文字符号必须指称某物，然而“Vulcan”只不过表达一个涵义。克莱门特为这个涵义引入一个符号，用“$\mathbb{V}$”表示这个涵义，把（7E）改写为：

（7B）$\vdash \mathcal{B}(\mathfrak{g}, \mathfrak{D}(\mathbb{V}))$[①]

事实上，我们还可以从（7B）推出（6B＊），这并没有使我们对哥特罗布相信一个对象是对行星做出承诺，而只是对由“ξ是行星”的不完全涵义使其饱和时产生的哥特罗布相信的思想之涵义做出承诺。单单从这个概念文字也不能推出（6B），因为我们没有用于前面例子中那样的一个类似于（4B）的东西。涵义$\mathbb{V}$不能决定任何作为指称的对象。因此，没有（4B）之类的概念文字，但是我们有：

（8B）$\vdash \sim (\exists \alpha)(\mathbb{V}, \alpha)$[②]

显然，不能从（7B）和（8B）推出（6B）。

看起来，克莱门特的系统对“量入”问题至少有一个最低限度的适当处理。我们知道，“量入”问题在奎因的著作中获得过充分的关注。但是奎因本人指出，从（7E）推出（6E）的问题表明，在命题态度的陈述句中这样的表达式是“指称晦暗”（referentially opaque）的，在奎因看来，它们根本不是以任何标准的方式来指称的[③]。对弗雷格而言，间接引语并不是指称

① Kevin C. Klement. Frege and The Logic of Sense and Reference [M]. New York: Routledge, 2002: 157.

② Kevin C. Klement. Frege and The Logic of Sense and Reference [M]. New York: Routledge, 2002: 157.

③ Kevin C. Klement. Frege and The Logic of Sense and Reference [M]. New York: Routledge, 2002: 158.

晦暗的，而是指称间接（referentially oblique）的。在克莱门特看来，我们能够对（7B）中的“V”进行存在概括，但是它表示的是涵义，而不是行星，也不是假定的行星。[①]

我们认为，克莱门特以弗雷格的逻辑系统为基础构建了涵义和指称的逻辑演算，表明以弗雷格理论为基础的有关涵义和指称的逻辑演算有一些成功的地方。通过在弗雷格的概念文字中添加涵义和指称的逻辑因素，可以使弗雷格对某些异议给予较为充足的回应，也能为内涵逻辑的发展提供启示。但是，丘奇和克莱门特的这些扩张系统并不是完满的系统，特别是克莱门特的系统现在还存有争议，所以这些研究进展只是一个阶段性的成果，还有待进一步补充和完善。

第二节 局限性

以上我们系统讨论了克莱门特的 FC^{+SB} 和 FC^{+SB+V} 两个形式系统。现在来看 FC^{+SB+V} 这个系统。因为这个系统是对《算术的基本规律》的整个逻辑系统的扩张，所以在克莱门特看来，如果弗雷格在 19 世纪 90 年代有机会能为他的涵义和指称的逻辑创建一个逻辑演算的话，这个系统可能最接近弗雷格想要设计的系统。克莱门特所做的工作，比如他增加的公理、推理规则和符号都是以弗雷格对涵义和思想性质的理解为基础的。当然，因为以 FC^{+SB} 系统为基础，而这个系统自身由于罗素悖论而不一致，所以 FC^{+SB+V} 系统也是不一致的。这个结果不是我们期望的一个结果。特别要说明的是，克莱门特进行这样的扩张的目的不是设计一个可行的内涵逻辑系统，而是希望通过这个扩张的系统能系统地、历史地反映弗雷格的思想，阐明弗雷格涵义和指称理论对逻辑发展的重要性。但是，克莱门特在进行这样的扩张时，同样遇到了不少麻烦。

一、悖论和困难

实际上，除了罗素悖论，系统 FC^{+SB+V} 还陷入了由于其朴素类理论与处

① Kevin C. Klement. Frege and The Logic of Sense and Reference [M]. New York: Routledge, 2002: 157.

理涵义的系统之新公理结合而导致的其他问题。把涵义的第三领域实体增加进来，就为逻辑演算提供了在不同类型的实体之间进行新的康托尔式的对角构建（Cantorian diagonal constructions）的资源。最简单的构建也会导致牵涉涵义和涵义类的对角构建（diagonal construction）的语义矛盾。因为决定类的涵义本身是对象，它们可以在也可以不在它们决定的类中。我们认为，它们并不在其中决定类的所有这些涵义的类之中，同时也要思考决定这个类的涵义这个问题。在这种情况下，克莱门特可能会提出一个问题，那就是这个涵义是在它决定的类中吗？如果回答是：它在当且仅当它不在，那么这显然是自相矛盾的。在这种矛盾中，有问题的类可以定义为：

$$(\text{Df. } \spadesuit) \Vdash \spadesuit = \dot{\varepsilon}(\exists \alpha)[\Delta(\varepsilon, \alpha) \ \& \ \sim(\varepsilon \cap \alpha)]$$ ①

于是考虑 $FC^{+SB}35$ 的下列例证，它说明至少存在着一个决定这个类的涵义：

$$\vdash (\exists \alpha^*)\Delta(\alpha^*, \spadesuit)$$ ②

用符号"♠*"表示由这个公理假定的涵义（或涵义之一），那么就有下面的原则：

$$(\text{Pp. } \spadesuit^*) \ \vdash \Delta(\spadesuit^*, \spadesuit)$$ ③

严格地说，这个原则不是系统的一个定理。然而，可以把它看作是以上 $FC^{+SB}35$ 的一个"存在例示"。这也比较容易说明，在我们所考虑的系统

① Kevin C. Klement. Frege and The Logic of Sense and Reference [M]. New York: Routledge, 2002: 159.

② Kevin C. Klement. Frege and The Logic of Sense and Reference [M]. New York: Routledge, 2002: 159.

③ Kevin C. Klement. Frege and The Logic of Sense and Reference [M]. New York: Routledge, 2002: 159.

中，每当某物可证之时就会使用这个规则。由此可以看出，对一个类似结论的较长证明并没有用这个规则。因此在系统中下面这个矛盾是可以证明的：

$\vdash(♠^{*} \cap ♠) \ \& \ \sim(♠^{*} \cap ♠)$①

克莱门特给出的证明为②：

1. $\vdash f(a) = (a \cap \dot{\varepsilon} f(\varepsilon))$ (CA) (see p. 56)
2. $\vdash f(♠^{*}) = (♠^{*} \cap \dot{\varepsilon} f(\varepsilon))$ 1, *ri*
3. $\vdash(\exists \alpha)[\Delta(♠^{*}, \alpha) \ \& \ \sim(♠^{*} \cap \alpha)] = (♠^{*} \cap \dot{\varepsilon}(\exists \alpha)[\Delta(\varepsilon, \alpha) \ \& \ \sim(\varepsilon \cap \alpha)])$ 2, *ri*
4. $\vdash(\exists \alpha)[\Delta(♠^{*}, \alpha) \ \& \ \sim(♠^{*} \cap \alpha)] = (♠^{*} \cap ♠)$ 3, df. ♠
5. $\vdash \Delta(a, b) \ \& \ \Delta(a, c). \supset. (b = c)$ axiom FC^{+SB} 13
6. $\vdash \Delta(♠^{*}, ♠) \ \& \ \Delta(♠^{*}, c). \supset. (♠ = c)$ 5, *ri*, *ri*
7. $\vdash a. :\supset:. a \ \& \ b. \supset. c : \supset: b \supset c$ *fc*
8. $\vdash \Delta(♠^{*}, ♠). :\supset:. \Delta(♠^{*}, ♠) \ \& \ b. \supset. c : \supset: b \supset c$ 7, *ri*
9. $\vdash \Delta(♠^{*}, ♠) \ \& \ b. \supset. c : \supset: b \supset c$ Pp. $♠^{*}$, 7, *mp*
10. $\vdash \Delta(♠^{*}, ♠) \ \& \ \Delta(♠^{*}, c). \supset. (♠ = c) : \supset: \Delta(♠^{*}, c) \supset (♠ = c)$ 9, *ri*, *ri*
11. $\vdash \Delta(♠^{*}, c) \supset (♠ = c)$ 6, 10, *mp*
12. $\vdash a \supset b. \supset. (a \ \& \ d) \supset (d \ \& \ b)$ *fc*
13. $\vdash \Delta(♠^{*}, c) \supset (♠ = c). \supset. [\Delta(♠^{*}, c) \ \& \ \sim(♠^{*} \cap c)] \supset [\sim(♠^{*} \cap c) \ \& \ (♠ = c)]$ 1, 12, *ri*, *ri*, *ri*
14. $\vdash[\Delta(♠^{*}, c) \ \& \ \sim(♠^{*} \cap c)] \supset [\sim(♠^{*} \cap c) \ \& \ (♠ = c)]$ 11, 13, *mp*

① Kevin C. Klement. Frege and The Logic of Sense and Reference [M]. New York: Routledge, 2002: 159.

② 证明 1—44 见 Kevin C. Klement. Frege and The Logic of Sense and Reference [M]. New York: Routledge, 2002: 159—160.

15. $\vdash[f(c)\ \&\ (a=c)]\supset f(a)$ *fc*
16. $\vdash[\sim(\spadesuit^{*}\cap c)\ \&\ (\spadesuit=c)]\supset\sim(\spadesuit^{*}\cap\spadesuit)$ 15, *ri*, *ri*
17. $\vdash[\Delta(\spadesuit^{*},c)\ \&\ \sim(\spadesuit^{*}\cap c)]\supset\sim(\spadesuit^{*}\cap\spadesuit)$ 14, 16, *syll*
18. $\vdash(\forall\alpha)\{[\Delta(\spadesuit^{*},\alpha)\ \&\ \sim(\spadesuit^{*}\cap\alpha)]\supset\sim(\spadesuit^{*}\cap\spadesuit)\}$ 17, *gen*
19. $\vdash(\forall\alpha)(f(\alpha)\supset b).\supset.\ (\exists\alpha)f(\alpha)\supset b$ *fc*
20. $\vdash(\forall\alpha)\{[\Delta(\spadesuit^{*},\alpha)\ \&\ \sim(\spadesuit^{*}\cap\alpha)]\supset\sim(\spadesuit^{*}\cap\spadesuit)\}.\supset.$ $(\exists\alpha)[\Delta(\spadesuit^{*},\alpha)\ \&\ \sim(\spadesuit^{*}\cap\alpha)]\supset\sim(\spadesuit^{*}\cap\spadesuit)$ 19, *ri*, *ri*
21. $\vdash(\exists\alpha)[\Delta(\spadesuit^{*},\alpha)\ \&\ \sim(\spadesuit^{*}\cap\alpha)]\supset\sim(\spadesuit^{*}\cap\spadesuit)$ 18, 20, *mp*
22. $\vdash(\spadesuit^{*}\cap\spadesuit)\supset\sim(\spadesuit^{*}\cap\spadesuit)$ 4, 21, *i*
23. $\vdash a\supset\sim a.\supset.\ \sim a$ *fc*
24. $\vdash(\spadesuit^{*}\cap\spadesuit)\supset\sim(\spadesuit^{*}\cap\spadesuit).\supset.\ \sim(\spadesuit^{*}\cap\spadesuit)$ 23, *ri*
25. $\vdash\sim(\spadesuit^{*}\cap\spadesuit)$ 22, 24, *mp*
26. $\vdash\sim(\exists\alpha)[\Delta(\spadesuit^{*},\alpha)\ \&\ \sim(\spadesuit^{*}\cap\alpha)]$ 4, 25, *i*
27. $\vdash\sim\sim(\forall\alpha)\ \sim[\Delta(\spadesuit^{*},\alpha)\ \&\ \sim(\spadesuit^{*}\cap\alpha)]$ 26, df. $\exists$a
28. $\vdash\sim\sim a=\text{—}a$ *fc*
29. $\vdash\sim\sim(\forall\alpha)\ \sim[\Delta(\spadesuit^{*},\alpha)\ \&\ \sim(\spadesuit^{*}\cap\alpha)]=\text{—}(\forall\alpha)\ \sim$ $[\Delta(\spadesuit^{*},\alpha)\ \&\ \sim(\spadesuit^{*}\cap\alpha)]$ 28, *ri*
30. $\vdash\text{—}(\forall\alpha)\ \sim[\Delta(\spadesuit^{*},\alpha)\ \&\ \sim(\spadesuit^{*}\cap\alpha)]$ 27, 29, *i*
31. $\vdash(\forall\alpha)\ \sim[\Delta(\spadesuit^{*},\alpha)\ \&\ \sim(\spadesuit^{*}\cap\alpha)]$ 30, *hor*
32. $\vdash(\forall\alpha)f(\alpha)\supset f(a)$ axiom FC3
33. $\vdash(\forall a)\ \sim[\Delta(\spadesuit^{*},\alpha)\ \&\ \sim(\spadesuit^{*}\cap\alpha)]\supset\sim[\Delta(\spadesuit^{*},a)\ \&\ \sim$ $(\spadesuit^{*}\cap a)]$ 32, *ri*
34. $\vdash\sim[\Delta(\spadesuit^{*},a)\ \&\ \sim(\spadesuit^{*}\cap a)]$ 31, 33, *mp*
35. $\vdash\sim(b\ \&\ \sim c)\supset(b\supset c)$ *fc*
36. $\vdash\sim[\Delta(\spadesuit^{*},a)\ \&\ \sim(\spadesuit^{*}\cap a)]\supset[\Delta(\spadesuit^{*},a)\supset(\spadesuit^{*}\cap a)]$ 35, *ri*, *ri*
37. $\vdash\Delta(\spadesuit^{*},a)\supset(\spadesuit^{*}\cap a)$ 34, 36, *mp*
38. $\vdash\Delta(\spadesuit^{*},\spadesuit)\supset(\spadesuit^{*}\cap\spadesuit)$ 37, *ri*
39. $\vdash\spadesuit^{*}\cap\spadesuit$ Pp. $\spadesuit^{*}$, 38, *mp*

40. $\vdash a : \supset : b . \supset . \ a \ \& \ b$ 　　*fc*

41. $\vdash ♠^* \cap ♠ : \supset : b . \supset . \ (♠^* \cap ♠) \ \& \ b$ 　　40，*ri*

42. $\vdash b . \supset . \ (♠^* \cap ♠) \ \& \ b$ 　　39，41，*mp*

43. $\vdash \sim (♠^* \cap ♠) . \supset . \ (♠^* \cap ♠) \ \& \sim (♠^* \cap ♠)$ 　　42，*ri*

44. $\vdash (♠^* \cap ♠) \ \& \sim (♠^* \cap ♠)$ 　　25，43，*mp*

这个证明是自相矛盾的。这样一来，FC^{+SB+V}系统不但要应对罗素悖论，而且要面对其他的矛盾。

然而，出现在弗雷格涵义第三领域的形而上学承诺，添加给逻辑演算的严重后果，不仅仅会出现在涉及类或值域的逻辑系统中，而且在系统FC^{+SB}中也会出现语义悖论和语义矛盾。例如，系统FC^{+SB}也将成为“修改版Epimendies 悖论”的牺牲品。而且，悖论来自这样的假设：丘奇偏爱的思想（Church's favorite Gedanke）是丘奇偏爱的思想不为真那个思想。扩张的逻辑语言可以使我们形式地表述这个假设。我们首先通过考虑前文中定义的函数$T(\xi)$来展开论述，这个函数以真为值，仅当它的自变元是一个真的思想。然后再考虑决定这个函数的一个不完全涵义。当然，公理$FC^{+SB}36$担保，至少有一个这样的不完全涵义。然而，结果表明，无需用$FC^{+SB}36$来得到这样的涵义。“$T(\xi)$”是一个已定义符号，因为有些常项表示用来定义它的所有符号的涵义，所以能为这个不完全涵义“ℶ(δ)”定义一个符号如下：

(Df. ℶ)　$\Vdash$ℶ$(x^*) = ▲(x^*, (\Pi\alpha^*)(\alpha^* \to \alpha^*))$ ①

现在引入一个符号“ϒ”表示丘奇偏爱的思想，而用符号“$ϒ^*$”表示“丘奇偏爱的思想”这个表达式的涵义。于是就有一个前提：

(P1) $\vdash \Delta(ϒ^*, ϒ)$ ②

① Kevin C. Klement. Frege and The Logic of Sense and Reference [M]. New York: Routledge, 2002: 161.

② Kevin C. Klement. Frege and The Logic of Sense and Reference [M]. New York: Routledge, 2002: 161.

因为悖论的缘故，我们假定：丘奇偏爱的思想是由“$\sim T(\Upsilon)$”表达的思想，用表达式“$\neg \daleth(\Upsilon^*)$”来表示就是：

(P2) $\vdash \Upsilon = \neg \daleth(\Upsilon^*)$ ①

从这些前提，可导出下面的矛盾结果：

$\vdash T(\Upsilon)\ \&\ \sim T(\Upsilon)$ ②

证明③：

1. $\vdash \Delta(a^*.\ a)\ \&\ \Delta(b^*.\ b).\supset.\ \Delta(a^* \to b^*,\ a \supset b)$ axiom $FC^{+SB}41$
2. $\vdash \Delta(a^*,\ a)\ \&\ \Delta(a^*,\ a).\supset.\ \Delta(a^* \to a^*,\ a \supset a)$ 1, *ri*, *ri*
3. $\vdash p\ \&\ p.\supset.\ q : \supset : p \supset q$ *fc*
4. $\vdash \Delta(a^*,\ a)\ \&\ \Delta(a^*,\ a).\supset.\ \Delta(a^* \to a^*,\ a \supset a) : \supset : \Delta(a^*,\ a) \supset \Delta(a^* \to a^*,\ a \supset a)$ 3, *ri*, *ri*
5. $\vdash \Delta(a^*,\ a) \supset \Delta(a^* \to a^*,\ a \supset a)$ 2, 4, *mp*
6. $\vdash (\forall \alpha\alpha^*)[\Delta(\alpha^*,\ \alpha) \supset \Delta(\alpha^* \to \alpha^*,\ \alpha \supset \alpha)]$ 5, *gen*, *gen*
7. $\vdash (\forall \alpha\alpha^*)[\Delta(\alpha^*,\ \alpha) \supset \Delta(F(\alpha^*),\ f(\alpha))] \supset \Delta((\Pi\alpha^*)F(\alpha^*),\ (\forall \alpha)f(\alpha))$ axiom $FC^{+SB}44$
8. $\vdash (\forall \alpha\alpha^*)[\Delta(\alpha^*,\ \alpha) \supset \Delta(\alpha^* \to \alpha^*,\ \alpha \supset \alpha)] \supset \Delta((\Pi\alpha^*)(\alpha^* \to \alpha^*),\ (\forall \alpha)(\alpha \supset \alpha))$ 7, *ri*, *ri*
9. $\vdash \Delta((\Pi\alpha^*)(\alpha^* \to \alpha^*),\ (\forall \alpha)(\alpha \supset \alpha))$ 6, 8, *mp*
10. $\vdash \Delta(a^*,\ a)\ \&\ \Delta(b^*,\ b).\supset.\ \Delta(\blacktriangle(a^*,\ b^*),\ \Delta(a,\ b))$ axiom $FC^{+SB}43$

① Kevin C. Klement. Frege and The Logic of Sense and Reference [M]. New York: Routledge, 2002: 161.

② Kevin C. Klement. Frege and The Logic of Sense and Reference [M]. New York: Routledge, 2002: 161.

③ 证明 1—47 见 Kevin C. Klement. Frege and The Logic of Sense and Reference [M]. New York: Routledge, 2002: 161—163.

11. $\vdash \Delta(a^*, a)\ \&\ \Delta((\Pi\alpha^*)(\alpha^* \to \alpha^*), (\forall\alpha)(\alpha \supset \alpha)). \supset. \Delta(\blacktriangle(a^*, (\Pi\alpha^*)(\alpha^* \to \alpha^*)), \Delta(a, (\forall\alpha)(\alpha \supset \alpha)))$

10, *ri*, *ri*

12. $\vdash p. : \supset :. q\ \&\ p. \supset. r : \supset : q \supset r$ — *fc*

13. $\vdash \Delta((\Pi\alpha^*)(\alpha^* \to \alpha^*), (\forall\alpha)(\alpha \supset \alpha)). : \supset :. \Delta(a^*, a)\ \&\ \Delta((\Pi\alpha^*)(\alpha^* \to \alpha^*), (\forall\alpha)(\alpha \supset \alpha)). \supset. \Delta(\blacktriangle(a^*, (\Pi\alpha^*)(\alpha^* \to \alpha^*)), \Delta(a, (\forall\alpha)(\alpha \supset \alpha))) : \supset : \Delta(a^*, a) \supset \Delta(\blacktriangle(a^*, (\Pi\alpha^*)(\alpha^* \to \alpha^*)), \Delta(a, (\forall\alpha)(\alpha \supset \alpha)))$ — 12, *ri*, *ri*, *ri*

14. $\vdash \Delta(a^*, a)\ \&\ \Delta((\Pi\alpha^*)(\alpha^* \to \alpha^*), (\forall\alpha)(\alpha \supset \alpha)). \supset. \Delta(\blacktriangle(a^*, (\Pi\alpha^*)(\alpha^* \to \alpha^*)), \Delta(a, (\forall\alpha)(\alpha \supset \alpha))) : \supset : \Delta(a^*, a) \supset \Delta(\blacktriangle(a^*, (\Pi\alpha^*)(\alpha^* \to \alpha^*)), \Delta(a, (\forall\alpha)(\alpha \supset \alpha)))$

9, 13, *mp*

15. $\vdash \Delta(a^*, a) \supset \Delta(\blacktriangle(a^*, (\Pi\alpha^*)(\alpha^* \to \alpha^*)), \Delta(a, (\forall\alpha)(\alpha \supset \alpha)))$

11, 14, *mp*

16. $\vdash \Delta(a^*, a) \supset \Delta(\mathbf{\Pi}(a^*), \Delta(a, (\forall\alpha)(\alpha \supset \alpha)))$ — 15, df. $\mathbf{\Pi}$

17. $\vdash \Delta(a^*, a) \supset \Delta(\mathbf{\Pi}(a^*), \mathcal{T}(a))$ — 16, df. $\mathcal{T}$

18. $\vdash \Delta(\Upsilon^*, \Upsilon) \supset \Delta(\mathbf{\Pi}(\Upsilon^*), \mathcal{T}(\Upsilon))$ — 17, *ri*, *ri*

19. $\vdash \Delta(\mathbf{\Pi}(\Upsilon^*), \mathcal{T}(\Upsilon))$ — P1, 18, *mp*

20. $\vdash \Delta(a^*, a) \supset \Delta(\neg a^*, \sim a)$ — axiom $FC^{+SB}39$

21. $\vdash \Delta(\mathbf{\Pi}(\Upsilon^*), \mathcal{T}(\Upsilon)) \supset \Delta(\neg\mathbf{\Pi}(\Upsilon^*), \sim \mathcal{T}(\Upsilon))$ — 20, *ri*, *ri*

22. $\vdash \Delta(\neg\mathbf{\Pi}(\Upsilon^*), \sim \mathcal{T}(\Upsilon))$ — 19, 21, *mp*

23. $\vdash \Delta(a, b)\ \&\ \Delta(a, c). \supset. (b = c)$ — axiom $FC^{+SB}13$

24. $\vdash \Delta(\neg\mathbf{\Pi}(\Upsilon^*), \sim \mathcal{T}(\Upsilon))\ \&\ \Delta(\neg\mathbf{\Pi}(\Upsilon^*), (\forall\alpha)(\alpha \supset \alpha)). \supset. \sim \mathcal{T}(\Upsilon) = (\forall\alpha)(\alpha \supset \alpha)$ — 23, *ri*, *ri*, *ri*

25. $\vdash \Delta(\neg\mathbf{\Pi}(\Upsilon^*), \sim \mathcal{T}(\Upsilon))\ \&\ \mathcal{T}(\neg\mathbf{\Pi})(\Upsilon^*)). \supset. \sim \mathcal{T}(\Upsilon) = (\forall\alpha)(\alpha \supset \alpha)$ — 24, df. $\mathcal{T}$

26. $\vdash \Delta(\neg\mathbf{\Pi}(\Upsilon^*), \sim \mathcal{T}(\Upsilon))\ \&\ \mathcal{T}(\Upsilon). \supset. \sim \mathcal{T}(\Upsilon) = (\forall\alpha)(\alpha \supset \alpha)$ — P2, 25, *i*

27. $\vdash p. : \supset :. p\ \&\ q. \supset. r : \supset : q \supset r$ — *fc*

28. $\vdash \Delta(\neg\mathbf{\Pi}(\Upsilon^*), \sim \mathcal{T}(\Upsilon)). : \supset :. \Delta(\neg\mathbf{\Pi}(\Upsilon^*), \sim \mathcal{T}(\Upsilon))\ \&$

$\mathcal{T}(\Upsilon).\supset. \sim \mathcal{T}(\Upsilon) = (\forall\alpha)(\alpha \supset \alpha) : \supset : \mathcal{T}(\Upsilon).\supset. \sim \mathcal{T}(\Upsilon) = (\forall\alpha)(\alpha \supset \alpha)$ 27, *ri*, *ri*, *ri*

29. $\vdash \Delta(\neg \beth(\Upsilon^*), \sim \mathcal{T}(\Upsilon)) \,\&\, \mathcal{T}(\Upsilon).\supset. \sim \mathcal{T}(\Upsilon) = (\forall\alpha)(\alpha \supset \alpha) : \supset : \mathcal{T}(\Upsilon).\supset. \sim \mathcal{T}(\Upsilon) = (\forall\alpha)(\alpha \supset \alpha)$ 22, 28, *mp*

30. $\vdash \mathcal{T}(\Upsilon).\supset. \sim \mathcal{T}(\Upsilon) = (\forall\alpha)(\alpha \supset \alpha)$ 26, 29, *mp*

31. $\vdash (p = (\forall\alpha)(\alpha \supset \alpha)) = \textbf{—}\, p$ *fc*

32. $\vdash (\sim \mathcal{T}(\Upsilon) = (\forall\alpha)(\alpha \supset \alpha)) = \textbf{—} \sim \mathcal{T}(\Upsilon)$ 31, *ri*

33. $\vdash \mathcal{T}(\Upsilon) \supset \textbf{—} \sim \mathcal{T}(\Upsilon)$ 30, 32, *i*

34. $\vdash \mathcal{T}(\Upsilon) \supset \sim \mathcal{T}(\Upsilon)$ 33, *hor*

35. $\vdash p \supset \sim p.\supset. \sim p$ *fc*

36. $\vdash \mathcal{T}(\Upsilon) \supset \sim \mathcal{T}(\Upsilon).\supset. \sim \mathcal{T}(\Upsilon)$ 35, *ri*

37. $\vdash \sim \mathcal{T}(\Upsilon)$ 34, 36, *mp*

38. $\vdash a.\supset. a = (\forall\alpha)(\alpha \supset \alpha)$ *fc*

39. $\vdash \sim \mathcal{T}(\Upsilon).\supset. \sim \mathcal{T}(\Upsilon) = (\forall\alpha)(\alpha \supset \alpha)$ 38, *ri*

40. $\vdash \sim \mathcal{T}(\Upsilon) = (\forall\alpha)(\alpha \supset \alpha)$ 37, 39, *mp*

41. $\vdash \Delta(\neg \beth(\Upsilon^*), (\forall\alpha)(\alpha \supset \alpha))$ 22, 40, *i*

42. $\vdash \Delta(\Upsilon, (\forall\alpha)(\alpha \supset \alpha))$ P2, 41, i

43. $\vdash \mathcal{T}(\Upsilon)$ 42, df. $\mathcal{T}$

44. $\vdash p : \supset : q.\supset. p \,\&\, q$ *fc*

45. $\vdash \mathcal{T}(\Upsilon) : \supset : \sim \mathcal{T}(\Upsilon).\supset. \mathcal{T}(\Upsilon) \,\&\, \sim \mathcal{T}(\Upsilon)$ 44, *ri*, *ri*

46. $\vdash \sim \mathcal{T}(\Upsilon).\supset. \mathcal{T}(\Upsilon) \,\&\, \sim \mathcal{T}(\Upsilon)$ 43, 45, *mp*

47. $\vdash \mathcal{T}(\Upsilon) \,\&\, \sim \mathcal{T}(\Upsilon)$ 37, 46, *mp*

这个结果本身并不表明系统 FC^{+SB} 是不一致的。在此给出的论证只是表明，如果我们假定前提（P1）和（P2），就会出现一个矛盾的结果。然而，为了避开矛盾，我们又不能否定（P1）。虽然它自身不是该系统的一个定理，但是公理 $FC^{+SB}35$ 保证至少有一个决定 Υ 的涵义，无论采用什么涵义都可以用来形式地表述一个类似的悖论。这样一来就只能否定（P2）了。对（P2）的否定会成为该系统的一个定理。然而，（P2）说明关于丘奇的思想偏爱至少可以作为偶然真理的某种东西。很明显，逻辑系统导致的结果不是逻辑真，这不是我们期望的结果。因此，甚至在系统 FC^{+SB} 中也有问题。①

问题还没有完结。因为还可以证明，系统 FC^{+SB} 中可以发现明显的不一致。这个论证来自《数学原则》附录 B 中或者罗素—麦西尔矛盾中的某种变体。具体说，它起源于思想和概念之间的康托尔式对角构建。在此，我们首先非形式地讨论矛盾，然后给出形式的细节。对于普遍的思想，比如由“每一事物都是人”或者“每一事物都是行星”或者“每一事物都是自身等同的”这样的句子表达的思想，对于每一概念表达式，即便一个思想不是真的，它也是存在的。这些思想中有一些使得它们自己归属于它们概括的概念，而有些思想则不是这样。例如，由“每一事物都是自身等同的”表达的思想自身是等同的。由“每一事物都是行星”表达的思想自身不是行星。现在定义 $\mathcal{F}$ 的概念，使得一个对象属于它仅当一个普遍思想自身不属于它的相应的概念。但是，现在考虑由“每一事物都是 $\mathcal{F}$”表达的思想。这个思想属于概念 $\mathcal{F}$ 吗？属于 $\mathcal{F}$ 之下的普遍思想（Universal Gedank）并不属于它相应的那个概念，所以这个普遍思想属于 $\mathcal{F}$ 仅当它不属于它相应的那个概念。②

再看系统 FC^{+SB} 中对矛盾的形式表述。不完全涵义 $\mathfrak{Q}(\delta)$ 决定一元函数 $\mathcal{P}(\xi)$。当不完全涵义与“$(\forall a)\phi(a)$”的二级不完全涵义 $(\Pi a^*)\theta(a^*)$ 相互饱和时，一个思想就形成了。当 $\mathfrak{Q}(\delta)$ 由 $(\Pi a^*)\theta(a^*)$ 相互饱和时，也形成了思想，$(\Pi a^*)\mathfrak{Q}(a^*)$ 决定“每一事物都是行星”的真值。如果 $(\Pi a^*)\theta(a^*)$ 与不完全涵义 $\delta \approx \delta$ 融合，由此导致思想 $(\Pi a^*)(a^* \approx a^*)$，它决定“每一事物都是自身同一”的真值。这些思想就是对象。然而，一级函数必须针对所有的对象来定义。当这些普遍思想作为一级函数的自变元，而这个一级函数由与 $(\Pi a^*)\ \theta\ (a^*)$ 相互饱和的不完全涵义来决定时，给出的值为真。例如，当思想 $(\Pi a^*)\theta(a^*)$ 作为函数的自变元，而这个函数由不完全涵义 $\delta \approx \delta$，即 $\xi = \xi$ 来决定时，它的值为真，因为“$(\Pi a^*)\ (a^* \approx a^*) =$

① Kevin C. Klement. Frege and The Logic of Sense and Reference [M]. New York: Routledge, 2002: 163.

② Kevin C. Klement. Frege and The Logic of Sense and Reference [M]. New York: Routledge, 2002: 163—164.

$(\Pi\alpha^*)(\alpha^* \approx \alpha^*)$”指谓真。但是，当有些思想作为由不完全涵义[与$(\Pi\alpha^*)\theta(\alpha^*)$相互饱和]决定函数的自变元时，它的值不为真。这里的$(\Pi\alpha^*)\ \mathfrak{Q}(\alpha^*)$就是这样的思想。不完全涵义$\mathfrak{Q}(\delta)$决定函数$\mathcal{P}(\xi)$。当把思想$(\Pi\alpha^*)\mathfrak{Q}(\alpha^*)$作为$\mathcal{P}(\xi)$的自变元时，其值为假。因为$(\Pi\alpha^*)\mathfrak{Q}(\alpha^*)$不是行星。也就是，“$\mathcal{P}((\Pi\alpha^*)\mathfrak{Q}(\alpha^*))$”指谓假。①

现在考虑概念$\mathcal{F}(\xi)$，它的值为真仅当它的自变元是形如$(\Pi\alpha^*)\mathfrak{Q}(\alpha^*)$的思想，当它由与$(\Pi\alpha^*)\theta(\alpha^*)$相互饱和的不完全涵义决定的函数饱和时，它的值不为真，否则其值为假。这个概念可以刻画如下：

$$(\mathrm{Df.}\ \mathcal{F}) \Vdash \mathcal{F}(x) = (\exists \mathrm{f}\mathfrak{F})\{(\forall \alpha\alpha^*)[\Delta(\alpha^*,\alpha) \supset \Delta(\mathfrak{F}(\alpha^*),\mathrm{f}(\alpha))] \ \&\ (x = (\Pi\alpha^*)\ \mathfrak{F}(\alpha^*))\ \&\ \sim \mathrm{f}(x)\}$$ ②

现在看决定这个函数的不完全涵义。公理$\mathrm{FC}^{+SB}36$担保这个不完全涵义。$\mathrm{FC}^{+SB}36$的一个例证可读作：

$$\vdash(\exists\ \mathfrak{F})(\forall \alpha\alpha^*)[\Delta(\alpha^*,\ \alpha) \supset \Delta(\mathfrak{F}(\alpha^*),\ \mathcal{F}(\alpha))]$$ ③

我们为由这个命题设定的不完全涵义引入一个符号“$\mathfrak{Y}(\delta)$”。于是有：

$$(\mathrm{Pp.}\ \mathfrak{Y})\ \vdash (\forall \alpha\alpha^*)\ [\Delta(\alpha^*,\ \alpha)\ \supset\Delta(\mathfrak{Y}(\alpha^*),\ \mathcal{F}(\alpha))]$$ ④

作为一个一级不完全涵义，“$\mathfrak{Y}(\delta)$”自身能与$(\Pi\alpha^*)\ \theta\ (\alpha^*)$相互饱

---

① Kevin C. Klement. Frege and The Logic of Sense and Reference [M]. New York: Routledge, 2002: 164.

② Kevin C. Klement. Frege and The Logic of Sense and Reference [M]. New York: Routledge, 2002: 164.

③ Kevin C. Klement. Frege and The Logic of Sense and Reference [M]. New York: Routledge, 2002: 164.

④ Kevin C. Klement. Frege and The Logic of Sense and Reference [M]. New York: Routledge, 2002: 165.

和。我们的问题是，当思想（$\Pi\alpha^*$）$\Upsilon(\alpha^*)$ 作为函数 $\mathcal{F}(\xi)$ 的自变元时，它的结果是什么？这个结果为真，仅当“$\Upsilon(\delta)$”决定这样一个函数，当（$\Pi\alpha^*$）$\Upsilon(\alpha^*)$ 作为自变元时，它的值并非真值。但是“$\Upsilon(\delta)$”决定 $\mathcal{F}(\xi)$ 等等，对于作为自变元的（$\Pi\alpha^*$）$\Upsilon(\alpha^*)$，$\mathcal{F}(\xi)$ 的值为真仅当它的值不为真。①

这个矛盾的形式表述如下：

$$\vdash \mathcal{F}((\Pi\alpha^*)\Upsilon(\alpha^*)) \,\&\, \sim\mathcal{F}((\Pi\alpha^*)\Upsilon(\alpha^*))$$ ②

为了证明这个矛盾，首先要证明 FC^{+SB} 的下列定理。这个定理表述的是不完全涵义决定唯一的函数。

定理 $FC^{+SB}13.1$ $\vdash(\forall\alpha\alpha^*)[\Delta(\alpha^*,\alpha) \supset \Delta(F(\alpha^*), f(\alpha))] \,\&\, (\forall\alpha\alpha^*)[\Delta(\alpha^*,\alpha) \supset \Delta(F(\alpha^*), g(\alpha))].\supset.(\forall\alpha)(f(\alpha)=g(\alpha))$ ③

克莱门特给出的证明为：④

1. $\vdash\Delta(a, b) \,\&\, \Delta(a, c).\supset.(b=c)$ 　　axiom $FC^{+SB}13$
2. $\vdash\Delta(F(a^*), b) \,\&\, \Delta(F(a^*), c).\supset.(b=c)$ 　　1, *ri*
3. $\vdash\Delta(F(a^*), f(a)) \,\&\, \Delta(F(a^*), g(a)).\supset.(f(a)=g(a))$ 　　2, *ri*, *ri*
4. $\vdash(\forall\alpha\alpha^*)[\Delta(F(\alpha^*), f(\alpha)) \,\&\, \Delta(F(\alpha^*), g(\alpha)).\supset.(f(\alpha)=g(\alpha))]$ 　　3, *gen*

① Kevin C. Klement. Frege and The Logic of Sense and Reference [M]. New York: Routledge, 2002: 165.

② Kevin C. Klement. Frege and The Logic of Sense and Reference [M]. New York: Routledge, 2002: 165.

③ Kevin C. Klement. Frege and The Logic of Sense and Reference [M]. New York: Routledge, 2002: 165.

④ 证明 1—23 见 Kevin C. Klement. Frege and The Logic of Sense and Reference [M]. New York: Routledge, 2002: 165—166.

5. $\vdash(\forall \alpha\alpha^*)[h(\alpha, \alpha^*) \supset i(\alpha, \alpha^*)] \& (\forall \alpha\alpha^*)[h(\alpha, \alpha^*) \supset j(\alpha, \alpha^*)].\supset. (\forall \alpha\alpha^*)[h(\alpha, \alpha^*).\supset. i(\alpha, \alpha^*) \& j(\alpha, \alpha^*)]$ *fc*

6. $\vdash(\forall \alpha\alpha^*)[\Delta(\alpha^*, \alpha) \supset \Delta(F(\alpha^*), f(\alpha))] \& (\forall \alpha\alpha^*)[\Delta(\alpha^*, \alpha) \supset \Delta(F(\alpha^*), g(\alpha))].\supset. (\forall \alpha\alpha^*)[\Delta(\alpha^*, \alpha).\supset. \Delta(F(\alpha^*), f(\alpha)) \& \Delta(F(\alpha^*), g(\alpha))]$ 5, *ri*, *ri*, *ri*

7. $\vdash p \supset (\forall \alpha\alpha^*)[h(\alpha, \alpha^*) \supset i(\alpha, \alpha^*)] :\supset: (\forall \alpha\alpha^*)[i(\alpha, \alpha^*) \supset j(\alpha)].\supset. p \supset (\forall \alpha\alpha^*)[h(\alpha, \alpha^*) \supset j(\alpha)]$ *fc*

8. $\vdash(\forall \alpha\alpha^*)[\Delta(\alpha^*, \alpha) \supset \Delta(F(\alpha^*), f(\alpha))] \& (\forall \alpha\alpha^*)[\Delta(\alpha^*, \alpha) \supset \Delta(F(\alpha^*), g(\alpha))].\supset. (\forall \alpha\alpha^*)[\Delta(\alpha^*, \alpha).\supset. \Delta(F(\alpha^*), f(\alpha)) \& \Delta(F(\alpha^*), g(\alpha))].:\supset:. (\forall \alpha\alpha^*)[\Delta(F(\alpha^*), f(\alpha)) \& \Delta(F(\alpha^*), g(\alpha)).\supset. j(\alpha)] :\supset: (\forall \alpha\alpha^*)[\Delta(\alpha^*, \alpha) \supset \Delta(F(\alpha^*), f(\alpha))] \& (\forall \alpha\alpha^*)[\Delta(\alpha^*, \alpha) \supset \Delta(F(\alpha^*), g(\alpha))].\supset. (\forall \alpha\alpha^*)[\Delta(\alpha^*, \alpha) \supset j(\alpha)]$ 7, *ri*, *ri*, *ri*

9. $\vdash(\forall \alpha\alpha^*)[\Delta(F(\alpha^*), f(\alpha)) \& \Delta(F(\alpha^*), g(\alpha)).\supset. j(\alpha)] :\supset: (\forall \alpha\alpha^*)[\Delta(\alpha^*, \alpha) \supset \Delta(F(\alpha^*), f(\alpha))] \& (\forall \alpha\alpha^*)[\Delta(\alpha^*, \alpha) \supset \Delta(F(\alpha^*), g(\alpha))].\supset. (\forall \alpha\alpha^*)[\Delta(\alpha, \alpha^*) \supset j(\alpha)]$ 6, 8, *mp*

10. $\vdash(\forall \alpha\alpha^*)[\Delta(F(\alpha^*), f(\alpha)) \& \Delta(F(\alpha^*), g(\alpha)).\supset. (f(\alpha) = g(\alpha))] :\supset: (\forall \alpha\alpha^*)[\Delta(\alpha^*, \alpha) \supset \Delta(F(\alpha^*), f(\alpha))] \& (\forall \alpha\alpha^*)[\Delta(\alpha^*, \alpha) \supset \Delta(F(\alpha^*), g(\alpha))].\supset. (\forall \alpha\alpha^*)[\Delta(\alpha^*, \alpha) \supset (f(\alpha) = g(\alpha))]$ 9, *ri*

11. $\vdash(\forall \alpha\alpha^*)[\Delta(\alpha^*, \alpha) \supset \Delta(F(\alpha^*), f(\alpha))] \& (\forall \alpha\alpha^*)[\Delta(\alpha^*, \alpha) \supset \Delta(F(\alpha^*), g(\alpha))].\supset. (\forall \alpha\alpha^*)[\Delta(\alpha^*, \alpha) \supset (f(\alpha) = g(\alpha))]$ 4, 10, *mp*

12. $\vdash(\forall \alpha\alpha^*)[h(\alpha, \alpha^*) \supset g(\alpha)] \supset (\forall \alpha)[(\exists \alpha^*)h(\alpha, \alpha^*).\supset. g(\alpha)]$ *fc*

13. $\vdash(\forall \alpha\alpha^*)[\Delta(\alpha^*, \alpha) \supset (f(\alpha) = g(\alpha))] \supset (\forall \alpha)[(\exists \alpha^*)\Delta(\alpha^*, \alpha) \supset (f(\alpha) = g(\alpha))]$ 12, *ri*, *ri*

14. $\vdash(\forall \alpha\alpha^*)[\Delta(\alpha^*, \alpha) \supset \Delta(F(\alpha^*), f(\alpha))] \& (\forall \alpha\alpha^*)[\Delta(\alpha^*, \alpha) \supset \Delta(F(\alpha^*), g(\alpha))].\supset. (\forall \alpha)[(\exists \alpha^*)\Delta(\alpha^*, \alpha) \supset (f(\alpha) = g(\alpha))]$ 11, 13, *syll*

15. $\vdash (\forall \alpha)(h(\alpha) \supset i(\alpha)) . \supset . (\forall \alpha)h(\alpha) \supset (\forall \alpha)i(\alpha)$ *fc*

16. $\vdash (\forall \alpha)[(\exists \alpha^*)\Delta(\alpha^*, \alpha) \supset (f(\alpha) = g(\alpha))] . \supset .$
$(\forall \alpha)(\exists \alpha^*)\Delta(\alpha^*, \alpha) \supset (\forall \alpha)(f(\alpha) = g(\alpha))$ 15, *ri*, *ri*

17. $\vdash (\forall \alpha\alpha^*)[\Delta(\alpha^*, \alpha) \supset \Delta(F(\alpha^*), f(\alpha))] \& (\forall \alpha\alpha^*)$
$[\Delta(\alpha^*, \alpha) \supset \Delta(F(\alpha^*), g(\alpha))] . \supset . (\forall \alpha)(\exists \alpha^*)\Delta(\alpha^*, \alpha) \supset$
$(\forall \alpha)(f(\alpha) = g(\alpha))$ 14, 16, *syll*

18. $\vdash q . \ :\supset:. \ p . \supset . \ q \supset r : \supset : p \supset r$ *fc*

19. $\vdash (\forall \alpha)(\exists \alpha^*)\Delta(\alpha^*, \alpha) . \ :\supset:. \ (\forall \alpha\alpha^*)[\Delta(\alpha^*, \alpha) \supset$
$\Delta(F(\alpha^*), f(\alpha))] \& (\forall \alpha\alpha^*)[\Delta(\alpha^*, \alpha) \supset \Delta(F(\alpha^*),$
$g(\alpha))] . \supset . (\forall \alpha)(\exists \alpha^*)\Delta(\alpha^*, \alpha) \supset (\forall \alpha)(f(\alpha) = g(\alpha)) : \supset :$
$(\forall \alpha\alpha^*)[\Delta(\alpha^*, \alpha) \supset \Delta(F(\alpha^*), f(\alpha))] \& (\forall \alpha\alpha^*)[\Delta(\alpha^*,$
$\alpha) \supset \Delta(F(\alpha^*), g(\alpha))] . \supset . (\forall \alpha)(f(\alpha) = g(\alpha))$ 18, *ri*, *ri*, *ri*

20. $\vdash (\exists \alpha^*)\Delta(\alpha^*, b)$ axiom $FC^{+SB}35$

21. $\vdash (\forall \alpha)(\exists \alpha^*)\Delta(\alpha^*, \alpha)$ 20, *gen*

22. $\vdash (\forall \alpha\alpha^*)[\Delta(\alpha^*, \alpha) \supset \Delta(F(\alpha^*), f(\alpha))] \& (\forall \alpha\alpha^*)[\Delta(\alpha^*, \alpha)$
$\supset \Delta(F(\alpha^*), g(\alpha))] . \supset . (\forall \alpha)(\exists \alpha^*)\Delta(\alpha^*, \alpha) \supset (\forall \alpha)(f(\alpha) =$
$g(\alpha)) : \supset : (\forall \alpha\alpha^*)[\Delta(\alpha^*, \alpha) \supset \Delta(F(\alpha^*), f(\alpha))] \& (\forall \alpha\alpha^*)$
$[\Delta(\alpha^*, \alpha) \supset \Delta(F(\alpha^*), g(\alpha))] . \supset . (\forall \alpha)(f(\alpha) = g(\alpha))$
19, 21, *mp*

23. $\vdash (\forall \alpha\alpha^*)[\Delta(\alpha^*, \alpha) \supset \Delta(F(\alpha^*), f(\alpha))] \& (\forall \alpha\alpha^*)[\Delta(\alpha^*,$
$\alpha) \supset \Delta(F(\alpha^*), g(\alpha))] . \supset . (\forall \alpha)(f(\alpha) = g(\alpha))$ 17, 22, *mp*

由这个定理可以导出下面的矛盾：

$\vdash \mathcal{F}((\Pi\alpha^*) \ \mathbf{\Sigma}(\alpha^*)) \ \& \ \sim \mathcal{F}((\Pi\alpha^*) \ \mathbf{\Sigma}(\alpha^*))$ ①

① Kevin C. Klement. Frege and The Logic of Sense and Reference [M]. New York: Routledge, 2002: 166.

克莱门特给出的证明为①：

1. $\vdash \mathcal{F}((\Pi\alpha^*)\beth(\alpha^*)) = (\exists f\mathfrak{F})\{(\forall\alpha\alpha^*)[\Delta(\alpha^*, \alpha) \supset \Delta(\mathfrak{F}(\alpha^*), f(\alpha))] \,\&\, [(\Pi\alpha^*)\beth(\alpha^*) = (\Pi\alpha^*)\mathfrak{F}(\alpha^*)] \,\&\, {\sim} f((\Pi\alpha^*)\beth(\alpha^*))\}$ df. $\mathcal{F}$, *ri*
2. $\vdash (\Pi\alpha^*)\mathcal{F}(\alpha^*) = (\Pi\alpha^*)G(\alpha^*) . \supset . (\forall\alpha^*)(F(\alpha^*) = G(\alpha^*))$ theorem FC^{+SB}48. 1
3. $\vdash (\Pi\alpha^*)\beth(\alpha^*) = (\Pi\alpha^*)G(\alpha^*) . \supset . (\forall\alpha^*)(\beth(\alpha^*) = G(\alpha^*))$ 2, *ri*
4. $\vdash p \supset q . \supset . (s \,\&\, p \,\&\, t) \supset (s \,\&\, t \,\&\, q)$ *fc*
5. $\vdash (\Pi\alpha^*)\beth(\alpha^*) = (\Pi\alpha^*)G(\alpha^*) . \supset . (\forall\alpha^*)(\beth(\alpha^*) = G(\alpha^*)) : \supset : \{s \,\&\, [(\Pi\alpha^*)\beth(\alpha^*) = (\Pi\alpha^*)G(\alpha^*)] \,\&\, t\} \supset [s \,\&\, t \,\&\, (\forall\alpha^*)(\beth(\alpha^*) = G(\alpha^*))]$ 4, *ri*, *ri*
6. $\vdash \{s \,\&\, [(\Pi\alpha^*)\beth(\alpha^*) = (\Pi\alpha^*)G(\alpha^*)] \,\&\, t\} \supset [s \,\&\, t \,\&\, (\forall\alpha^*)(\beth(\alpha^*) = G(\alpha^*))]$ 3, 5, *mp*
7. $\vdash \{(\forall\alpha\alpha^*)[\Delta(\alpha^*, \alpha) \supset \Delta(G(\alpha^*), f(\alpha))] \,\&\, t \,\&\, (\forall\alpha^*)(F(\alpha^*) = G(\alpha^*))\} \supset \{(\forall\alpha\alpha^*)[\Delta(\alpha^*, \alpha) \supset \Delta(F(\alpha^*), f(\alpha))] \,\&\, t\}$ *fc*
8. $\vdash \{(\forall\alpha\alpha^*)[\Delta(\alpha^*, \alpha) \supset \Delta(G(\alpha^*), f(\alpha))] \,\&\, t \,\&\, (\forall\alpha^*)(\beth(\alpha^*) = G(\alpha^*))\} \supset \{(\forall\alpha\alpha^*)[\Delta(\alpha^*, \alpha) \supset \Delta(\beth(\alpha^*), f(\alpha))] \,\&\, t\}$ 7, *ri*
9. $\vdash \{(\forall\alpha\alpha^*)[\Delta(\alpha^*, \alpha) \supset \Delta(G(\alpha^*), f(\alpha))] \,\&\, [(\Pi\alpha^*)\beth(\alpha^*) = (\Pi\alpha^*)G(\alpha^*)] \,\&\, t\} \supset [(\forall\alpha\alpha^*)[\Delta(\alpha^*, \alpha) \supset \Delta(G(\alpha^*), f(\alpha))] \,\&\, t \,\&\, (\forall\alpha^*)(\beth(\alpha^*) = G(\alpha^*))]$ 6, *ri*
10. $\vdash \{(\forall\alpha\alpha^*)[\Delta(\alpha^*, \alpha) \supset \Delta(G(\alpha^*), f(\alpha))] \,\&\, [(\Pi\alpha^*)\beth(\alpha^*) = (\Pi\alpha^*)G(\alpha^*)] \,\&\, t\} \supset \{(\forall\alpha\alpha^*)[\Delta(\alpha^*, \alpha) \supset \Delta(\beth(\alpha^*), f(\alpha))] \,\&\, t\}$ 8, 9, *syll*
11. $\vdash (\forall\alpha\alpha^*)[\Delta(\alpha^*, \alpha) \supset \Delta(\beth(\alpha^*), f(\alpha))] \,\&\, (\forall\alpha\alpha^*)[\Delta(\alpha^*,$

① 证明 1—51 见 Kevin C. Klement. Frege and The Logic of Sense and Reference [M]. New York: Routledge, 2002: 166—169.

$\alpha) \supset \Delta(\mathcal{Y}(\alpha^*), \mathcal{F}(\alpha))]. \supset. (\forall \alpha)(f(\alpha) = \mathcal{F}(\alpha))$

Theorem FC^{+SB}13.1, *ri*, *ri*

12. $\vdash q. \ :\supset:. \ p \,\&\, q. \supset. \ r : \supset : p \supset r$ *fc*

13. $\vdash (\forall \alpha\alpha^*)[\Delta(\alpha^*, \alpha) \supset \Delta(\mathcal{Y}(\alpha^*), \mathcal{F}(\alpha))]. \ :\supset:.$
$(\forall \alpha\alpha^*)[\Delta(\alpha^*, \alpha) \supset \Delta(\mathcal{Y}(\alpha^*), f(\alpha))] \,\&\, (\forall \alpha\alpha^*)[\Delta(\alpha^*,$
$\alpha) \supset \Delta(\mathcal{Y}(\alpha^*), \mathcal{F}(\alpha))]. \supset. (\forall \alpha)(f(\alpha) = \mathcal{F}(\alpha)) : \supset :$
$(\forall \alpha\alpha^*)[\Delta(\alpha^*, \alpha) \supset \Delta(\mathcal{Y}(\alpha^*), f(\alpha))] \supset (\forall \alpha)(f(\alpha) =$
$\mathcal{F}(\alpha))$ 12, *ri*, *ri*, *ri*

14. $\vdash (\forall \alpha\alpha^*)[\Delta(\alpha^*, \alpha) \supset \Delta(\mathcal{Y}(\alpha^*), f(\alpha))] \,\&\, (\forall \alpha\alpha^*)[\Delta(\alpha^*,$
$\alpha) \supset \Delta(\mathcal{Y}(\alpha^*), \mathcal{F}(\alpha))]. \supset. (\forall \alpha)(f(\alpha) = \mathcal{F}(\alpha)) : \supset : (\forall \alpha\alpha^*)$
$[\Delta(\alpha^*, \alpha) \supset \Delta(\mathcal{Y}(\alpha^*), f(\alpha))] \supset (\forall \alpha)(f(\alpha) = \mathcal{F}(\alpha))$

Pp. $\mathcal{Y}$, 13, *mp*

15. $\vdash (\forall \alpha\alpha^*)[\Delta(\alpha^*, \alpha) \supset \Delta(\mathcal{Y}(\alpha^*), f(\alpha))] \supset (\forall \alpha)(f(\alpha) =$
$\mathcal{F}(\alpha))$ 11, 14, *mp*

16. $\vdash x \supset y : \supset : (x \,\&\, t). \supset. (y \,\&\, t)$ *fc*

17. $\vdash (\forall \alpha\alpha^*)[\Delta(\alpha^*, \alpha) \supset \Delta(\mathcal{Y}(\alpha^*), f(\alpha))] \supset (\forall \alpha)(f(\alpha) =$
$\mathcal{F}(\alpha)) \ :\supset: \ \{(\forall \alpha\alpha^*)[\Delta(\alpha^*, \alpha) \supset \Delta(\mathcal{Y}(\alpha^*), f(\alpha))] \,\&$
$t\}. \supset. [(\forall \alpha)(f(\alpha) = \mathcal{F}(\alpha)) \,\&\, t]$ 16, *ri*, *ri*

18. $\vdash \{(\forall \alpha\alpha^*)[\Delta(\alpha^*, \alpha) \supset \Delta(\mathcal{Y}(\alpha^*), f(\alpha))] \,\&\, t\} \supset$
$[(\forall \alpha)(f(\alpha) = \mathcal{F}(\alpha)) \,\&\, t]$ 15, 17, *mp*

19. $\vdash \{(\forall \alpha\alpha^*)[\Delta(\alpha^*, \alpha) \supset \Delta(G(\alpha^*), f(\alpha))] \,\&\, [(\Pi\alpha^*)\mathcal{Y}(\alpha^*) =$
$(\Pi\alpha^*)G(\alpha^*)] \,\&\, t\} \supset [(\forall \alpha)(f(\alpha) = \mathcal{F}(\alpha)) \,\&\, t]$ 10, 18, *syll*

20. $\vdash [(\forall \alpha)(f(\alpha) = \mathcal{F}(\alpha)) \,\&\, \sim f(x))] \supset \sim \mathcal{F}(x)$ *fc*

21. $\vdash \{(\forall \alpha\alpha^*)[\Delta(\alpha^*, \alpha) \supset \Delta(G(\alpha^*), f(\alpha))] \,\&\, [(\Pi\alpha^*)\mathcal{Y}(\alpha^*) =$
$(\Pi\alpha^*)G(\alpha^*)] \,\&\, \sim f(x)\} \supset [(\forall \alpha)(f(\alpha) = \mathcal{F}(\alpha)) \,\&\, \sim f(x)]$

19, *ri*

22. $\vdash \{(\forall \alpha\alpha^*)[\Delta(\alpha^*, \alpha) \supset \Delta(G(\alpha^*), f(\alpha))] \,\&\, [(\Pi\alpha^*)\mathcal{Y}(\alpha^*) =$
$(\Pi\alpha^*)G(\alpha^*)] \,\&\, \sim f(x)\} \supset \sim \mathcal{F}(x)$ 20, 21, *syll*

23. $\vdash \{(\forall \alpha\alpha^*)[\Delta(\alpha^*, \alpha) \supset \Delta(G(\alpha^*), f(\alpha))] \,\&\, [(\Pi\alpha^*)\mathcal{Y}(\alpha^*) =$

$(\Pi\alpha^*)G(\alpha^*)] \ \& \ \sim f((\Pi\alpha^*)\mathfrak{Y}(\alpha^*))\} \supset \sim \mathcal{F}((\Pi\alpha^*)\mathfrak{Y}(\alpha^*))$ 22, *ri*

24. $\vdash \mathcal{F}((\Pi\alpha^*)\mathfrak{Y}(\alpha^*)) \supset \sim \{(\forall \alpha\alpha^*)[\Delta(\alpha^*, \alpha) \supset \Delta(G(\alpha^*), f(\alpha))] \ \& \ [(\Pi\alpha^*)\mathfrak{Y}(\alpha^*) = (\Pi\alpha^*)G(\alpha^*)] \ \& \sim f((\Pi\alpha^*)\mathfrak{Y}(\alpha^*))\}$ 23, *con*

25. $\vdash \mathcal{F}(\Pi\alpha^*)\mathfrak{Y}(\alpha^*)) \supset (\forall \mathsf{f}\mathfrak{F}) \sim \{(\forall \alpha\alpha^*)[\Delta(\alpha^*, \alpha) \supset \Delta(\mathfrak{F}(\alpha^*), \mathsf{f}(\alpha))] \ \& \ [(\Pi\alpha^*)\mathfrak{Y}(\alpha^*) = (\Pi\alpha^*)\mathfrak{F}(\alpha^*)] \ \& \sim \mathsf{f}((\Pi\alpha^*)\mathfrak{Y}(\alpha^*))\}$ 24, *gen*, *gen*

26. $\vdash \sim (\forall \mathsf{f}\mathfrak{F}) \sim \{(\forall \alpha\alpha^*)[\Delta(\alpha^*, \alpha) \supset \Delta(\mathfrak{F}(\alpha^*), \mathsf{f}(\alpha))] \ \& \ [(\Pi\alpha^*)\mathfrak{Y}(\alpha^*) = (\Pi\alpha^*)\mathfrak{F}(\alpha^*)] \ \& \sim \mathsf{f}((\Pi\alpha^*)\mathfrak{Y}(\alpha^*))\} \supset \sim \mathcal{F}((\Pi\alpha^*)\mathfrak{Y}(\alpha^*))$ 25, *con*

27. $\vdash (\exists \mathsf{f}\mathfrak{F})\{(\forall \alpha\alpha^*)[\Delta(\alpha^*, \alpha) \supset \Delta(\mathfrak{F}(\alpha^*), \mathsf{f}(\alpha))] \ \& \ [(\Pi\alpha^*)\mathfrak{Y}(\alpha^*) = (\Pi\alpha^*)\mathfrak{F}(\alpha^*)] \ \& \sim \mathsf{f}((\Pi\alpha^*)\mathfrak{Y}(\alpha^*))\} \supset \sim \mathcal{F}((\Pi\alpha^*)\mathfrak{Y}(\alpha^*))$ 26, df. ∃b, ∃e

28. $\vdash \mathcal{F}((\Pi\alpha^*)\mathfrak{Y}(\alpha^*)) \supset \sim \mathcal{F}((\Pi\alpha^*)\mathfrak{Y}(\alpha^*))$ 1, 27, *i*

29. $\vdash p \supset \sim p . \supset . \sim p$ *fc*

30. $\vdash \mathcal{F}((\Pi\alpha^*)\mathfrak{Y}(\alpha^*)) \supset \sim \mathcal{F}((\Pi\alpha^*)\mathfrak{Y}(\alpha^*)) . \supset . \sim \mathcal{F}((\Pi\alpha^*)\mathfrak{Y}(\alpha^*))$ 29, *ri*

31. $\vdash \sim \mathcal{F}((\Pi\alpha^*)\mathfrak{Y}(\alpha^*))$ 28, 30, *mp*

32. $\vdash \sim (\exists \mathsf{f}\mathfrak{F})\{(\forall \alpha\alpha^*)[\Delta(\alpha^*, \alpha) \supset \Delta(\mathfrak{F}(\alpha^*), \mathsf{f}(\alpha))] \ \& \ [(\Pi\alpha^*)\mathfrak{Y}(\alpha^*) = (\Pi\alpha^*)\mathfrak{F}(\alpha^*)] \ \& \sim \mathsf{f}((\Pi\alpha^*)\mathfrak{Y}(\alpha^*))\}$ 1, 31, *i*

33. $\vdash (\forall \mathsf{f})(\forall \mathfrak{F}) \sim \{(\forall \alpha\alpha^*)[\Delta(\alpha^*, \alpha) \supset \Delta(\mathfrak{F}(\alpha^*), \mathsf{f}(\alpha))] \ \& \ [(\Pi\alpha^*)\mathfrak{Y}(\alpha^*) = (\Pi\alpha^*)\mathfrak{F}(\alpha^*)] \ \& \sim \mathsf{f}((\Pi\alpha^*)\mathfrak{Y}(\alpha^*))\}$ 32, df. ∃b, ∃e

34. $\vdash (\forall \mathsf{f})M_\beta(\mathsf{f}(\beta)) \supset M_\beta(f(\beta))$ axiom FC4

35. $\vdash (\forall \mathsf{f})(\forall \mathfrak{F}) \sim \{(\forall \alpha\alpha^*)[\Delta(\alpha^*, \alpha) \supset \Delta(\mathfrak{F}(\alpha^*), \mathsf{f}(\alpha))] \ \& \ [(\Pi\alpha^*)\mathfrak{Y}(\alpha^*) = (\Pi\alpha^*)\mathfrak{F}(\alpha^*)] \ \& \sim \mathsf{f}((\Pi\alpha^*)\mathfrak{Y}(\alpha^*))\} \supset (\forall \mathfrak{F}) \sim \{(\forall \alpha\alpha^*)[\Delta(\alpha^*, \alpha) \supset \Delta(\mathfrak{F}(\alpha^*), f(\alpha))] \ \& \ [(\Pi\alpha^*)\mathfrak{Y}(\alpha^*) = (\Pi\alpha^*)\mathfrak{F}(\alpha^*)] \ \& \sim f((\Pi\alpha^*)\mathfrak{Y}(\alpha^*))\}$ 34, *ri*

36. $\vdash (\forall \mathfrak{F}) \sim \{(\forall \alpha\alpha^*)[\Delta(\alpha^*, \alpha) \supset \Delta(\mathfrak{F}(\alpha^*), f(\alpha))] \ \&$

$[(\Pi\alpha^{*})\mathfrak{Y}(\alpha^{*}) = (\Pi\alpha^{*})\mathfrak{F}(\alpha^{*})] \,\&\, \sim f((\Pi\alpha^{*})\mathfrak{Y}(\alpha^{*}))\}$

33, 35, *mp*

37. $\vdash (\forall \mathfrak{F}) M_{\beta}(\mathfrak{F}(\beta)) \supset M_{\beta}(F(\beta))$　　axiom $FC^{+SB}11$

38. $\vdash (\forall \mathfrak{F}) \sim \{(\forall \alpha\alpha^{*})[\Delta(\alpha^{*}, \alpha) \supset \Delta(\mathfrak{F}(\alpha^{*}), f(\alpha))] \,\&\, [(\Pi\alpha^{*})\mathfrak{Y}(\alpha^{*}) = (\Pi\alpha^{*})\mathfrak{F}(\alpha^{*})] \,\&\, \sim f((\Pi\alpha^{*})\mathfrak{Y}(\alpha^{*}))\} \supset \sim \{(\forall \alpha\alpha^{*})[\Delta(\alpha^{*}, \alpha) \supset \Delta(F(\alpha^{*}), f(\alpha))] \,\&\, [(\Pi\alpha^{*})\mathfrak{Y}(\alpha^{*}) = (\Pi\alpha^{*})F(\alpha^{*})] \,\&\, \sim f((\Pi\alpha^{*})\mathfrak{Y}(\alpha^{*}))\}$　　37, *ri*

39. $\vdash \sim \{(\forall \alpha\alpha^{*})[\Delta(\alpha^{*}, \alpha) \supset \Delta(F(\alpha^{*}), f(\alpha))] \,\&\, [(\Pi\alpha^{*})\mathfrak{Y}(\alpha^{*}) = (\Pi\alpha^{*})F(\alpha^{*})] \,\&\, \sim f((\Pi\alpha^{*})\mathfrak{Y}(\alpha^{*}))\}$　　36, 38, *mp*

40. $\vdash \sim \{(\forall \alpha\alpha^{*})[\Delta(\alpha^{*}, \alpha) \supset \Delta(\mathfrak{Y}(\alpha^{*}), \mathcal{F}(\alpha))] \,\&\, [(\Pi\alpha^{*})\mathfrak{Y}(\alpha^{*}) = (\Pi\alpha^{*})\mathfrak{Y}(\alpha^{*})] \,\&\, \sim \mathcal{F}((\Pi\alpha^{*})\mathfrak{Y}(\alpha^{*}))\}$　　39, *ri*, *ri*

41. $\vdash \sim (p \,\&\, q \,\&\, \sim r) :\supset: p .\supset. q \supset r$　　*fc*

42. $\vdash \sim \{(\forall \alpha\alpha^{*})[\Delta(\alpha^{*}, \alpha) \supset \Delta(\mathfrak{Y}(\alpha^{*}), \mathcal{F}(\alpha))] \,\&\, [(\Pi\alpha^{*})\mathfrak{Y}(\alpha^{*}) = (\Pi\alpha^{*})\mathfrak{Y}(\alpha^{*})] \,\&\, \sim \mathcal{F}((\Pi\alpha^{*})\mathfrak{Y}(\alpha^{*}))\} :\supset: (\forall \alpha\alpha^{*})[\Delta(\alpha^{*}, \alpha) \supset \Delta(\mathfrak{Y}(\alpha^{*}), \mathcal{F}(\alpha))] .\supset. [(\Pi\alpha^{*})\mathfrak{Y}(\alpha^{*}) = (\Pi\alpha^{*})\mathfrak{Y}(\alpha^{*})] \supset \mathcal{F}((\Pi\alpha^{*})\mathfrak{Y}(\alpha^{*}))$　　41, *ri*

43. $\vdash (\forall \alpha\alpha^{*})[\Delta(\alpha^{*}, \alpha) \supset \Delta(\mathfrak{Y}(\alpha^{*}), \mathcal{F}(\alpha))] .\supset. [(\Pi\alpha^{*})\mathfrak{Y}(\alpha^{*}) = (\Pi\alpha^{*})\mathfrak{Y}(\alpha^{*})] \supset \mathcal{F}((\Pi\alpha^{*})\mathfrak{Y}(\alpha^{*}))$　　40, 42, *mp*

44. $\vdash [(\Pi\alpha^{*})\mathfrak{Y}(\alpha^{*}) = (\Pi\alpha^{*})\mathfrak{Y}(\alpha^{*})] \supset \mathcal{F}((\Pi\alpha^{*})\mathfrak{Y}(\alpha^{*}))$

Pp. $\mathfrak{Y}$, 43, *mp*

45. $\vdash a = a$　　*fc*

46. $\vdash (\Pi\alpha^{*})\mathfrak{Y}(\alpha^{*}) = (\Pi\alpha^{*})\mathfrak{Y}(\alpha^{*})$　　45, *ri*

47. $\vdash \mathcal{F}((\Pi\alpha^{*})\mathfrak{Y}(\alpha^{*}))$　　44, 46, *mp*

48. $\vdash p :\supset: \sim p .\supset. p \,\&\, \sim p$　　*fc*

49. $\vdash \mathcal{F}((\Pi\alpha^{*})\mathfrak{Y}(\alpha^{*})) :\supset: \sim \mathcal{F}((\Pi\alpha^{*})\mathfrak{Y}(\alpha^{*})) .\supset. \mathcal{F}((\Pi\alpha^{*})\mathfrak{Y}(\alpha^{*})) \,\&\, \sim \mathcal{F}((\Pi\alpha^{*})\mathfrak{Y}(\alpha^{*}))$　　48, *ri*

50. $\vdash \sim \mathcal{F}((\Pi\alpha^{*})\mathfrak{Y}(\alpha^{*})) .\supset. \mathcal{F}((\Pi\alpha^{*})\mathfrak{Y}(\alpha^{*})) \,\&\, \sim \mathcal{F}((\Pi\alpha^{*})\mathfrak{Y}(\alpha^{*}))$　　47, 49, *mp*

51. $\vdash \mathcal{F}((\Pi\alpha^{*})\mathfrak{Y}(\alpha^{*})) \,\&\, \sim \mathcal{F}((\Pi\alpha^{*})\mathfrak{Y}(\alpha^{*}))$　　31, 50, *mp*

这就完成了对矛盾的论证。显而易见，系统 FC^{+SB} 是不一致的。这个结果让人感到惊讶。因为系统 FC^{+SB} 是建立在 FC 的基础上的，而 FC 是一致的。看起来，增加的新公理一定是这些困难的根源。弗雷格的涵义和指称的理论，尽管并不是非常合理，但至少在内部是一致的。然而，FC^{+SB} 的不一致表明，按照弗雷格对涵义和思想性质的理解，对一致的系统增加公理导致了形式上的困难。在这里，弗雷格《算术的基本规律》中的概念文字的核心是系统一致。然而，系统 FC^{+SB} 并不包含《算术的基本规律》的那部分系统，那部分系统已被许多研究弗雷格的人认为是困难的发源地。尤其是，FC^{+SB} 并不包含弗雷格的基本规律 V（公理 $FC^{+V}7$），这个公理通常被认为是弗雷格现存系统中产生罗素悖论的（公理）。FC^{+SB} 的困难完全独立于上文讨论过的困难。①

实际上，这些新的困难使克莱门特陷入了困境：一方面，要避免矛盾当然就要有令人满意的理论；另一方面，矛盾的发现迫使我们对一个哲学的理论会做这样或那样的改变，即改变弗雷格的理论。况且，矛盾不会向我们指明要改变什么。一种可能的改变是通过对推理规则设置任意的限制来避免矛盾。例如，我们可通过限制肯定前件式假言推理来避免一些矛盾。这种做法也存有问题，它能不能从形式上解决所有的矛盾和悖论目前还不是很明朗，但是可以肯定这些方法不是真正解决悖论的方法。

克莱门特总结了涵义和指称理论中的 4 个悖论。它们包括类/思想的矛盾、“修改版本 Epimenides 悖论”、概念/思想矛盾以及类/涵义矛盾。这 4 类矛盾都是因为违背了康托尔定理导致的。

按照康托尔的看法，困难的产生是由于弗雷格对大量的逻辑实体所做的承诺：弗雷格不仅对客观存在的许多类和概念做出承诺，而且也对涵义领域的许多实体做出承诺，至少包括对每个类的一种涵义的承诺、对每个概念的一种思想的承诺。

为解决以上这 4 类矛盾，可供选择的策略有如下 3 个：

第一，放弃对逻辑实体子集的形而上学的承诺。例如，我们考虑完全放弃对真实实体的承诺，或者，考虑完全放弃对涵义的承诺，等等。这种完全放弃对逻辑实体的某些领域承诺的方法叫作“策略一”（strategy one）。

① Kevin C. Klement. Frege and The Logic of Sense and Reference [M]. New York: Routledge, 2002: 169.

第二，按照弗雷格所说，思想和类的数量是无限的，这样会导致若干问题。于是有学者提出了以某种方式缩减（curtail）认定的逻辑实体数量的方法，这就是“策略二”（strategy two）。

第三，保留对涵义、概念和类这样的实体所做的承诺，通过改变或转换对这些实体的理解，从而避免矛盾。所谓“策略三”（strategy three）就是采用分支类型论以及与此相类似的做法。

现在的问题是：借助这3个可能解决问题的策略，我们能不能对弗雷格理论做可能的修正，或者说能不能指望去避免矛盾和悖论呢？

如果我们要想保留弗雷格逻辑理论的内核而且避免矛盾，就要完全放弃“策略一”，即放弃对逻辑实体子集的形而上学的承诺。然而，放弃涵义、思想、函数和概念的方法对于保留弗雷格意义理论和方法的内核来说不是可行的方案。尽管放弃类的方法能处理一些问题，但是有的问题还是处理不了。显然，这种做法并没有真正解决问题，“策略一”不是我们指望的途径。

“策略二”能不能解决以上矛盾呢？换言之，通过限制或者修改概念种类的数量来保留弗雷格逻辑理论的内核是否可行呢？

有的学者作了一些尝试，例如，哈克（Susan Haack）主张修改弗雷格原来的系统，限制弗雷格的罗马例示规则。但是，这种方法也有困难。首先，它并不能解决“修改版本 Epimenides 悖论”之类的语义悖论。其次，哈克所提倡的那种修改是特设性，并没有真正避免矛盾。最后，能不能找到解决概念/思想矛盾或者消解“修改版本 Epimenides 悖论”的方法？“策略三”似乎是我们的唯一的希望。

“策略三”试图找到修正弗雷格哲学的概念、类和涵义的性质的方法，然后逐步解决产生矛盾的问题。为了解决这些问题，需要采用一个更加复杂的类型论，这种类型论就是分支类型论。然而，分支类型论可不可以用来解决那些矛盾呢？

答案是：尽管用分支类型论创造一个系统是可能的，在这个系统中上述悖论不会出现了，但是这种做法没有能够找到牢固的哲学理由，其解决方案大多是对困难的特设性解决，躲避矛盾，仅此而已。这与任意限制推理规则以阻止困难的办法相差无几。

如果采用语言学的方式理解涵义和思想的性质，那么根据塔斯基的语言层级（an hierarchy of languages）理论可以能为阶（order）的存在提供辩护。如果思想被理解为语言学实体，那么它们的阶就能按照它们归属的语言层级而解释了。如果思想是一个有关另一个思想的思想，那么它必须是比那个思想更高阶的思想，因为，在一种语言中谈论思想，而把某种语言放到更高的层级上是不可能的。按照克莱门特所说，现在还不能把与分支类型论相一致作为解决悖论的任何意义理论讲清楚。在这种情况下，把涵义和思想自身作为语言的实体，显然是不可能的。

这样一来，我们不得不陷入这样的困境：如果困惑涵义和指称理论逻辑的悖论需要借助分支类型论加以解决的话，就要求对弗雷格的观点从本质上进行修正。这样的修正也要求彻底放弃弗雷格自己的观点为前提。如果一定要保留弗雷格意义理论的话，我们只能被迫放弃把分支类型论作为解决悖论的策略。

二、简要的评论

根据以上论述，克莱门特得出这样的结论：按照弗雷格自己的语义学理论扩张弗雷格的概念文字，就会显示出弗雷格整个哲学地位中内部的困难和缺陷，而这些缺陷是迄今为止人们忽视而且很少提及的。弗雷格自己好像也没有发现这些缺陷，这只是因为他自己从未试图把对涵义和指称的理论的承诺包括到他的逻辑演算中。

按照克莱门特的观点，通过构建涵义和指称的逻辑演算就可弥补弗雷格建构的概念文字之不足和缺陷，使我们能在一个比较好的平台上评价他的哲学，寻找解决困难弥补缺陷的办法。通过扩张弗雷格的逻辑系统，有助于回应异议和挑战，从而可以为哲学的难题提供解决的办法。但是，这些回应和方法来自对涵义和思想的性质的理解，现在却发现人们对性质的理解也是有困惑的。其一，表现在它们不能被充分地理解。其二，还存有一个问题，也即如果弗雷格的语言哲学和心灵哲学能得以发展，把其中的积极方面融入逻辑系统能不能解决上述矛盾和困难呢？为了回答这个问题，就要着手检查弗雷格涵义和指称理论的形式上的困难的缘由。此外，从事这项工作的第一步要考虑弗雷格的逻辑哲学思想，而且要根据这些逻辑哲学的观点来考虑目前我们面对的困难，因为它们也面对同样的困难，也许通过逻辑哲学的考察可以找到解决的方法。

总之，克莱门特试图通过对疑难和矛盾作康托尔式的分析，区分类与概念，通过减少涵义和思想的数量，甚至借助分支类型论对有关疑难作特设性的解决。他的工作表明，实际上困难还没有解决，自己却陷入了新的困境。在试图解决弗雷格悖论的论证中，克莱门特对有些场合的问题可以解决，但往往是特设性的；对有些场合的问题解决不了，比如命题态度问题、超内涵问题。所以，从某种程度上说，克莱门特的理论基本上局限于弗雷格的理论，并没有超越弗雷格的理论。弗雷格的涵义和指称的思想是博大精深的，我们应该继承和发展，但是局限于弗雷格的思想是不能摆脱困境的，要解决涵义和指称逻辑的困难需要有新的思路。

第六章　继承和发展弗雷格：涵义与指称理论的出路

面对上述困境与困难，我们原来的问题“涵义和指称的逻辑出路何在”，应该转变为新的问题：是否可以继承和发展弗雷格—丘奇式的内涵逻辑，进而寻找一种非弗雷格—丘奇的内涵逻辑呢？如何在逻辑与哲学两方面寻找新的出路？接下来，我们将从逻辑与哲学两方面探讨涵义和指称的逻辑的出路及发展方向。从逻辑视角看，我们需要结合语形、语义和语用来探讨如何摆脱困境的问题，不仅要继承弗雷格涵义和指称理论的合理之处，而且要突破这一理论的局限，促进内涵逻辑的长足发展。从哲学上看，我们需要对内涵主义与外延主义之争的主要问题作出适当的回答，借鉴印度逻辑的长处，探讨意义理论未来发展走向。

第一节　基于非弗雷格理论的涵义与指称的逻辑

从解决超内涵问题入手是发展涵义和指称逻辑的一个有希望的出路。超内涵逻辑所要超越的主要是经典内涵逻辑中涵义或意义的刻画，它是一种非弗雷格理论的涵义和指称的逻辑。它关心的主要问题是：在什么条件下两个表达式具有相同的涵义或意义？对这个问题的不同回答就产生了不同的超内涵逻辑①。

---

① 文学峰. 语境内涵逻辑［D］. 广州：中山大学，2007：17.

内涵主义超内涵逻辑的核心思想是：把内涵初始化。内涵初始化的命题逻辑又称作非弗雷格逻辑的原因在于，弗雷格认为语句的指称就是真值，所有语句的指称只有两个（真和假），所有名字的指称可以远远多于两个，这个限制是比较怪异的，于是一些逻辑学家发展了所谓的非弗雷格逻辑。①

波兰逻辑学家素泽克（R. Suszko）提出的内涵逻辑就是一种非弗雷格逻辑，其基本思想是区分语句的指称和真值。为此，素泽克引进了一个新的二元联结词≡，表示语句的指称相同，在素泽克看来，语句的指称就是该语句所描述的情境，以区别于表示语句真值相等的联结词↔。实际上，素泽克构造了一种内涵作为初始对象的命题逻辑 SCI，它可以看作是一种最简单的内涵主义超内涵逻辑，最能反映内涵主义超内涵逻辑的核心思想。

然而，非弗雷格逻辑也像其他超内涵逻辑一样，只有绝对的内涵同一概念，不符合内涵语境主义的要求。为此，我国学者文学峰对非弗雷格逻辑 SCI 进行了改造，引入了三元等词结构 CA≡B，表示语句 A 与 B 在语境 C 中内涵相同。在语义解释上，模型的域中的元素不再是真值，而是内涵实体或命题，对原子语句的指派也不再是真值，而是命题。在所有命题中，有一部分命题是真命题。每个语境 C 对域中的元素进行一个划分，形成若干等价类，每个等价类中的命题在该语境下可以看作是同一的。根据语义的组合原则，划分应满足一定的条件，即由划分导出的等价关系对于逻辑运算应构成全等关系。这样，每个语境 C 实际上就提供了一个所有命题上的全等关系。CA≡B 是真命题当且仅当 A 和 B 所指称的命题（或 A 和 B 的内涵）具有 C 所对应的全等关系。基于这种思想，文学峰构造了语境符号作为公式的超内涵逻辑 CHIL，并运用 CHIL 部分地解释了分析悖论。②

文学峰认为，由于在语言上没有为语境引进专门的符号，而是用公式来代表语境，这使得 CHIL 对语境的刻画不够灵活，也不够自然。为此，文学峰又构造了一种语境符号作为初始的超内涵逻辑 cHIL，也就是引入专门的符号表示语境，并引入了语境之间的关系符号。这样就可以刻画不同语境之间的命题关系，而在 CHIL 中只能对同一语境内的命题进行刻画，从而

---

① 文学峰. 语境内涵逻辑［D］. 广州：中山大学，2007：69—70.

② 文学峰. 语境内涵逻辑［D］. 广州：中山大学，2007：69—70.

弥补了 CHIL 的不足[1]。所以从某种程度上可以把文学峰的 CHIL 和 cHIL 看成是摆脱涵义和指称逻辑困境的出路之一。

文学峰将素泽克提出的超内涵逻辑 SCI 推广到更一般的情况，构造了两种语境超内涵逻辑，由此发展了非弗雷格逻辑理论，对其代数语义进行了扩展，不但克服了分析悖论（paradox of analysis）这个长期困扰超内涵逻辑的难题，而且也为内涵实体问题提供了一种哲学立场中立的形式化框架，有助于澄清和解决关于语句、陈述与命题的哲学争论。

第二节　情景和语境：弗雷格逻辑给我们的启示

我们知道，弗雷格把由完全命题表达的思想当作是由命题中的组成部分表达式的涵义构成的。我们把它叫作组合原则（composition principle）。这个原则在弗雷格的语言哲学中是非常重要的也是最基本的原则。在弗雷格《算术基础》中，还有一个重要的原则，那就是所谓的语境原则（context principle）。弗雷格要求“绝不要单独问一个词的意义，而只能在一个命题的语境中询问”，后来弗雷格对此做了详细的说明：

> 但是，我们应该总是关注一个完全命题。只有在完全命题中词才有意义……如果命题作为整体有意义的话就足矣；它是把它的部分也授予了它们的内容。[2]

弗雷格的这个观点受到了人们的质疑。但是后来仍有大量的二手文献研究了弗雷格的语境原则，也有很多弗雷格研究学者对语境原则进行了解释。其中一些学者认为，弗雷格放弃了语境原则或者说弗雷格在后来的著作中从根本上改变了语境原则，另一些学者则认为语境原则仍是弗雷格哲学的一个中心信条。

---

① 文学峰. 语境内涵逻辑［D］. 广州：中山大学，2007：70.

② Kevin C. Klement. Frege and The Logic of Sense and Reference［M］. New York：Routledge，2002：77.

这里的问题在于，弗雷格是否在他后来的哲学中保持了语境原则或同语境原则相类似的东西？

我们知道，对弗雷格的语境原则，至少有两种解释。第一种解释是：语境原则断定了涵义和指称之间关系的东西：一个词的涵义是由整个命题所表达的思想决定的。第二种解释是：语境原则断定的是关于词和命题之间的关系的东西：一个词的涵义只能由一个命题的语境来决定或者来识别。

按照第一种解释，在语境原则和组合原则之间就保持了一种张力。按照组合原则，由一个命题所表达的思想是由它组成部分的涵义构成的。按照克莱门特的看法，在没有把组成部分的词项的涵义结合起来之前，我们是不可能把握思想的，虽然这些组成部分的涵义在此之前就已把握了。但是，如果决定独立于一个表达完全思想命题组合部分词项的涵义是不可能的话，那么这个过程也是不可能的，因为，在把握组成部分词项的涵义之前，把握整个思想是非常有必要的。可以肯定，如果弗雷格支持组合原则和语境原则的第一种解释，那么弗雷格说明的涵义和指称之间的关系就陷入了循环：组成部分表达式的涵义是由整个思想决定的，而思想是由部分涵义来决定的。

但是就第二种解释来看，在语境原则和组合原则之间不需要一种张力。这种解释也就是，我们不能识别由单独的一个词表达的涵义。同一个词，特别是在日常语言中，能表达很多涵义，而且有时候不能决定哪个涵义是一个词在脱离命题语境情况下表达的涵义。在此，我们也无需假定，有人首先通过把握由整个命题表达的思想而后把握了词的涵义，为了决定它的涵义而只需决定那个词出现在一个什么样的语境中。那么，也可以随意把一个完全命题的涵义——思想，视为由构成表达式的涵义组合起来的思想。这些涵义是在它们出现的语境中被决定的。

克莱门特认为，弗雷格在他后来的哲学著述中显然支持语境原则的第二种解释，弗雷格不能也不会支持第一种解释。在弗雷格区分涵义和指称之后没有任何文章发表，就涵义和指称之间的区分，弗雷格建议一个命题的组成部分表达式的涵义取决于整个命题表达的思想，而且，如果这个确实是弗雷格语义原则的核心的话，人们期望能在他后来的著作中反复找到它。事实上，在弗雷格以后的著作中，很长一段时间里经常可以看到这种观点。

在弗雷格后来的研究中，他接受日常语言中语境原则的第二种解释。特别是弗雷格谈到，在日常语言中并不总是这样一种情况：同一个词表达相同的涵义或者在它出现的全部语境中有相同的指称。弗雷格指出，如果这是日常语言的一个缺陷的话，那就可以这样认为：

> 对属于一个完全的符号总体（a complete totality of signs）的每个表达式来说，都应该有相应的每个表达式的某种涵义；但是，自然语言总是不能满足这一条件，如果相同的词在相同的语境中有相同的涵义的话，必须满足这一条件。①

为此，我们可以看出，尽管人们对语境原则有不同解释，但有一点是确定的，在弗雷格后来的研究中，实际上接受了日常语言中语境原则的第二种解释。

这些年来，弗雷格的日常语言中的语境原则影响了许多学者，他们所做的工作实际上继承了弗雷格的语境原则和有关思想。

我们知道，经典内涵逻辑的一个重要思想就是把外延语境化；同一个表达式在不同语境下可以有不同指称。然而，经典内涵逻辑所理解的语境是一种客观或本体论意义上的概念。为了克服这一局限，彭科（Carlo Penco）指出，除了客观或本体论意义上的语境外，还存在一种主观或认识论意义上的语境，它们之间的区别在于：

(1) 语境是一个世界的特征集，可以表达为〈时间，地点，说话者……〉；

(2) 语境是一个关于世界的假定集，可以表达为〈语言，公理，规则……〉。②

由于第二种意义上的语境涉及不同主体（或群体）在认知上的差异，包括对语言的理解、对世界的认识以及由此产生的知识（信念）背景与结构上的差异、逻辑推理能力的区别甚至逻辑推理方式的不同，同样的语言

① Kevin C. Klement. Frege and The Logic of Sense and Reference [M]. New York: Routledge, 2002: 81.

② (1) — (2) 见文学峰. 语境内涵逻辑 [D]. 广州：中山大学，2007: 29.

表达式在这些不同的认知语境下也会呈现不同的认知价值。对那些已经具有现代天文学背景知识的主体而言，“晨星=暮星”与“晨星=晨星”一样并不提供新的信息，而对于尚未发现“晨星=暮星”这一天文学事实的主体而言，两者却具有不同的认知价值。即使对同一个认知主体而言，在不同的场合下，同样的表达式呈现给他/她的意义也是不一样的。一个数学家在做数学时会按照数学中的定义来理解“圆”，而他/她在处理日常问题时又会按照日常使用来理解“圆”。这种意义上的不同不仅仅是外延上的不同，内涵本身也发生了改变。①

文学峰认为，不但语言表达式的外延依语境而定，而且语言表达式的内涵也依语境而定，文学峰把这样的内涵观称为内涵语境主义②。

按照内涵语境主义，内涵同一标准就不再是绝对的，而是相对的、局部的和多元化的。不同的语境可以具有不同的内涵同一标准。内涵同一标准的多元化思想实际上在丘奇、贝乐等人那里已经萌芽了。丘奇本人即提供了3种内涵同一标准。贝乐的逻辑系统也提供了两种内涵同一标准：一种用来刻画性质，一种用来刻画概念，前者具有客观性，内涵同一标准较为宽松，后者具有主观性，内涵同一标准更加严格。贝乐甚至指出，在这两种同一标准之间还应存在一个连续的谱系。③

因此，文学峰基于这种内涵语境主义发展了一种语境内涵逻辑。在他看来，这是一种非弗雷格逻辑，然而他似乎没有意识到，他的语境内涵逻辑恰恰是以弗雷格的语境原则为基础的。

按照文学峰所说，语境内涵逻辑或语义应该具有如下性质：

> （1）能解释共指称替换问题，即可以解释为何共指称的表达式不能在所有语境下进行保真替换；
>
> （2）能解释等价替换问题，即可以解释为何逻辑等价的表达式不能在所有语境下进行保真替换；
>
> （3）能解释同义替换问题，即可以解释为何同义的表达式不能在所

① 文学峰. 语境内涵逻辑［D］. 广州：中山大学，2007：29—30.

② 文学峰. 语境内涵逻辑［D］. 广州：中山大学，2007：30.

③ 文学峰. 语境内涵逻辑［D］. 广州：中山大学，2007：30.

有语境下进行保真替换；

(4) 能解释为何上述各种替换在有些语境下又是合理的；

(5) 能解释非平凡的同义句，即允许语形不同的表达式具有相同的内涵；

(6) 能解释不同语境之间的同义关系；

(7) 能自然解释（无需添加意义公设）一些基本的同义句；

(8) 可以公理化（具有完全性）。[①]

显然，文学峰的语境内涵逻辑在某些方面是对弗雷格逻辑的继承，在另一些方面则是对弗雷格逻辑的发展。近年来，内涵逻辑研究不仅关注语境而且关注情景，这同样是对弗雷格思想的进一步发展。

20 世纪 70—80 年代，很多学者开始对外延和内涵概念提出质疑。其中巴韦斯（Jon Barwise）和佩里（John Perry）不仅对涵义提出了质疑，而且对外延也提出了质疑。情景语义学这时成为这一思潮中具有代表性的成果，这项研究始于卡普兰，巴韦斯和佩里完善了这一理论。

为了取代外延—内涵的语义观，巴韦斯和佩里把一个陈述的意义分为 3 个层次，它们是：语言学意义、解释和赋值。这种划分的特点是：① 一个陈述的语言学意义在于帮助确定这个陈述在特定语境下的解释。② 一个陈述的解释对应于一个情景类型，是“对象”与“性质（或关系）”的复合，它揭示了这个陈述所要表达的内容。③“赋值”就是判断语句解释是否与现实世界相符合。但是在这里，这个赋值并不采取二值原则。比方说，哥特罗布如果根本不理解“暮星”这个概念，那么“哥特罗布相信暮星是晨星”这个陈述即使对应一个情景也不是非真即假的判断。这里的“赋值”可能有 3 种结果：真、假、非真。

在弗雷格之后，人们一般将真值视为语句的外延，继而采用经典的模型论解释表达式的内涵。然而，这种方法处理自然语言的最大缺陷就是难以处理所谓的心理实在性（Psychology reality）问题，因为自然语言是跟人的心理活动分不开的。为克服这一缺陷，情景语义学试图推翻句子的外延

① 性质（1）—（8）见文学峰. 语境内涵逻辑［D］. 广州：中山大学，2007：31.

是真值这一假设，认为某一类特定的情景是语句的外延。

实际上，情景语义学对外延的概念的批评是正确的，把陈述句的外延看作一个情景类型而不是真值更符合对自然语言的直观理解；然而，在情景语义学看来，表达式的内涵可有可无，它不是确定表达式的外延的决定性因素。这种观点则有失偏颇。虽然情景语义学通过把意义划分为 3 个层次而取代内涵—外延的语义概念，但同时也有语义观偏颇、对内涵语境划分不全面等问题。从弗雷格以来的逻辑历史发展趋势看，情景语义学在解决涵义和指称逻辑困惑时发挥的积极作用是应该肯定的，这种方法也许是解决涵义和指称逻辑困境的一种出路。

第三节　他山之石：印度逻辑的借鉴意义

要想走出涵义和指称逻辑的困境，我们认为应该拓宽视野，探讨东方内涵逻辑与西方外延逻辑相互融合，相互吸收各自的合理因素，通过东西方逻辑的有机结合来解决内涵逻辑遇到的有关问题。实际上，在印度逻辑中，内涵是一个非常重要的概念，而且不少学者认为印度逻辑就是一种内涵逻辑。如果我们借鉴和吸收印度逻辑的合理因素，对于解决涵义和指称逻辑的问题，对于整个逻辑的发展，也许是一个可行的策略。

很多人知道，有一个归纳悖论，称为乌鸦悖论（Raven Paradox），它是哲学家亨普尔（Carl Gustav Hempel）提出的。但是很少有人知道，在印度逻辑中，包括乌鸦悖论在内的许多悖论都可以迎刃而解。为什么会出现这种情况？原因就在于，印度逻辑具有重要的内涵特性。接下来，我们通过案例分析来说明这一点。

乌鸦悖论说的是，假设我们要证明一个假说：所有的乌鸦都是黑的，这个假说逻辑等价于另一个假说：所有非黑的东西都不是乌鸦。原则上，每个与假说一致的实例都提供了对该假说的支持或者说增加了该假说的可信度。于是，每发现一只黑乌鸦就增强了我们对第一个假说为真的信心，每发现一个非黑的非乌鸦则增强了我们对第二个假说的信心。由于这两个假说是逻辑等价的，于是，发现一支白粉笔、一双红鞋子、一棵绿色的卷心菜等等都可以使我们更相信所有的乌鸦都是黑的，由于这种推理方式违反直观并可能导致互相冲突的结论，所以人们把它称为悖论。

按照庄朝晖的分析，在因明三支论式中乌鸦悖论可以迎刃而解[①]。如果我们定义乌鸦为一种“黑色的……”某物或者我们把“所有的”限制在已知事实集上，这时假说性命题“所有的乌鸦都是黑的”显然成立，它的逻辑等价命题“所有非黑的东西都不是乌鸦”因此也成立。这时，白粉笔、白鞋子、白天鹅等确实支持了这个假说。但问题是“所有的乌鸦都是黑的”还只是一个暂时确立的命题。这个命题在当前观察陈述集下成立，并不意味着它将永远成立。它所具有的规律性不一定可以投射到未来。一旦我们将来发现一只非黑的乌鸦时，这个命题就不成立了。所以，这个命题只是一个假说性命题，还有待进一步地确证。发现一只新的黑乌鸦确实可以加强该假说的可信度，但发现白粉笔、白鞋子等并不支持这个假说。用因明术语来说就是，新的黑乌鸦是同品，白粉笔、白鞋子、白天鹅等是异品。同品增强了假说的可信度，异品则保证了假说的可靠性。同品越多假说的可信度越强，异品越多假说的可靠性越大。由此可见，乌鸦悖论的问题实际上出在它使用了经典外延逻辑的等值替换规则，等值替换规则只能应用到外延语境中，应用到非外延或内涵语境中是要出问题的。由于因明论式并不在外延语境中使用，而是在内涵语境中使用，所以它是不会遇到悖论的。正是因为它的“异品遍无性”的要求不是纯外延的规则，才使它避免了悖论。长期困扰着逻辑学家的归纳悖论在因明论式中根本就不是什么了不起的问题，不存在什么困境，更没有悖论。

既然在因明论式中，我们只能根据命题（1）进行预测，不能根据命题（2）进行预测，那么我们推测在因明论式中一定有一种区分可投射性规律与不可投射规律的规则，从而可以避免归纳悖论。因三相的要求就是这样的规则。由于因明论式中存在这种归纳规则，所以它已经预先排除了此类悖论的干扰。因明论式对于绿蓝悖论的解释，可以为归纳逻辑研究者提供一种新的视角。这种解决给我们的启示在于，按照庄朝晖的看法就是不能把当前经验事实集下有效的假说当成永远有效的真理，把潜在的假说当成

---

① 庄朝晖在《因明论视野下的乌鸦悖论，葛梯尔问题和绿蓝悖论》一文中分析了这个问题，参见任晓明. 因明三支论式的归纳逻辑解释[EB/OL]. http://www.lingshh.com/yinming2/renxiaoming.htm.

实在的真理。按照我们的观点，之所以因明论式不会遭遇悖论，在于它具有区分可投射规律性与不可投射规律性的要求（规则）。我们发现，当我们试图构造各种各样的可投射和不可投射规律性的例子时，我们很快就会意识到，可投射性不单单是“是或不是”的事情，而是一个程度问题。有一些规律性是高度地可投射的，有一些具有中等程度的可投射性，有一些是完全不可投射的[①]。古德曼在他的著名的“绿蓝—蓝绿”悖论中已经说明了这一点。他还暗示，一个科学的归纳逻辑系统必须具有区分这两种规律性的规则。显而易见，因明论式满足这一要求。它是一种科学的归纳推理。这种推理以及有关的要求、规定可以构成一个归纳逻辑系统。著名逻辑史学家杜米特鲁（Mircea Dumitru）说过，中国逻辑是一种特殊的归纳逻辑。另一位形式逻辑史学波亨斯基（I. M. Bochenski）也说过，印度逻辑是一种内涵逻辑[②]。我们认为，这种观点是很深刻的。

在波亨斯基看来，印度逻辑作为一种内涵逻辑，它的总体特点[③]可以概括如下：

第一，在印度，形式逻辑的研究也是很发达的，从目前了解的情况看，印度形式逻辑的发展也没有受到希腊逻辑的影响，它实际上是一种形式逻辑。

第二，印度逻辑完全不同于我们熟悉的西方逻辑。它们有两个大的区别：印度逻辑没有变元；印度逻辑显然是内涵的，而西方逻辑则是典型的外延逻辑。

第三，这种内涵的趋向引出了一系列很有意思的问题，虽然现在我们对这些问题还不是特别理解，而且对这些问题进行的逻辑分析也完全不同于对西方逻辑的分析，尤其在没有量词的复杂的形式化表述中，这一点表现得最为明显。

第四，印度逻辑从整体上来看几乎不能看作是命题逻辑，因为它的类

---

① 任晓明. 因明三支论式的归纳逻辑解释［M］//张忠义，光泉. 因明：第 2 辑. 兰州：甘肃民族出版社，2008：108—111.

② I. M. Bochenski. A History of Formal Logic［M］. Fruugo：University of Notre Dame Press，1961：446.

③ 第一到第五特点见 I. M. Bochenski. A History of Formal Logic［M］. Fruugo：University of Notre Dame Press，1961：446—447.

逻辑和谓词逻辑大致同三段论相对应。另一方面看，印度逻辑中的形式蕴涵理论特别有意思也相当精致，那些非常抽象的和复杂的否定理论，以及关系逻辑中的某些定理在西方直到弗雷格和罗素时代才开始发展起来。

第五，就目前的研究状况来看，很难把印度逻辑同西方各种逻辑进行比较。人们最普遍的印象是，印度人不知道形式逻辑的很多重要问题，比如矛盾（antinomies）、真值表等等；而在有些方面，它们已经达到逻辑上非常精妙和抽象的高度，以至于西方逻辑在很多方面应该向印度逻辑学习和借鉴，并对它们作更深入的研究和更恰当的解释。

第六，印度逻辑最让人们感兴趣的地方在于它在完全不同的环境条件下产生而且没有受西方逻辑的影响。它在很多方面都得到了发展：那些（在西方逻辑出现的）相同的问题都得到了相同的解决，例如 Tarka Samgraha 的三段论和 Mathruanatha 关于数的定义。

波亨斯基最后再次强调说："可以说我们在这里才见到了最有原创性的，最让人们感兴趣的真正的形式逻辑。"①

他山之石，可以攻玉，印度逻辑（因明理论）在日常推理中能有效发挥作用且不会遇到悖论，这是发人深省的。我们认为，外延主义和内涵主义相互补充、东西方逻辑有机结合，走逻辑多元化发展的道路，对解决逻辑的相关问题来说不失为一个可行之策。

第四节　结　　语

我们从逻辑哲学角度对涵义和指称的逻辑进行了研究与探讨。涵义和指称的逻辑是弗雷格首先奠定基础，由丘奇和卡尔纳普等创立与发展起来的。20 世纪中叶以后，涵义和指称的逻辑与哲学理论获得了长足的发展，同时也遇到了不少困难和问题。近年来，涵义与指称的逻辑不但继承了弗雷格的涵义和指称的理论传统，而且突破了弗雷格的涵义和指称理论的局限，取得了重要进展。我们主要对弗雷格、丘奇、克莱门特的涵义和指称的逻辑作了较为详尽的分析与探究，在此基础上，探讨了与涵义和指称的

① I. M. Bochenski. A History of Formal Logic [M]. Fruugo: University of Notre Dame Press, 1961: 446—447.

逻辑相关的一些哲学问题，最后，分析了弗雷格的涵义和指称理论的困境与出路。通过上述的研究和探讨，我们认为：

第一，内涵主义与外延主义之间的关系是既有联系又有区别，两者相互补充，相互吸收。

从逻辑历史看，内涵主义与外延主义之间是既有联系又有区别的关系。弗雷格认为通过内涵我们知道语言表达式的外延，内涵是外延被给定的途径。弗雷格认为一个符号不仅有指称而且有涵义是很自然的事情，因为涵义包含了确定指称的方式，他还认为内涵与外延之间存在一个反变的关系，也就是说内涵越多外延越少、内涵越少外延越多。当一个概念的外延增加时其内涵就得减少；当外延变得包罗万象的时候，内涵就完全消失了。实际上，弗雷格所理解的思想就是句子的内涵，是指它的客观内容，而不是指思考这样的主观行为。它是能够为许多思想者所共同把握的一般性质。在弗雷格看来，我们的两个概念（外延和内涵）从宽泛的角度可以看作意义的两个组成部分。涵义和指称与此类似，不过后者更严格。

罗素认为内涵是外延不可缺少的补充。卡尔纳普认为，对一个说话者 X 来说，如果 X 倾向于用一个谓词来谓述其内涵，该谓词的内涵就是一个对象必须要满足的一般条件。卡尔纳普还认为自然语言的意义有两方面的要素——外延和内涵，其中内涵是其中更重要的一环，是真正的意义。

内涵与涵义不能用等号相连接，但它们之间的关系非常紧密。弗雷格和卡尔纳普都有相关的论述。比如，弗雷格在区分了涵义和指称的同时，肯定表达式既有涵义也有指称，并且认为涵义是为主体所把握的；而卡尔纳普认为内涵决定外延。

自弗雷格创立现代逻辑以来，外延逻辑成为逻辑学的主流。在外延逻辑中，两个共指称的表达式在内涵上的差异无法得到刻画。这一重大缺陷使得外延逻辑无法很好地表达自然语言中的推理现象，从而限制了逻辑学在哲学、语言学以及人工智能等领域的应用。以模态逻辑为核心的内涵逻辑的产生部分地改变了这种状况。它成功地应用于刻画必然、可能、相信、知道等外延逻辑难于处理的内涵概念，使得逻辑学不但能用于数学推理，还能对人类的日常推理做出形式刻画，从而使逻辑学的全面发展成为可能。

由此可见，内涵和外延/涵义和指称是逻辑学的极为重要的概念。内涵主义和外延主义是逻辑哲学中的两大阵营。其一，从 20 世纪哲学发展趋势看，开始主要是外延主义占支配地位，而后是内涵主义逐渐兴起。对这个问题，江天骥的观点富有启发性。在 1982 年发表的《分析哲学的发展》一文中，他指出了分析哲学发展的新趋势，亦即放弃单纯的语言分析和经验主义，引进内涵逻辑，内涵主义逻辑哲学逐步兴起。涵义和指称逻辑的兴起顺应了这一发展趋势，对逻辑和哲学的发展都具有重要意义。其二，外延逻辑典型的特征是外延性和二值性，使得外延逻辑用起来更加简便易行，可行性很大，这就为内涵逻辑的发展提供了可资借鉴的有效手段。实际上，一些现代逻辑学家一直试图把内涵转化为外延，比如卡尔纳普的外延内涵理论就是一例，外延逻辑是必要的、重要的，但是它需要内涵逻辑来补充。所以外延逻辑应当与内涵逻辑相互结合、互为补充。只有这样，包括外延逻辑和内涵逻辑在内的现代逻辑才会得到全面的发展。

第二，在弗雷格的涵义和指称的逻辑哲学研究中，有一个颇具争议的问题，也是一个对内涵逻辑发展有基础性意义的问题，那就是涵义的本体论地位问题。作为意义理论中的核心问题之一，对涵义的本体论地位的研究奠定了涵义和指称的逻辑的哲学基础，促进了涵义和指称的逻辑的发展。因此，修正和发展弗雷格的这一理论，成了当前意义理论研究的热点之一。

当代分析哲学中，人们普遍把弗雷格的意义理论描述为当代摹状词理论的先驱，这个理论经由罗素和塞尔的发展现在已更为丰富了。人们普遍有这样一种看法：在弗雷格与罗素等思想家之间，他们最大的不同之处在于弗雷格把涵义具体化了。根据罗素 1905 年之后的摹状词理论，像“当今的法国国王”这样的表达式，甚至是专名（即明确的和伪装的限定摹状词），独立于它出现的整个命题就没有任何意义。但是，弗雷格认为这样的表达式有相应的对象，它们不仅作为指称而且还作为涵义。受罗素分析哲学影响巨大的思想家们认为，把一组标准或条件独立于作为存在的对象好像有点怪异。然而，这种观点与弗雷格的思考方式相一致，而且与弗雷格的观点：概念的外延（值域）是对象也一致。

弗雷格把涵义放在一个特殊的本体论位置上——涵义存在于一个“第三领域”——进行讨论，这个“第三领域”是除了精神世界和物质世界之外的另一个世界。涵义不是存在于物理空间的对象。虽然弗雷格在谈到涵义时，也用了认知价值（Erkenntniswert）这样的表达式，也把一个完全命题的涵义描述为一种“思想”，但弗雷格从不把涵义认为是心理实体（psychological entities），相反，弗雷格认为涵义是客观存在的，它是独立于人心理的东西。涵义与思想是人与人之间的东西、是人与人之间的沟通。多数人都不能分享同样的心理状态，但他们可以获得同样的思想。而且，思想是客观的，它们的真与假与认为它们的人没有关系；由毕达哥拉斯定理表达的思想，如果对任何人而言是真的，那对每个人来说就是真的。弗雷格以此作为存在领域分离的证据。实体领域是客观的，但不能与物理世界发生偶然的交互作用。按照弗雷格的术语，思想在限定的意义下是现实的（actual），它对获得它们的那些人会产生影响，但思想自身不能改变或起作用。思想和第三领域中其他的涵义是无时间性的，即不能由我们的思维活动创造，也不能因思维的停止而毁坏。

涵义是存在于第三领域的抽象实体这种观点不要求涵义与任何实际语言中的表达式相结合，也不要求心灵对其的把握。我们把“亚里士多德”这个名字赋予特别的涵义，它总是存在的；在我们听到这个名字之前它就存在，在亚里士多德之前就存在。那么就很自然地得出一个结论：存在无穷尽的可提供的思想，但它们却从未被任何心灵、意志去把握。确实，对任何一组条件或标准，无论其多么平常或复杂，必须存在一个涵义来表示唯一满足这些条件的唯一的对象。假设亚里士多德是公元前 314 年第一天午夜正好有 133 794 根头发的唯一的哺乳动物，如果是这样，那么这个条件只能由亚里士多德来唯一满足，在第三领域，存在一个涵义，它能根据这一条件决定亚里士多德。但是，我们可以假定这一涵义从未与名字“亚里士多德”有过结合。这种涵义很有可能从未被把握过。

从逻辑的观点看，涵义和指称的理论的这一结果是很有意思的，因为它限定了存在的每个对象，而不管它曾经是否被人们想到或以任何语言命名过，在此，至少存在一种涵义决定某个对象。

总之，弗雷格关于涵义是存在于第三领域的抽象实体的观点在一定程度上确立了涵义和指称逻辑的哲学基础，对后来的内涵逻辑发展产生了较大的影响。例如，当代哲学家扎尔塔用抽象对象理论刻画表达式的内涵（涵义），发展了弗雷格的涵义和指称的理论。扎尔塔提出了抽象对象理论的 7 个基本原则。在这些原则中，扎尔塔试图利用原则给定一个抽象对象，用以编码那些虚构的、不真实的甚至是不可能的性质（集），实际上，抽象对象理论更加接近于我们对“内涵”这个概念的认识。按照扎尔塔的看法，利用抽象对象完全能够阐释弗雷格的“涵义”。因为，无论一个名称是否在现实世界中有指称，它的认知意义是通过一些性质被描述性地给出的。不仅如此，抽象对象理论表明抽象对象不仅是与主体的认知能力相关的，而且是与主体的心智状态相关的，因此它很好地刻画了弗雷格的“涵义”。一个抽象对象还可以唯一地确定与之相关的名称或词项的指称，从而充当了确定指称的“语义装置”的角色，这就在一定程度上解决了虚构对象存在性等困惑弗雷格的质疑和困难。

第三，从弗雷格的涵义和指称的逻辑的发展历史中，我们得到的一个重要启示就是：内涵主义和外延主义争论的根子在意义理论上。有什么样的意义理论，就有什么样的逻辑。因此，修正和发展弗雷格的意义理论，具有重要的理论意义和学术价值。

我们知道，以弗雷格的意义理论为出发点，达米特的意义理论是由两个部分组成的，一个部分是意义理论的核心，由指称理论和涵义理论构成，另一个部分是其补充部分，即语力理论。同弗雷格一样，达米特也区分了涵义和指称。在达米特看来，一个表达式的“指称”是该表达式所指谓或所应用的对象。一个表达式的“涵义”是该表达式表示那个指称的方式。例如，古人认为“晨星”和“暮星”是两颗不同的行星，后来天文学家发现它们是同一颗行星。这两个表达式有同一个指称，但表示那个指称的方式亦即涵义是不同的。涵义和指称的区别有助于说明恒等的陈述句引出的认知之谜。“晨星是暮星”和“晨星是晨星”这两个陈述句都是真实的，但有不同的认知意义，因为前者是有信息内容的，而后者只是空洞的同语反复。这种认知意义上的区别不能仅仅用表达式的指称说明，因为它们的指称相同；然而，它可以根据涵义的不同而自然地加以说明。“晨星”和“暮星”这两个词在第一个陈述句中以不同方式表示指称而有不同的涵义，而在第二个陈述句中则没有这种区别。

达米特修正和发展了弗雷格的意义理论，但他关注较多的是涵义。涵义理论建立在一种语形（句法）理论和语义理论之上。前者把语言的每一语句解读为由初始句法元素组成的结构。而相对于一个给定对象域，语义理论应该说明复杂表达式的语义值是怎样通过确定句法结构及句法各部分的语义值而表示出来的。达米特认为，弗雷格提供了满足这种要求的句法理论和语义理论，但问题的关键在于，弗雷格考虑的是单称词项的语义值，而且弗雷格考虑的语义值是经典逻辑意义上的真值。因此弗雷格的理论是不充分的，需要进一步发展①。

达米特进一步认为，在给定一个意义理论的条件下，对一个语言的"解释"是通过在一个论域中对初始表达式指派语义值而完成的。确定一个解释，从而以一个特定方式得到初始表达式的语义值，也就给出了它们的涵义。在他看来，复杂表达式的涵义是由基于其构成式结构而产生的语义理论所导出的语义值规定而给定的，但是按照弗雷格模式，语句的涵义是由基于其构成式而得出的成真条件给出的。另一方面，在弗雷格看来，涵义决定指称，指称就是真值；达米特也认为涵义决定指称，但他认为指称是一种较弱的真值。在这一点上，达米特发展了弗雷格的意义理论。

更重要的是，达米特进一步阐释了涵义与语言能力相联系的方式。达米特论证说，语言能力并不仅仅是像游泳能力那样的实践能力，它涉及由涵义理论所阐释的实质性理论成分。因此，说话者应该相信这种由构成结构导出的语句的真值条件知识，人们在把握语句涵义时形成的正是这种知识。当说话者能对一语句真值条件提供并不循环的言辞说明并使这些知识既是外显的又是现实的时，这种知识的显示是没有问题的。但是，由于并非所有场合的都是外显而现实的，因而弄得不好就会出现循环。余下的知识都是或者是现实而隐含的，或者是外显而假设性的。对于这两种情况，涵义理论必须证明把这种只是归于使用者的正当性。实际上在达米特看来，通过指出这种只是如何在使用中显现的方式，可以说明它们是由什么构成的。这就是达米特所强调的显示原则。达米特的意义理论中的另一原则是交流原则。直觉主义认为，数学陈述句的意义是私人的，不可交流的。而达米特的观点恰恰相反，他认为一个陈述句的意义本质上是公开的、可交流的东西。按照这种交流原则，意义问题归根到底不过是陈述及

---

① 迈克尔·达米特. 形而上学的逻辑基础［M］. 任晓明，李国山，译. 北京：中国人民大学出版社，2004：3.

其构成式在语言实践中如何使用的问题。因此，达米特明确指出："我们如何去确定什么是正确的意义理论呢？从根本上说，唯一的检验办法就是足够详细地勾画出可行的理论的概要，以保证不会再出现的问题：它之可行与否有赖于是否对我们在学习过程中获得语言使用的实践进行了细致的先行分析。"① 显然，达米特的这一理论实际上是维特根斯坦"意义就是用法"观点的进一步发展。这是达米特意义理论中最有原创性的观点之一。②

从弗雷格的意义理论关注涵义和指称到达米特意义理论关注涵义和指称以及它们与语言使用的实践，我们可以看出意义理论对涵义和指称逻辑发展的一个启示：涵义和指称的逻辑要得以发展，就需要从关注语形到关注语义和语用。值得注意的是，弗雷格的语境原则和近年来兴起的语境内涵逻辑就反映与顺应了这一发展趋势。

综上所述，我们总的看法是：弗雷格的涵义和指称的理论不仅在哲学上具有重要的学术价值，而且在逻辑上具有重要的理论意义。深入发掘、批判继承弗雷格的涵义和指称的理论是哲学与逻辑领域一项任重而道远的任务。另一方面，由于历史的原因，弗雷格的涵义和指称的理论存在这样那样的缺陷与问题，未来的逻辑和哲学研究应当开拓思路，拓展视野，在克服弗雷格的理论缺陷的同时继承和发展弗雷格的理论。尽管目前的涵义和指称的逻辑与哲学理论在发展的过程中不可避免地也存在一定的局限性或者遇到了一些困难，但是国内外涵义和指称的逻辑与哲学理论研究正呈现蓬勃发展的态势。这个领域仍然是一个欣欣向荣的研究领域。它讨论的热点集中在超内涵逻辑和意义理论方面，而且所讨论的很多问题都是原创性的。"不慕古，不留今，与时变，与俗化"是战国时期先贤提出的振聋发聩的时代强音，借鉴这种利剑似的历史观，我们就要斩断一切死抱住历史不放的旧观念，与时俱进，开拓创新，在今后的研究中要继续发挥涵义和指称的理论的优势，不断地修正与发展涵义和指称的逻辑，促使现代逻辑以更加强劲的势头向前发展。

---

① 迈克尔·达米特. 形而上学的逻辑基础［M］. 任晓明，李国山，译. 北京：中国人民大学出版社，2004：3.

② 迈克尔·达米特. 形而上学的逻辑基础［M］. 任晓明，李国山，译. 北京：中国人民大学出版社，2004：3—4.

参 考 文 献

中文著作：

[1] 弗雷格. 弗雷格哲学论著选集 [M]. 王路，译. 北京：商务印书馆，2006.

[2] 弗雷格. 算术基础：对于数这个概念的一种逻辑数学的研究 [M]. 王路译，北京：商务印书馆，2001.

[3] 迈克尔·达米特. 形而上学的逻辑基础 [M]. 任晓明，李国山，译. 北京：中国人民大学出版社，2006.

[4] 迈克尔·达米特. 分析哲学的起源 [M]. 王路，译. 上海：译文出版社，2005.

[5] 汉斯·D. 斯鲁格. 弗雷格 [M]. 江怡，译，北京：中国社会科学出版社，1989.

[6] 奥卡姆. 逻辑大全 [M]. 王路，译. 北京：商务印书馆，2006.

[7] 尼古拉斯·布宁，余纪元. 西方哲学英汉对照辞典 [M]. 北京：人民出版社，2001.

[8] W. D. 罗斯. 亚里士多德 [M]. 王路，译. 北京：商务印书馆，1997.

[9] 苏珊·哈克. 逻辑哲学 [M]. 罗毅，译. 北京：商务印书馆，2003.

[10] 陈波，韩林合. 逻辑与语言——分析哲学经典文选 [M]. 北京：东方出版社，2005.

[11] 陈波. 逻辑哲学 [M]. 北京：北京大学出版社，2005.

[12] 陈波. 逻辑哲学导论 [M]. 北京：中国人民大学出版社，2000.

[13] 陈嘉映. 语言哲学 [M]. 北京：北京大学出版社，2003.

[14] 郭泽深. 弗雷格逻辑哲学与现代数理逻辑思潮 [M]. 北京：中国社会科学出版社，2006.

[15] 李娜. 数理逻辑的思想与方法 [M]. 天津：南开大学出版社，2006.

[16] 李娜. 现代逻辑方法 [M]. 开封：河南大学出版社，1997.

[17] 涂纪亮. 分析哲学及其在美国的发展 [M]. 北京：中国社会科学出版社，1987.
[18] 涂纪亮. 语言哲学名著选辑 [M]. 北京：生活·读书·新知三联书店，1988.
[19] 王路. 弗雷格 [M]. 台北：东大图书公司，1995.
[20] 王路. 弗雷格思想研究 [M]. 北京：社会科学文献出版社，1996.
[21] 王路. 逻辑的观念 [M]. 北京：商务印书馆，2000.
[22] 王路. 逻辑基础 [M]. 北京：人民出版社，2004.
[23] 王路. 逻辑与哲学 [M]. 北京：人民出版社，2007.
[24] 王路. 世纪转折处的哲学巨匠：弗雷格 [M]. 北京：社会科学文献出版社，2002.
[25] 王路. 亚里士多德的逻辑学说 [M]. 北京：中国社会科学出版社，2005.
[26] 王路. 走进分析哲学 [M]. 北京：生活·读书·新知三联书店，1999.
[27] 王雨田. 现代逻辑科学导引 [M]. 北京：中国人民大学出版社，1987.
[28] 张家龙. 数理逻辑发展史——从莱布尼茨到哥德尔 [M]. 北京：社会科学文献出版社，1993.
[29] 任晓明. 因明三支论式的归纳逻辑解释 [M] //张忠义，光泉. 因明：第2辑. 兰州：甘肃民族出版社，2008.
[30] 罗格勃尔. 哲学逻辑 [M]. 张清宇，等，译，北京：中国人民大学出版社，2008.
[31] 张燕京. 达米特意义理论研究 [M]. 北京：中国社会科学出版社，2006.
[32] 陈波. 奎因哲学研究——从逻辑和语言的观点看 [M]. 北京：生活·读书·新知三联书店，1998.
[33] 威廉·涅尔，玛莎·涅尔. 逻辑学的发展 [M]. 张家龙，洪汉鼎，译，北京：商务印书馆，1985.
[34] 张建军. 逻辑悖论研究引论 [M]. 南京：南京大学出版社，2002.
[35] 奎因. 从逻辑的观点看 [M]. 江天骥，等，译，北京：中国人民大学出版社，2007.
[36] 奎因. 语词和对象 [M]. 陈启伟，等，译，北京：中国人民大学出版社，2005.
[37] 陈波. 分析哲学回顾与反省 [M]. 成都：四川教育出版社，2001.
[38] 朱建平. 逻辑哲学与哲学逻辑 [M]. 苏州：苏州大学出版社，2014.
[39] 任晓明，桂起权. 非经典逻辑系统发生学研究——兼论逻辑哲学的中心问题 [M]. 天津：南开大学出版社，2011.

中文期刊论文：

[1] 迈克尔·达米特，王路. 漫谈哲学 [J]. 世界哲学，2004 (3).
[2] 陈波. 经典逻辑和变异逻辑 [J]. 哲学研究，2004 (10).

[3] 陈晓平. 弗雷格的概念悖论及其解决［J］. 自然辩证法通讯, 1998（4）.

[4] 陈晓平. 符号的涵义与指称——浅评弗雷格的意义理论［J］. 华南师范大学学报, 1997（5）.

[5] 陈晓平. 关于弗雷格的语境分析的评析［J］. 广西大学学报, 2000（2）.

[6] 陈晓平. 句子的指称与谓词的定义域——对弗雷格意义理论的一些改进［J］. 广西大学学报, 1998（4）.

[7] 韩军喜. 词项的意义与所指——对几种意义理论综评［J］. 黄淮学刊, 1991（4）.

[8] 黄华新. 试论弗雷格求真的方法［J］. 浙江学刊, 2001（3）.

[9] 黄华新. 塔斯基与弗雷格的求真方法之比较［J］. 浙江大学学报, 2001（3）.

[10] 江晓红. 意义与指称论对语言学研究的启示［J］. 广西社会科学, 2005（12）.

[11] 江怡. 弗雷格的数学哲学及其对逻辑主义的影响［J］. 自然辩证法研究, 1990（2）.

[12] 荣立武. 内涵逻辑的哲学基础［D］. 广州：中山大学, 2006.

[13] 文学峰. 语境内涵逻辑［D］. 广州：中山大学, 2007.

[14] 荣立武. 论内涵逻辑与内涵语境下的替换失效问题［J］. 自然辩证法研究, 2006（1）.

[15] 王路. “所指”还是“意谓”？——关于弗雷格的“Bedeutung”的解释［J］哲学动态, 1996（2）.

[16] 王路. 弗雷格的语言哲学［J］. 哲学研究, 1994（6）.

[17] 王路. 弗雷格关于数的理论［J］. 自然辩证法通讯, 1995（1）.

[18] 王路. 弗雷格关于意义和意谓的理论［J］. 哲学研究, 1993（8）.

[19] 王路. 弗雷格和维特根斯坦：一个常常被忽略的问题［J］. 开放时代, 2001（3）.

[20] 王路. 关于逻辑哲学的几点思考［J］. 中国社会科学, 2003（3）.

[21] 王路. 国外弗雷格研究概述［J］. 国外社会科学, 1995（9）.

[22] 王路. 涵义与意谓——理解弗雷格［J］. 哲学研究, 2004（7）.

[23] 王路. 论“语言转向”的性质和意义［J］. 哲学研究, 1996（10）.

[24] 王路. 论逻辑和哲学的融合与分离［J］. 哲学研究, 1995（10）.

[25] 王路. 逻辑——哲学的方法与工具［J］. 哲学动态, 1998（6）.

[26] 王路. 逻辑哲学研究述评（下）［J］. 哲学动态, 2003（5）.

[27] 王路. 逻辑真理是可错的吗？［J］. 哲学研究, 2007（10）.

[28] 王路. 意义理论［J］. 哲学研究, 2006（7）.

[29] 王路. 语言哲学研究述评（上）［J］. 国外社会科学, 1997（6）.

[30] 吴锵, 陈亚军. 对弗雷格《论意义与所指》中的“=”的分析［J］. 南京理工大学学报, 2003（2）.

[31] 徐明明. 弗雷格《概念记号》研究［J］. 哲学研究, 1999（8）.

[32] 徐明明. 论表达式涵义的客观性——对弗雷格涵义学说中若干问题的分析 [J]. 自然辩证法通讯，1998 (1).

[33] 徐明明. 论弗雷格的概念学说 [J]. 哲学研究，1998 (1).

[34] 徐明明. 论弗雷格的语境原则 [J]. 广东社会科学，1994 (4).

[35] 徐明明. 论弗雷格对数理逻辑的贡献 [J]. 自然辩证法研究，1998 (3).

[36] 颜中军. 符号、涵义、意谓——对弗雷格意义理论的几点思考 [J]. 自然辩证法研究，2007 (8).

[37] 张家龙. 数理逻辑的产生和发展 [J]. 北京航空航天大学学报，2000 (3).

[38] 张庆熊. 对弗雷格《概念文字》的解读 [J]. 学术评论，2004 (3).

[39] 张庆熊. 弗雷格的逻辑和数学思想的哲学基础 [J]. 广西社会科学，2004 (1).

[40] 张燕京. 从逻辑哲学看弗雷格的“真”理论 [J]. 自然辩证法研究，2003 (6).

[41] 张燕京. 弗雷格“真”理论对于现代逻辑观念的影响 [J]. 学术论衡，2003 (9).

[42] 张燕京. 弗雷格逻辑分析方法述要 [J]. 云南社会科学，2003 (3).

[43] 张燕京. 弗雷格逻辑哲学思想评析 [J]. 河北大学学报，1996 (2).

[44] 张燕京. 弗雷格思想论析评 [J]. 北京师范大学学报，2000 (4).

[45] 张燕京. 弗雷格与达米特意义理论的特征差异及其根源——从逻辑哲学的观点看 [J]. 自然辩证法研究，2004 (2).

[46] 江怡. 弗雷格的意义观是指示论吗? [J]. 德国哲学，1991 (11).

[47] 梁义民. 戴维森意义理论研究 [D]. 天津：南开大学，2007.

[48] 曹青春. 涵义与指称：内涵逻辑的兴起 [J]. 内蒙古大学学报（哲学社会科学版），2011 (5).

[49] 曹青春. 论内涵逻辑的发展及其限度 [J]. 河南理工大学学报（社会科学版），2018 (19).

英文著作与期刊论文：

[1] Albert Newen, Ulrich Nortmann, Rainer Stuhlmann-Laeisz. Building on Frege: New Essays on Sense, Content, and Concept [M]. Stanford: CSLI Publications, 2001.

[2] Arthur Sullivan. Logicism and the Philosophy of Language: Selections from Frege and Russell [M]. Ont: Broadview Press, 2003.

[3] Tyler Burge. Truth, Thought, Reason: Essays on Frege [M]. Oxford: Oxford University Press, 2005.

[4] Danille Macbeth. Frege's Logic [M]. New York: Harvard University Press, 2005.

[5] Dov M. Gabbay, John Woods. Handbook of the history of logic, Volume 3, The rise of

modern logic: from Leibniz to Frege [M]. Boston: Elsevier, 2004.

[6] Erich H. Reck, Steve Awodey. Frege's Lectures on Logic: Carnap's Student Notes, 1910—1914 [M]. Chicago: Open Court, 2004.

[7] Erich H. Reck. From Frege to Wittgenstein: Perspectives on Early Analytic Philosophy [M]. New York: Oxford University Press, 2002.

[8] Gideon Makin. The metaphysicians of meaning: Russell and Frege on sense and denotation [M]. New York: Routledge, 2000.

[9] Gilead Bar-Elli. The Sense of Reference: Intentionality in Frege [M]. New York: Walter de Gruyter, 1996.

[10] I. M. Bochenski, A History of Formal Logic [M]. Fruugo: University of Notre Dame Press, 1961.

[11] Hans Sluga. Sense and Reference in Frege's Philosophy [M]. NewYork: Garland, 1993.

[12] John Biro, Petr Kotatko. Frege: Sense and Reference one Hundred Years Later [M]. Dordrecht: Kluwer Academic Publishers, 1995.

[13] Kevin C. Klement. Frege and the Logic of Sense and Reference [M]. New York: Routledge, 2002.

[14] Michael Beaney, Erich H. Reck. Gottlob Frege: Critical Assessments of Leading Philosophers, Volume I: Frege's philosophy in context [M]. London: Rouledge, 2005.

[15] Michael Beaney, Erich H. Reck. Gottlob Frege: Critical Assessments of Leading Philosophers, Volume II: Frege's Philosophy of Logic [M]. London: Rouledge, 2005.

[16] Michael Beaney, Erich H. Reck. Gottlob Frege: Critical Assessments of Leading Philosophers, Volume III: Frege's philosophy of mathematics [M]. London: Rouledge, 2005.

[17] Michael Beaney, Erich H. Reck Gottlob Frege: Critical Assessments of Leading Philosophers, Volume IV: Frege's Philosophy of Thought and Language [M]. London: Rouledge, 2005.

[18] Michael Dummett. Frege: philosophy of language [M]. Cambridge: Harvard University Press, 1981.

[19] Michael Dummett. Frege and other philosophers [M]. New York: Oxford University Press, 1991.

[20] Michael Dummett. The Interpretation of Frege's Philosophy [M]. Cambridge: Harvard University Press, 1981.

[21] J. J. Katz. Logic and Language: An Examination of Recent Criticismsof Intensionlis

[J]. Language, Mind and Knowledge, 1975 (7).
[22] David Bell, Gottlob Frege. Philosophical and Mathematical Correspondence [J]. Philosophical Books, 1981 (22).

后　记

本书的完稿是我对自己在涵义与指称问题研究上的一个阶段性总结。书中所涉及的思考并不全面，在论证上也不够充分，一定还存有这样或那样的问题，好在有前辈和很多学者、同行也一直在研究这些问题。近年来这方面的成果丰富，新观点、思想层出不穷，推进和丰富了涵义与指称理论的深入研究，为我继续学习和研究这个问题提供了更多的思想资源。在此感谢前辈的指导和同行的帮助！

从开始接触这个论题到现在的初步完成，这个过程的确让我感受到涵义与指称问题的重要性，它不仅是弗雷格的重要思想观点，而且是逻辑与哲学的重要思想资源。对涵义和指称的探讨，助推了一系列逻辑和哲学新问题的产生。在对如此有意义的问题的探索过程中，进一步引发了我对逻辑心理主义、信念修正等问题的兴趣。从这个方面出发，进一步挖掘涵义与指称理论的思想价值，可能会找到更为令人满意的答案，至少在探寻解决问题的路径上有了更进一步的尝试。

曹青春

2020 年 10 月 16 日于上海